SECOND EDITION

A FIRST COURSE IN STATISTICAL PROGRAMMING WITH R

통계 프로그래밍 교과서

W. John Braun and Duncan J. Murdoch 지음
오승교 옮김

황소걸음 아카데미
Slow & Steady

R 통계 프로그래밍 교과서

펴낸날 | 2020년 12월 15일 초판 1쇄
지은이 | W. John Braun, Duncan J. Murdoch
옮긴이 | 오승교
만들어 펴낸이 | 정우진 강진영
펴낸곳 | 서울시 마포구 토정로 222 한국출판콘텐츠센터 420호
편집부 | (02) 3272-8863
영업부 | (02) 3272-8865
팩 스 | (02) 717-7725
홈페이지 | www.bullsbook.co.kr
이메일 | bullsbook@hanmail.net
등 록 | 제22-243호(2000년 9월 18일)

황소걸음
아카데미
Slow & Steady

ISBN 979-11-86821-50-3 93310

교재 검토용 도서의 증정을 원하시는 교수님은
출판사 홈페이지에 글을 남겨 주시면 검토 후 책을 보내드리겠습니다.

이 도서의 국립중앙도서관 출판예정도서목록(CIP)은 서지정보유통지원시스템 홈페이지(http://seoji.nl.go.kr)와 국가자료종합목록 구축시스템(http://kolis-net.nl.go.kr)에서 이용하실 수 있습니다. (CIP제어번호: CIP2020050458)

*

A FIRST COURSE
IN STATISTICAL
PROGRAMMING
WITH R

Braun과 Murdoch의 가장 많이 팔리는 교과서인 이 책은 RStudio 플랫폼 사용법을 통합하고, 새로워진 그래픽 시스템을 논의하고, 마르코프 연쇄 몬테카를로 방법(Markov chain Monte Carlo)을 광범위하게 탐사하고, 흔한 오류 메시지에 대해 전문적으로 조언하고, 동기가 부여되는 방향으로 행렬 분해를 응용하고, 그리고 다수의 새로운 예제와 연습문제를 추가하였다.

데이터 분석을 위해서 계산 표준으로 R 프로그래밍을 시작해야 할 때, 이 책으로 시작하길 바란다. R Core Team 회원들과 저명한 R 저자가 공동 집필한 이 책은 프로그래밍 언어의 표준으로 컴파일한 실제 R 코드를 제공한다. R 시스템에 관한 다른 입문서와 다르게, 이 책은 대부분의 컴퓨터 언어에 응용되는 원리를 다룬 프로그래밍, 그리고 더욱 복잡한 프로젝트를 개발하기 위하여 사용되는 기법을 강조한다. 정답, 데이터 세트, 그리고 오타는 웹사이트에서 구할 수 있다. 모두 실제 응용에서 얻은 많은 예들은 특히 실제로 데이터 분석에 관여하는 모든 사람들에게 유용하다.

제2판 서문

이 책의 초판을 집필한 이후 R 공동체에 많은 일이 있었다. 수백만의 새로운 사용자들이 R을 사용하기 시작했으며, 지금은 데이터 분석을 위한 최고의 플랫폼이 되었다.(실제로 초판을 집필할 당시 "데이터 분석(Data analytics)"이란 용어가 존재한다고 보기 어려울 정도였다.)

R을 위한 플랫폼 간 통합 개발 환경, RStudio는 R의 인기도 향상에 커다란 영향을 미쳤다. 이 개정판에서 우리는 대부분의 새로운 사용자를 위한 플랫폼으로 RStudio를 추천하였으며, 간단한 RStudio 명령을 텍스트에 통합시켰다. 실제로 원고를 준비하면서 RStudio와 knitr 패키지를 사용하였다.

많은 예제와 연습문제도 추가하였으며, 기존의 불분명했던 내용을 말끔하게 없앴다. 대대적으로 2장(R 언어 소개)을 개정하였으며 재편성하였다. 새로운 그래픽 시스템에 대한 설명을 간략하게 3장(통계 그래프 프로그래밍)에 추가하였다. 몇 가지 일반적인 오류 메시지에 대한 참고자료를 4장(R 프로그래밍)에 추가시켰으며, 마르코프 연쇄 몬테카를로 방법(Markov chain Monte Carlo)을 폭넓게 논의했을 뿐만 아니라 의사 난수 발생기 목록(A list of pseudorandom number generator)을 5장(시뮬레이션)에 새롭게 추가하였다. 6장(전산 선형 대수학)에 학생들이 일부의 행렬 분해법이 중요한 이유를 더욱 잘 알 수 있도록 몇 가지 응용문제를 추가하였다.

다시 한 번 많은 사람에게 감사를 표한다. 많은 학생이 초판을 사용했으며, 그들의 논평과 비판에 감사드린다. 익명의 논평가도 도움이 되는 건의 사항과 지적 사항을 주셔서 내용의 질을 향상시킬 수 있었다. 아무쪼록 독자들에게 이 개정판이 우리가 생각하는 것만큼 흥미롭고 교육적이라고 판단되기를 희망한다.

W. John Braun

Duncan Murdoch

November, 2015

초판 서문

이 책은 웨스턴 온타리오 대학교(University of Western Ontario)의 보험통계학과 2학년 학생을 위한 통계 컴퓨팅 강의 노트로 시작하였다. 두 저자 모두 다양한 연구를 수행하면서 통계 컴퓨팅에 관심을 가지게 되었다. 강의 개설을 준비하면서 저자들은 수강생들이 프로그래밍에 관한 기본 지식이 없다는 것을 알게 되었다. 학부 과정을 거쳐 박사학위를 받을 때까지 모든 단계에서 학생들은 간단하면서도 신뢰할 수 있는 프로그램을 작성할 수 없다는 사실, 반올림이 결과에 어떤 영향을 미치는지를 이해할 만큼 수치적 계산을 하지 못한다는 사실, 그리고 어려운 계산 프로젝트를 어떻게 시작해야 할지 엄두를 못 낸다는 사실을 알게 되었다.

다른 학과의 교육 과정을 살펴보니, 우리 과 학생들이 다시는 사용하지 않을 언어와 개념에 너무 치중하고 있다는 사실을 알게 되었다. 우리 학생들은 확률적 모형(Stochastic model)을 시뮬레이션할 수 있는 간단한 프로그램이 필요했다. 또 수치적 계산을 확실하게 할 수 있을 만큼 수치적 해석도 충분히 이해할 필요가 있었다. 하지만 현존하는 교육 과정에서는 이런 융합 교과목을 찾을 수 없어서, 자체적으로 교과목을 개설하게 되었다.

본문의 기초는 R에 두기로 하였다. R은 최근 몇 년 동안 인기가 엄청나게 증가한 오픈 소스 컴퓨팅 패키지이다. 오픈 소스이기 때문에 학생들이 쉽게 구할 수 있고, 컴퓨팅 실습실에 설치하기에도 매우 경제적이었다. 우리 중에 Murdoch는 R 핵심 개발팀 회원이었으며, Braun은 R을 이용한 데이터 분석을 다룬 도서의 공동 저자였다. 이런 사실로부터 우리는 R을 선택함에 조금의 망설임도 없었다. 우리 두 사람은 프로그래밍에 어떤 보편성이 존재한다는 개념을 강하게 믿고 있으며, 본문에서 그런 점을 강조하려고 노력하였다. 이 책은 R 프로그래밍 설명서가 아닌, R을 사용하는 통계 프로그래밍 강의록이다.

이 강의를 시작하는 학생들은 어떤 프로그래밍 경험이나 고급 통계 지식을 갖고 있지 않다고 가정하였다. 동시에 대학 수준의 미적분학에 익숙하고, 초급 확률 과정을 이수한 학생들이어야 한다. 확률론적 개념은 5장에서 시작한다.(확률론적 내용을 요약하여 부록에 포함하였다.) 강사가 한 학기 과정으로 개설할 때는 건너뛰고 진행할 수 있는 시뮬레이션, 선형 대수학, 그리고 최적화에 관한 몇 가지 고급 주제들도 포함하였다.

이 책을 집필하는 데 도움을 주신 많은 사람에게 감사를 표한다. 통계과학 259b 수강생들은 동기부여와 피드백을 제공하였으며, Lutong Zhou은 일부 초안 그림들을 작성하였으며, Kristy Alexander, Yiwen Diao, Qiang Fu, 그리고 Yu Han는 예제를 검토하고 상세하게 답을 작성해 주었다. 캠브리지 대학교 출판부의 Diana Gillooly, 옥스포드 대학교의 Brian Ripley 교수, 그리고 익명의 검토자들 모두 도움이 되는 건의 사항을 제공해 주었다. 그리고 당연히 R이 없으면 이 책은 존재하지 않았을 것이며, 전 세계적인 R 공동체의 헌신이 없었다면 R의 가치는 훨씬 덜했을 것이다.

W. John Braun
Duncan Murdoch

February, 2007

역자 서문

최근 IT 분야 유망 직업군에 대한 대부분 조사 결과에서 프로그램 언어 개발자가 최상위 그룹에 포함되어 있다. 여기서 4차산업혁명의 한 축을 형성하는 데이터 과학 분야로 범위를 좁히면 당연히 R 개발자가 두각을 보이고 있다.

그동안 자연과학, 의학 및 공학 분야에서 통계 및 확률 문제를 해결하는 도구로 Fortran, C++ 등의 고급 컴파일 언어 시대를 거쳐, Mathworks 사의 Wolfram 언어로 구현된 Matlab, 그리고 Excel을 비롯하여 SAS, SPSS 등의 통계 소프트웨어들이 인기를 끌었다. 그러나 이후 스마트 정보 기술의 발전과 더불어 생활 패턴의 변화로 분석이 필요한 데이터양이 급격하게 증가하고, 무정형, NA, NaN 등의 데이터 유형도 매우 다양해지면서 기존의 도구만으로 통계적 분석과 확률론적 개념을 이해하는 데 어려움이 있었다. 그러나 R과 같은 해석적 프로그램 언어가 적합한 해결책이 되어 다행스럽게 생각한다. 더욱이 최근에 엄청나게 인기를 끌고 있는 R은 오픈 소스 컴퓨팅 패키지이기 때문에 쉽게 구할 수 있으며, 사용하기에 매우 경제적이라는 점이 매력적이다.

데이터 분석과 통계 컴퓨팅을 강의하는 저자는, 프로그래밍 언어의 개념만이 강조된 교육 과정으로 인하여, 학생들이 간단한 확률 모형을 시뮬레이션할 수 있는 신뢰할 만한 프로그램을 작성하지 못하는 안타까움에서 이 책을 기획하게 되었다. *A First Course in Statistical Programming with R*이라는 제목에서 알 수 있듯이, 이 책은 웨스턴 온타리오(Western Ontario) 대학의 보험통계학과 2학년 학생을 위한 통계 컴퓨팅 강의 노트에서 출발하였으며, 저자는 이 책이 R 프로그래밍 설명서가 아닌, R을 사용하는 통계 프로그래밍 강의록이라는 점을 강조한다.

이 책은 데이터 분석의 다양한 응용성과 대중성을 확보한 R 프로그램 언어가 통계 프로그래밍 분야에서 유용하게 활용되는 방법을 다룬다. 이 책은 R 언어를 처음 접하는 초보자 또는 어떤 프로그래밍 경험이나 고급 통계 지식을 갖지 않는 독자를 대상으로 하며, 대학 수준의 미적분학과 초급 수준의 확률 지식이 있는 독자가 데이터 과학자가 되고자 할 때 좋은 안내서가 될 것이다. 1장부터 4장까지 내용을 이해한다면, 수치적 계산을 확실하게 할 수 있을 만큼 기초적 프로그램을 작성할 수 있으며, 시뮬레이션(5장), 전산 선형 대수학(6장), 그리고 최적화(7장)에 포함된 고급 주제들로부터 통계 프로그래밍 프로젝트를 시작할 수 있는 지식을 얻을 수 있다. 다소 어려움이 따르는 확률론적 개념은 부록에 요약된 내용을 참고하면 5장의 시뮬레이션에 관한 내용을 이해하는 데 도움이 될 것이다.

마지막으로, 원고를 준비하는 내내 따듯한 격려를 보내주고, 늦은 시간까지 살뜰히 밤참을 챙겨준 나의 어머니 김귀순 여사, 그리고 아내 김수연에게 감사와 사랑을 전한다. 그리고 이 책이 출간될 때까지 바쁜 일정 중에도 세심한 원고 검토와 아낌없는 도움을 주신 분들에게 감사의 뜻을 전하며, 특히 도서출판 황소걸음의 정우진 사장님, 강진영 이사님 및 편집부에 감사를 드린다.

건양대학교 대전 메디컬캠퍼스 죽헌정보관에서

오승교

차례

1장

시작하기

통계 프로그래밍의 세계로 오신 것을 환영한다. 이 책은 통계 프로그래밍을 터득해야 하는 이유와 사용법을 다양한 시각으로 명확한 조언을 하고 있다. 통계 프로그래밍의 모든 것에 대한 이해를 돕는 내용으로 1장을 시작하기로 한다. 이 책의 나머지 부분에서 어떤 내용을 터득하게 될 것인지에 대해서도 언급할 것이다. 기본 통계 프로그래밍 예제로 다루어지는 언어이며 소프트웨어 패키지인 R, 그리고 R 프로그래밍을 위한 "통합개발환경(IDE, integrated development environment)인 RStudio를 다운로드하고 설치하는 방법에 대한 설명으로 이 장을 마칠 것이다.

1.1 통계 프로그래밍이란?

컴퓨터 프로그래밍은 컴퓨터를 제어하고, 연산할 내용을 전달하고, 결과를 어떻게 보여줄지를 지시하는 등의 명령을 포함한다. 통계 프로그래밍은 정의하기가 더 어렵다. 일단 통계 프로그래밍은 통계학자가 수행하는 일종의 컴퓨터 프로그래밍이지만, 통계학자는 모든 종류의 컴퓨터 프로그래밍을 수행하지 않는다고 정의할 수 있다. 또 다른 측면에서 통계 프로그래밍은 일반인이 통계를 공부할 때 수행하는 일종의 프로그래밍이라고 정의할 수도 있지만, 통계는 매우 다양한 컴퓨터 작업을 포함한다는 사실이다.

예를 들어 대부분 통계학자는 데이터 수집과 분석에 관심이 있으며, 일부 통계학자는 컴퓨터와 실험실용 계기 사이의 접속 작업에 관여하기도 한다. 그러나 이를 통계 프로그래밍이라고 부르지는 않는다. 통계학자는 가끔 설문조사로부터 생성된 데이터 입력을 관장하며, 데이터 입력 오류를 찾아내는 프로그램을 작성하기도 한다. 이런 작업이 통계 프로그래밍이지만, 매우 전문화되어 있어 이 책에서는 다루지 않을 것이다.

통계 프로그래밍은 통계분석에 도움을 주는 계산을 한다. 주어진 데이터를 요약하고 그 의미를 보여주어야 한다. 예를 들어 회귀 모델식을 데이터에 접합해야 하며, 그 결과를 표현해야 한다. 마이크로소프트 엑셀, SAS, SPSS, S-PLUS, Stata 등의 컴퓨터 응용 프로그램을 이용하면 이런 작업이 가능하다. 이런 응용 프로그램을 사용하는 것이 확실한 통계 계산이며, 보통 수준의 통계 프로그래밍을 포함하지만, 이 책이 추구하려는 초점은 아니다. 이 책의 목적은 이런 응용 프로그램들이 작동하는 방법을 이해할 수 있도록, 응용 프로그램들이 수행하는 계산 내용과 독자 스스로 이런 계산을 할 수 있는 방법 등의 초보적인 지식을 제공하는 것이다.

그래프는 통계분석에서 매우 중요한 역할을 하므로, 1-, 2- 또는 고차원 데이터를 그래프로 표현하는 작업은 통계 프로그래밍의 한 측면이다.

통계 프로그래밍의 중요한 부분은 추계적 시뮬레이션(Stochastic simulation)이다. 디지털 컴퓨터는 당연히 정확하고 재생 가능한 계산에 능통하지만, 실제 세상은 무작위성(Randomness)으로 가득 차 있다. 추계적 시뮬레이션에서 무작위적인 결과를 도출하는 것처럼 컴퓨터를 프로그램할지라도, 어리석지 않다면 결과가 정확하게 예측되도록 프로그램할 것이다.

통계 프로그래밍은 다른 형태의 수치 프로그래밍(Numerical programming)과 매우 밀접하게 연관되어 있다. 통계 프로그래밍은 수학 함수를 최적화하거나 근사치를 구하는 작업 등을 포함한다. 컴퓨터를 이용한 선형 대수는 가장 핵심적인 역할을 한다. 변화 속도가 느리더라도 미분 방정식은 물리학 또는 응용 수학보다 덜 강조된다. 컴퓨터 과학보다 알고리즘 실행 결과에 더 많은 역점을 두고 알고리즘 분석에는 역점을 덜 두려고 한다.

1.2 이 책의 개요

이 책은 통계 프로그래밍을 소개하고 있다. 컴퓨터에게 무엇을 해야 하는지 알려주는 방법 등의 기본 프로그래밍으로 설명을 시작할 것이다. 오픈소스 R 통계 패키지를 이용하여 기본적인 프로그래밍을 하면서 R 언어를 다루지만, 단순히 R 언어만을 공부하지는 않을 것이다. 많은 컴퓨팅 플랫폼에 공통적인 내용에 중점을 둘 것이다.

통계학자는 데이터를 표현해야 한다. 통계 그래프를 구현하는 방법을 보여줄 것이다. 이 과정에서 데이터를 표현하는 그래프 유형을 선택할 때 사람의 시각에 따라 동기가 유발되는 방법에 대하여 조금 배울 것이다.

프로그래밍 소개 부분에서, 프로그램 실행의 흐름을 제어하는 방법을 보여줄 것이다. 예를 들어 양의 정수만으로 구성된 입력 데이터에 대하여 계산을 반복하다가 입력 값이 0일 때 중단시키는 프로그래밍을 한다고 하자. 컴퓨터 프로그래밍을 하려면 기본 논리(Basic logic)가 필요하며, 공식적으로 논리문을 처리하는 방법인 부울 대수(Boolean algebra)를 간단히 다룰 것이다. 가장 좋은 프로그램은 구현되기 전에 신중하게 검토하는 것이며, 복잡한 문제를 간단한 부분들로 나누어 해결하는 방법을 논의할 것이다. 프로그래밍을 공부할 때 올바르게 코딩하는 방법과 컴퓨터 프로그램이 계산하려고 하는 것을 계산하고 있는지를 확인하는 방법에 아주 많은 시간을 보낼 것이다.

한 가지 통계 프로그래밍의 두드러진 특징은 데이터의 무작위 오차(Random error)와 확률성 성분(stochastic component)을 포함하는 모델들과 같은 무작위성(Randomness)을 다룬다는 것이다. 특정한 특징을 갖는 무작위 값을 시뮬레이션하는 방법을 논의하고, 임의적 시뮬레이션(Random simulation)이 다양한 문제들에 유용한지 보여줄 것이다.

대부분의 통계적 절차는 선형 모델에 기초를 둔다. 이 책에서 선형 회귀(Linear regression)와 다른 선형 모델은 다루지 않지만, 선형 대수의 배경을 조금 배우고, 선형 대수를 포함하는 계산이 수행되는 방법을 공부할 것이다. 그리고 함수를 가능한 한 작게 또는 크게 만드는 값을 찾는 등의 일반적인 수치 최적화 문제도 논의할 것이다.

각각의 장은 난이도가 다양한 다수의 연습문제를 포함하고 있다. 일부분의 연습문제 해답은 www.statprogr.science 사이트에서 찾을 수 있다.

1.3 R 패키지

이 책은 통계 프로그래밍용 오픈 소스 패키지 R을 사용한다. "오픈 소스"는 여러 다른 의미를 갖는다. 이 책에서 R은 자유롭게 사용할 수 있다는 것이 중요하며, R 사용자는 어떻게 R이 작성되었는지를 파악할 수 있으며 부담없이 개선할 수 있다. R은 Bell Laboratories의 John Cambers와 그의 동료들이 1979년에 개발한 컴퓨터 언어 S에 기초를 두었다. 1993년에 Auckland 대학의 Robert Gentleman와 Ross Ihaka는 S 언어를 경험하고 싶은 생각에서 구현 프로그램을 개발하고 R로 명명하였다. 1995년에 그들은 R을 오픈 소스로 만든 이후 전 세계 수천 명의 사람들이 R 언어 개발에 이바지해 왔다.

1.4 왜 명령줄을 사용하는가?

R 시스템은 주로 사용자가 텍스트 형식으로 타이핑하고 입력한 내용을 R에게 실행하게 하는, 명령어로 작동된다. 요즘에 대부분 프로그램은 대화형 그래픽 사용자 인터페이스(메뉴, 터치스크린 등)를 대신 사용한다. 그러면 어떤 이유로 그런 구식의 프로그래밍 방식을 선택했을까?

몇 개에서 1 또는 200까지 제한된 일련의 명령어에 적용될 때 메뉴-기반 인터페이스는 대단히 편리하다. 그러나 명령줄 인터페이스는 수정 및 추가 등의 변경이 가능하다. 이 책에서 보겠지만, 이전에 누구도 시도하지 않았던 컴퓨터 프로그래밍을 하려면, 작업 내용을 작은 부분들로 쪼갠 다음 실행 가능한 프로그램으로 개발하면 쉽게 프로그래밍을 수행할 수 있다. 이런 작업은 일부 메뉴-기반 인터페이스에서도 가능하지만, 명령어-기반 인터페이스에서 훨씬 더 수월하다.

더욱이 하나의 명령어-기반 인터페이스 사용법을 배우면 다른 인터페이스로 이전하는 기술도 터득하게 되며, 메뉴-기반 인터페이스가 시행되는 방법에 대한 안목을 넓힐 수 있는 통찰력을 얻기도 한다. 통계학자로서, 목표를 이해하고 명령-기반 인터페이스에서 기본적인 수준의 프로그램하는 방법을 배워야 한다고 우리는 믿고 있다.

명령줄 인터페이스는 사용자 측에 보다 심도 있는 지식을 요구한다는 것은 의심의 여지가 없다. 즉, 특정 결과를 얻기 위해 명령줄에 입력해야 하는 내용을 기억할 필요가 있다. 다행히 도움을 얻을 수 있으며, RStudio 통합개발환경(Integrated Development Environment, IDE)을 사용하기를 권장한다.

프로그래머들을 돕기 위하여 1970년에 처음으로 통합개발환경들이 개발되었다. 이런 통합개발환경을 활용해서 프로그램을 편집하고, 도움말을 찾고, 프로그램을 실행시킬 수 있다. 첫 번째 시도가 작동하지 않을 때, 통합개발환경을 이용하면 에러를 진단하고 수정할 수 있다. RStudio는 2011년에 처음으로 배포된 R 프로그래밍을 위한 통합개발환경이다. RStudio라는 Boston의 한 회사에 의해 만들어지고, 무료로 사용할 수 있다.

1.5 글꼴 규약

이 책은 R에서 계산이 수행되는 방법을 설명한다. 다음 장에서 보는 것처럼 이런 계산을 수행하려면 사용자는 입력을 타이핑하고, R은 출력된 텍스트 또는 그래프로 응답해야 한다.

일반적인 텍스트 내용과 구별하기 위하여, 사용자가 입력한 명령어와 R이 반환한 출력 내용을 회색 상자에 포함하였다. 출력 내용은 명령문 다음 줄에 기록된다. 예를 들어

```
사용자가 입력한 내용입니다.
```

```
R이 응답한 내용입니다.
```

대부분의 경우 R은 선행 입력(Preceding input)에 상응해서 실제로 응답한 내용을 보여줄 것이다.[1]

전적으로 보여주기 위함이며 실행목적이 아닌 코드도 있다.(대부분의 코드는 정확하지 않으며, 일반적인 방법으로 R 코드 문법을 나타낸다.) 이런 경우에 수직의 타자기 글꼴(upright typewriter font)로 예제를 조판하였다. 예를 들어

```
f ( some arguments )
```

1.6 R과 RStudio 설치

R은 http://cloud.r-project.org에서 다운로드할 수 있다. 사용자 대부분은 이진 버전(Binary version)을 다운로드하고 설치해야 한다. 이는 특정한 운영 체제를 갖는 특정한 유형의 컴퓨터에서 실행하기 위하여 컴퓨터가 기계어로 번역한 버전이다. R은 매우 호환성 있게 설계되어 마이크로소프트 윈도우, Linux, Solaris, Mac OSX, 그리고 다른 운영 체제들에서 운영되지만, 각 운영 체제에 적합한 이진 버전을 사용해야 한다. 이 책에서 다루는 대부분의 내용은 모든 운영 체제에서 동일하지만, 운영 체제에 따른 설명을 할 때 독자들은 마이크로소프트 윈도우를 사용하고 있다고 가정할 것이다.

마이크로소프트 윈도우 운영 체제에 R 설치는 매우 쉽다. 윈도우 비스타 이상의 운영 체제에 설치할 수 있는 이진 버전을 http://cloud.r-project.org/bin/windows/base 웹 페이지에서 얻을 수 있다. R-4.0.2-win.exe 같은 이름의 "설치 프로그램" 파일을 다운로드하고, 마우스로 클릭하면 거의 자동으로 R 시스템이 설치될 것이다. 취향에 맞게 설치할 수도 있

1 R 스스로 출력 결과를 계산하도록 `knitr` 패키지를 사용하였다. 텍스트 형식의 출력은 R.4.0.2 (2020년 6월 22일) 버전으로 계산하였다.

지만, 초보 사용자라도 대부분의 상황에서 기본적 응답만 해도 만족하게 설치할 수 있다.

설치 과정에서 기본 설정 중의 하나는 컴퓨터 기본화면에 R 아이콘을 생성하는 것이다.

R 시스템을 설치한 다음, RStudio도 설치해야 한다. R에서처럼 컴퓨팅 플랫폼마다 별도의 버전이 있지만 그들 모두 비슷하게 보이고 행동한다.

www.rstudio.com에서 "RStudio Desktop"의 "Open Source Edition"을 다운로드하고, 지시사항을 따라서 컴퓨터에 설치한다.

1.7 RStudio 시작하기

일단 R과 RStudio를 설치하고 나면, 통계 프로그래밍을 시작할 준비가 된 것이다. 여기서는 간단히 RStudio를 훑어 보는 것으로 시작하고, 자세한 내용은 뒷부분에서 소개할 것이다.

RStudio 프로그램을 실행하면 그림 1.1과 같은 사용자 인터페이스를 볼 수 있다.(RStudio를 처음 시작하면 그림 1.1에 있는 모든 인터페이스 창을 볼 수 없다.) RStudio의 통합개발환경은 페인(Pane)으로 불리는 4개의 (판유리) 창 또는 영역으로 구성된다. 왼쪽 상단 페인은 소스창(Source Pane) 또는 편집창이다. 여기서 프로그램(또는 문서)의 내용을 입력한다. 왼쪽 하단 페인은 콘솔창(Console Pane)이며, R과 소통하는 장소이다. 직접 이 콘솔창으로 명령어를 입력할 수 있지만, 오류를 바로잡고 다시 시도하는 방법이 쉽기 때문에 편집창에서 작업하는 것이 좋다.

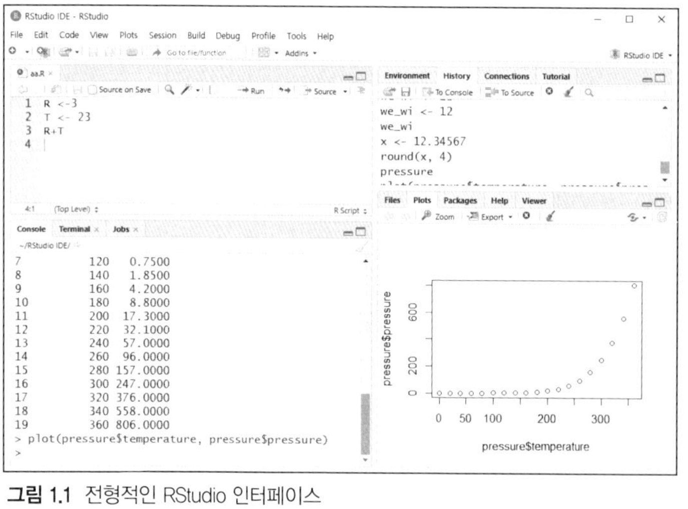

그림 1.1 전형적인 RStudio 인터페이스

오른쪽 2개의 창은 여러 가지 탭들을 보여주고 있다. 그림에서 오른쪽 상단 영역은 작업공간(Workspace)을 보여주고 있으며, 하단 영역은 그래프창을 보여주고 있다. 모든 영역에 포함된 다양한 탭들은 이후의 장에서 논의할 것이며, 지금으로서는 단지 다음 내용을 숙지해야 한다.

- 소스창(또는 편집기)에서 대부분의 작업을 해야 하지만, 가끔 콘솔창에서 내용을 입력할 수 있다.
- 콘솔창은 R이 수행하고 있는 내용을 보여준다.
- 모든 창의 크기와 위치가 조절되기 때문에 때때로 어떤 창을 잃어버린 것처럼 보일 때가 있지만 걱정할 필요는 없다. 창의 머리 부분을 찾고 마우스로 클릭만 하면 다시 창이 나타날 것이다. 창은 보이지만 원하는 내용이 아닐 때 상단에 있는 탭을 마우스로 클릭하면 원하는 내용을 확인할 수 있다.

1.8 R 통계 프로그래밍 자료

이 책은 R을 활용한 통계 프로그래밍을 소개하고 있지만 모든 것을 감당하지 못한다. 여기서 더 많은 문헌을 찾을 수 있다. 통계학에 대해 더 많은 것을 가르쳐 주는 교과서들이 많이 있다.

- 기초 수준의 프레젠테이션을 보여주는 Dalgaard가 저술한 *Data Analysis and Graphics Using R: An Example-Based Approach* by Maindonald and Braun과 *Introductory Statistics with R*, 그리고 R 프로그래밍에 대해 더욱 자세한 내용을 담고 있는 Venables and Ripley의 고전적인 *Modern Applied Statistics with S*를 추천한다.
- R을 이용해서 인쇄 문서를 준비하는 데 사용하는 다양한 도구들이 있다. 특히 `knitr` 패키지가 선호되며, 온라인 `http://yihui.name/knitr` 사이트에서 또는 Xie가 저술한 도서 *Dynamic Documents with R and knitr*를 이용하여 그 내용을 파악할 수 있다. `knitr` 패키지는 아주 풍부한 시스템을 제공한다. 그 가운데 (강의수업의 과제 내용을 쓰기에 유용한) 간단한 소책자를 준비하려면 R Markdown(`http://rmarkdown.rstudio.com/`)을 검토해 보라.
- R는 대화형 웹페이지를 준비하는 데도 사용될 수 있다. Shinny 시스템은 브라우저에서 통제되도록 작성된 스크립트에 근거해서 R이 출력하는 내용을 보여준다. 사용자는 R을 설치하지 않더라도 R 출력을 볼 수 있다. `http://shiny.rstudio.com` 사이트에서 Shinny에 대한 예제와 더욱 자세한 내용을 확인할 수 있다.

2장

R 언어 소개

R과 RStudio 시스템을 설치했다면 이제 통계 프로그래밍의 예술을 배울 준비가 된 것이다. 첫 번째 단계는 프로그래밍이 작성되는 언어의 문법을 배우는 것이며, 언어의 규칙을 알아야 한다. 이 장에서는 R 문법을 소개할 것이다. 여기서 논의하는 대부분 내용은 R 콘솔 또는 RStudio 스크립트창으로 입력하는 내용과 관련이 있다.

2.1 첫 단계

R 또는 RStudio 프로그램을 열었다면 보통은 대화형으로 명령어를 입력하고 실행할 수 있다. 보통 때는 명령어 형식으로 입력하기 위하여 소스창을 사용하겠지만, 경우에 따라 직접 콘솔창을 사용할 수도 있다. 초과 기호(Greater-than sign, >)는 콘솔창에 나타나는 프롬프트 기호이다.

2.1.1 R은 휴대용 계산기

휴대용 계산기에서 계산될 수 있는 모든 것은 R 프롬프트에서 계산될 수 있다. 기본 연산은 +(덧셈), -(뺄셈), *(곱셈), 그리고 /(나눗셈)이다. 예를 들어 다음 연산을 시도해 보라.

```
5504982/131071
```

엔터키(또는 CTRL-엔터)를 누르면 실행한 명령어가 표시되고, 다음 줄에 꺾쇠괄호 안에 숫자 1 다음에 나눗셈 연산 결과 42가 콘솔창에 나타난다.

```
5504982/131071
[1] 42
```

[1] 표시는 명령어로부터 얻어진 첫 번째(이 경우에서만) 결과라는 것을 나타낸다. 명령어가 많으면 복수의 값을 반환하며, 결과를 나타내는 각각의 줄은 사용자가 결과를 판독할 때 도움을 주기 위하여 구별될 것이다. 예를 들어 17부터 58까지 일련의 정수는 다음과 같이 표시될 것이다.

```
17:58
[1]  17 18 19 20 21 22 23 24 25 26 27 28 29 30 31 32 33 34 35 36 37 38
[23] 39 40 41 42 43 44 45 46 47 48 49 50 51 52 53 54 55 56 57 58
```

첫 번째 줄은 첫 번째로 반환하는 값으로 시작하기 때문에 [1]로 표시되고, 두 번째 줄은 23번째로 반환하는 값으로 시작하기 때문에 [23]으로 표시되었다.

기호(#) 다음에 입력하는 모든 내용은 주석으로 간주되어 R은 이를 무시한다.

```
5:(2*3 + 10)                    # 경과는 5:16과 같다.
[1] 5 6 7 8 9 10 11 12 13 14 15 16
(7:10) + pi                     # pi는 내장 상수이다.
[1] 10.14159 11.14159 12.14159 13.14159
```

위 예제에 괄호가 사용된 것을 유의하라. 괄호는 원하는 순서대로 연산(이 경우 :, *, 그리고 +)이 실행되도록 사용되었다. 첫 번째 경우 원하는 결과를 얻으려면 괄호가 필요하다. 다음 화면은 괄호를 누락시켰을 때 일어나는 결과를 보여준다.

```
5:2*3 + 10
[1] 25 22 19 16
```

이 결과에 놀란다면, R이 하는 내용을 정확히 파악하기 위하여 계산을 3개의 작은 연산으로 구분한다면 좋은 연습이 될 것이다.

`(7:10) + pi` 계산에는 괄호가 필요 없다. 그런 그렇고 2가지 이유에서 괄호를 사용한다. 괄호는 다른 사람들이 더 빨리 코드를 읽고 이해하도록 도움을 준다는 것이 첫 번째 이유이다. 두 번째 이유는 연산의 우선순위와 관련하여 R이 엄정하고 일관된 규칙을 따르더라도,

사용자는 하나 이상의 이런 규칙을 너무 쉽게 잊는다고 믿는 것이다. 따라서 확실하지 않을 때(또는 심지어 옳다고 생각하는 경우)마다 괄호 사용하기를 권장한다.

R에서 ^ 연산자는 거듭제곱 계산에 사용된다. 예를 들어 다음과 같이 사용된다.

```
3^4
[1] 81
```

R에서 모듈러 연산(Modular arithmetic)도 가능하다. 예를 들어 31을 7로 나눈 후에 나머지를 계산할 수 있다.

```
31 %% 7
[1] 3
```

그리고 분수의 정수 부분은 다음과 같이 계산된다.

```
31 %/% 7
[1] 4
```

31은 분수의 나머지와 정수에 7을 곱한 값을 더한 것이라는 것을 확인할 수 있다.

```
7*4 + 3
[1] 31
```

2.1.2 변수 할당하기

R은 계산 결과를 저장하는 데 사용될 수 있는 전역환경(Global environment)으로 알려진 작업공간과 다양한 유형의 객체를 가진다. 첫 번째 예제로, 나중에 사용할 목적으로, `1.0025^30`의 계산 결과를 저장한다고 가정하자.(이 예제는 30년간 연 0.25%의 이자율에 근거한 복리 이자 계산에서 발생할 수 있다.) 계산 결과를 `interest.30`으로 불리는 객체로 할당하기 위하여 다음과 같이 입력한다.

```
interest.30 <- 1.0025^30
```

R에게 미만 기호(<)와 하이픈 기호로 만들어진 왼쪽을 가리키는 화살표 기호 `<-`를 사용하여 객체를 할당하도록 지시한다. R은 대부분 환경에서 화살표 대신에 등호(=)를 사용하는 것도 지원하지만, (`interest.30`는 `1.0025^30`과 동일하다는) 관계(Relation)를 명시하는 것보다, 명확하게 (할당문) 동작(Action)을 요청하거나 영구적으로 정의하기 위하여, 화살표를 사용하는 것을 권장한다. 이 명령문을 실행할 때 출력은 보이지 않는 것에 유의하라. 즉, R은 요청한 내용을 실행하고, 다른 명령이 요청되기를 기다리고 있다.

프롬프트에서 새로 생성된 객체 이름을 입력하면, 이 할당문의 결과를 볼 수 있다.

```
interest.30
[1] 1.077783
```

또 다른 계산을 생각해 보자. R은 `interest.30` 표현의 결과를 생각하고 그 결과를 인쇄한다. 원한다면 추가적인 계산에서 `interest.30`를 사용할 수도 있다. 예를 들어 $3,000의 은행 잔고로 시작한다면 연 0.25% 이자율로 30년 후 은행 잔고를 계산할 수 있다.

```
initialBalance <- 3000
finalBalance <- initialBalance * interest.30
finalBalance
[1] 3233.35
```

예제 2.1

오늘 어떤 개인이 월 이자율 i로 P 금액을 대출받기를 원한다. 지금부터 한 달로 시작해서 n개월 동안 월부금 R 만큼씩 대출금을 상환할 계획이다. 문제는 R을 계산하는 것이다.

현재가치 P와 n개월 동안 월 상환액의 (할인된) 미래가치를 같게 놓으면 다음과 같이 나타낼 수 있다.

$$P=R(1+i)^{-1}+R(1+i)^{-2}+\ldots+R(1+i)^{-n}$$

또는

$$P=R\sum_{j=1}^{n}(1+i)^{-j}$$

기하급수를 합하고 간략하게 정리하면 다음과 같이 쓸 수 있다.

$$P=R\left(\frac{1-(1+i)^{-n}}{i}\right)$$

이 식은 연금의 현재가치를 계산하는 공식이다. P, n, 그리고 i가 주어지면, R을 계산할 수 있다.

$$R=P\frac{i}{1-(1+i)^{-n}}$$

R 프로그램에서 다음과 같이 변수를 정의한다. 예를 들어 P값을 고정하기 위하여 변수 `pricipal`, 이자율을 고정하기 위하여 변수 `intRate`, 그리고 월 상환 횟수를 고정하기 위하여 변수 n을 정의한다.

물론 이 작업을 수행하려면 변수들의 수치 값이 필요하다. 대출금은 $1,500, 이자율은 1%, 그리고 월 상환 횟수는 10으로 가정하자. 그러면 입력해야 할 코드는 다음과 같다.

```
intRate <- 0.01
n <- 10
principal <- 1500
payment <- principal * intRate / (1 - (1 + intRate)^(-n))
payment

[1] 158.3731
```

이 특별한 대출에 대한 월 상환액은 $158.37이다.

2.1.3 R 종료하기

R 프로그램을 종료하려면 다음 명령을 실행시킨다.

```
q()
```

또는 `File` 메뉴에서 `Quit Session...`(Ctrl+Q)을 선택한다. 그러면 현재 작업공간의 이미지를 저장할 것인지 여부, 또는 명령을 취소할 것인지를 물어볼 것이다. 작업공간 이미지는 그동안 실행한 계산 기록들을 포함하며, 일부 저장된 결과들도 포함할 수도 있다. Cancel 버튼을 선택하면 계속해서 현재 R 세션을 유지할 수 있다. 현재의 작업공간 이미지를 거의 저장하지 않지만 그렇게 하는 것이 편리할 때가 있다.

종료하려고 할 때 괄호를 누락시키면 어떤 일이 발생하는지 유의하라.

```
q
function (save = "default", status = 0, runLast = TRUE)
.Internal(quit(save, status, runLast))
<bytecode: 0x7fa7ad214ad8>
<environment: namespace:base>
```

q는 R에게 프로그램을 종료하도록 전달하는 데 사용되는 함수이기 때문에 이런 일이 발생한다. q 자체만 입력하는 것은 R에게 (그리 좋아 보이지 않는) 함수 q의 내용을 보여주라고 말하는 것과 같다. q()으로 입력하는 것은 R에게 q 함수를 호출하라고 말하는 것이다. 이 함수의 동작은 R을 종료시키는 것이다. R이 행하는 모든 동작은 일반적인 함수 호출, (메뉴를 클릭할 때처럼) 가끔 겉으로 드러나지 않은 함수 호출, 또는 (3을 14에 곱하는 곱셈 함수를 부를 때처럼) 아주 기초적인 함수 호출을 통하여 이루어진다.

작업 내용 기록

작업공간 이미지를 저장하는 것보다 입력한 명령어들을 기록에 남기는 것을 선호하기 때문에, 나중에 작업공간을 재생할 수 있다. RStudio 통합개발환경에서 작업공간을 재생하는 가장 쉬운 방법은 소스창에서 명령어를 입력하고 거기서 실행시키는 것이다. 세션을 마칠 때 작업한 내용을 영구적으로 기록하기 위하여 최종 스크립트를 저장한다. 다른 시스템에서 텍스트 편집기와 자르고 붙이기 동작은 동일한 효과를 가져다준다.

[연습문제]

1. 170166719을 31079으로 나누고 나머지를 계산하라.

2. 연 복리 이자율을 3%로 가정하고, $2,000의 투자액에 대해 5년 후 얻게 되는 이자를 계산하라.

3. R 코드를 이용하여 연 복리 이자율을 3%로 가정하고, $2,000의 투자액에 대해 1년부터 30년 후까지 매년 얻게 되는 이자를 계산하라.

4. 다음 달부터 0.003의 월 이자율로 대출금 $200,000에 대한 300번의 월 상환액을 계산하라.
5. R을 이용하여 반지름이 7cm인 원의 면적을 계산하라.
6. 한 줄의 R 코드를 사용하여 3cm부터 1cm씩 증가해서 100cm까지의 반지름을 갖는 원의 면적을 각각 계산하라.
7. 48: (14*3) 표현식에 포함된 괄호가 정말 필요한가? 그리고 48 : 14*3으로 입력하면 어떤 일이 일어날까?
8. 48: 14^2과 48 : (14^2)의 차이가 있다고 생각하는가? 두 가지 모두 계산해보라. 어떻게 한 줄의 명령어를 사용하면 숫자열 48, 47, ..., 14를 얻을 수 있을까?

2.2 기본 특징

2.2.1 함수

R에서 대부분 작업은 함수를 통하여 행해진다. 예를 들어 R을 종료하려면 q()을 입력할 수 있다는 것을 배웠다. 이 명령어는 R에게 q라는 이름의 함수를 호출하라고 말하는 것이다. 괄호는 인수 목록을 에워싼다. 이 경우는 그저 R을 종료시키고 어떻게 하라고 말할 필요가 없기 때문에 어떠한 인수도 포함하지 않는다.

함수 q가 다음과 같이 정의되는 것도 보았다.

```
q
function (save = "default", status = 0, runLast = TRUE)
.Internal(quit(save, status, runLast))
<bytecode: 0x7fa7ad214ad8>
<environment: namespace:base>
```

q는 3개의 매개변수(save, status, runLast)를 갖는 함수라는 것을 보여준다. 매개변수는 각각 "default", 0, 그리고 TRUE의 기본값을 갖는다. q()을 실행하면 R은 기본값으로 설정된 인수 리스트와 함께 q 함수를 요청한다.

인수의 기본값을 변경하려면 함수를 요청할 때 새로운 인수값을 규정하면 된다. 함수를 요청할 때 인자들은 그 위치 또는 명백하게 명시된 이름으로 식별된다. 예를 들어 다음과 같이 입력할 때,

```
q("no")
q(save = "no")
```

두 명령문 모두 첫 번째 매개변수의 인자값을 "no"로 지정하고, 즉, 작업공간을 저장하지 않고 R을 종료시키는 q 함수를 요청하도록 R에게 말하고 있다. 이름을 명시하지 않고 두 인자값을 지정했다면 인자값은 save와 status에 적용될 것이다. 초기에 매개변수의 기본값을 사용하지만 나중에 변경하려면 함수를 요청할 때 매개변수의 이름을 명시해야 한다. 예를 들어

```
q(runLast = FALSE)
```

또는 콤마를 사용해서 해당하는 인자값이 없음을 표시한다.

```
q(    ,    , FALSE)
```

매개변수 값을 지정하려면 등호(=)를 사용해야 한다. q(runLast <- FALSE)을 입력했다면 q(runLast = FALSE)과 아주 다르게 해석될 것이다. 화살표는 값 FALSE를 runLast라는 이름의 변수에 할당하라고 말하고 있다. 그리고 q()의 첫 번째 인수로 (값이 FALSE인) 동작을 거친다. save는 첫 번째 매개변수이기 때문에 아마도 원하지 않는 q(save = FALSE)처럼 동작할 것이다.

많은 인수를 포함하는 함수를 요청할 때 또는 흔하지 않은 인수를 사용할 때, 인수를 잘못 명시하는 위험을 줄여주고 코드를 읽기 쉽게 만들어 주기 때문에 명명된 인수를 사용하는 것이 좋다.

2.2.2 대 · 소문자를 구별하는 R

다음 명령문을 고려해 보자.

```
x <- 1:10
MEAN(x)
Error in MEAN(x) : 함수 "MEAN"를 찾을 수 없습니다.
```

이제 다음 명령문을 시도해 보라.

```
MEAN <- mean
MEAN(x)
[1] 5.5
```

mean() 함수는 R에 내장된 함수이다. R은 대·소문자를 구별하기 때문에 R은 MEAN을 다른 함수로 간주한다. 즉 R에서 M과 m은 같지 않다.

2.2.3 작업공간에서 할당된 객체 목록

이전 절에서 계산 과정을 통하여 몇 개의 간단한 객체들이 생성되었다. 이 객체들은 현재 R 작업공간에 저장된다. objects() 함수를 이용하면 현재 R 작업공간에서 할당된 모든 객체 목록을 화면으로 인쇄할 수 있다.

```
objects()
[1] "finalBalance" "initialBalance" "interest.30"
[4] "intRate" "MEAN" "n"
[7] "payment" "principal" "x"
```

objects()의 동의어는 ls()이다.

작업공간 이미지를 저장하지 않고 R 세션을 종료하면 객체들은 사라질 것이라는 것을 명심하라. 작업공간 이미지를 저장하면 다음 R 세션에서 작업공간 이미지가 복원될 것이다.[1]

2.3 벡터 생성

2.3.1 수치형 벡터

수치형 벡터는 숫자 목록이다. c() 함수는 요소들을 함께 모아 벡터를 생성하기 위하여 사용된다. 다음과 같이 입력할 수 있다.

1 이전의 R 세션을 마친 위치처럼, 동일한 폴더 또는 작업 디렉토리에서 R을 시작하면 작업공간 이미지가 복원된다는 것은 사실이다. 정상적으로 그렇게 될 것이지만 R 세션 동안에 사용자는 setwd() 함수를 이용해서 자유롭게 작업 폴더를 변경할 수 있다. ?setwd를 입력하면 이 함수에 대한 도움말을 얻을 수 있다.

```
c(0, 7, 8)
[1] 0 7 8
```

다시 이를 명명된 객체로 할당할 수 있다.

```
x <- c(0, 7, 8)        # x는 3개의 요소를 갖는 벡터이다.
```

x의 요소를 보려면 단순히 다음과 같이 입력한다.

```
x
[1] 0 7 8
```

콜론(:) 기호는 일련의 증가(또는 감소하는) 값을 생성하기 위하여 사용될 수 있다. 다음은 5부터 20까지의 수열을 수치형 벡터로 할당한 예를 보여준다.

```
numbers5to20 <- 5:20
numbers5to20
[1] 5 6 7 8 9 10 11 12 13 14 15 16 17 18 19 20
```

벡터들은 c() 함수를 이용하여 결합(즉, 연결)될 수 있다. 예를 들어 다음과 같이 입력했을 때 어떤 일이 일어나는지 주목하라.

```
c(numbers5to20, x)
[1] 5 6 7 8 9 10 11 12 13 14 15 16 17 18 19 20 0 7 8
```

여기에 c() 함수를 이용한 다른 예가 있다.

```
some.numbers <- c(2, 3, 5, 7, 11, 13, 17, 19, 23, 29, 31, 37, 41, 43, 47,
                  59, 67, 71, 73, 79, 83, 89, 97, 103, 107, 109, 113, 119)
```

(RStudio 소스창이 아닌) R 콘솔에서 위와 같이 입력하면 R은 두 번째 줄에 값을 입력하도록 플러스(+) 기호를 나타낼 것이다. RStudio는 소스창에서 플러스(+) 기호를 표시하지 않는 대신 두 번째 줄을 들여 쓸 것이다. 두 경우 모두 첫 번째 줄이 불완전하다는 말을 들을 것이

다. 이런 경우 명령을 완료하기 위해서는 반드시 열린 괄호 뒤에 닫는 괄호가 와야 한다는 것에 유의하라. 수치형 벡터 numbers5to20를 some.numbers의 끝에 덧붙인 다음, 4부터 1까지 감소하는 수열을 덧붙일 수 있다.

```
a.mess <- c(some.numbers, numbers5to20, 4:1)
a.mess
[1]   2   3   5   7  11  13  17   19   23   29   31   37  41  43  47  59
[17] 67  71  73  79  83  89  97  103  107  109  113  119   5   6   7   8
[33]  9  10  11  12  13  14  15   16   17   18   19   20   4   3   2   1
```

꺾쇠괄호 안에 숫자는 바로 오른쪽에 요소들을 색인한다는 것을 기억하라. 특히 이 숫자는 a.mess의 22번째 요소가 89라는 것을 확인하게 도와준다. 이 경우 그저 17번째 요소, 67부터 세면 쉽게 확인할 수 있다.

2.3.2 벡터 요소 추출

a.mess의 22번째 요소를 나타내는 더 나은 방법은 꺾쇠괄호를 사용해서 해당 요소를 추출하는 것이다.

```
a.mess[22]
[1] 89
```

한꺼번에 하나 이상의 요소를 추출할 수 있다. 예를 들어 a.mess의 3번째, 6번째 그리고 7번째 요소를 추출하려면 다음과 같이 입력하면 된다.

```
a.mess[c(3, 6, 7)]
[1] 5 13 17
```

numbers5to20의 3번째부터 7번째까지 요소를 추출하려면 다음과 같이 입력하면 된다.

```
numbers5to20[3:7]
[1] 7 8 9 10 11
```

음수 색인(Negative index)은 특정 요소를 색인하지 않기 위하여 사용된다. 예를 들어 다음과 같이 numbers5to20의 2번째와 10번째 요소 외에 모든 요소를 선택할 수 있다.

```
numbers5to20[-c(2,10)]
[1] 5 7 8 9 10 11 12 13 15 16 17 18 19 20
```

그리고 다음과 같이 numbers5to20의 3번째부터 11번째 요소는 다음과 같이 색인에서 제외할 수 있다.

```
numbers5to20[-(3:11)]
[1] 5 6 16 17 18 19 20
```

제로 색인(Zero index)은 아무것도 반환하지 않는다. 이 색인을 항상 입력하는 것은 아니지만, 아주 복잡한 명령문을 표현할 때 유용할 수 있다. 다음은 x=(0, 7, 8) 벡터에 제로 색인을 적용한 예이다.

```
numbers5to20[x]
[1] 11 12
```

양수 색인과 음수 색인을 함께 사용하지 마라. 함께 사용했을 때 어떤 일이 일어나는지 주시하라.

```
x[c(-2, 3)]
Error in x[c(-2, 3)]: only 0's may be mixed with negative subscripts
```

어떤 요소가 추출될 것인지 명확하지 않는다는 것이 문제이다. 2번째 요소를 제거하기 이전에 또는 제거한 이후에 x의 3번째 요소를 추출하려는지 모호하다.

언제나 벡터 색인은 반드시 정수이어야 한다는 것에 주의하라. 분수 값이 사용될 때 0으로 절단된다. 따라서 0.6은 다음과 같이 0이 된다.

```
x[0.6]
numeric(0)
```

출력 numeric(0)은 길이 0인 수치형 벡터를 나타낸다.

2.3.3 벡터 연산

R 벡터를 연산할 수 있다. 예를 들어 벡터 x의 모든 요소에 3을 곱할 수 있다.

```
x * 3
[1] 0 21 24
```

요소별로 계산되었다는 사실에 유의하라. 상수의 덧셈, 뺄셈, 그리고 나눗셈도 같은 효과를 갖는다. 예를 들어

```
y <- x - 5
[1] -5 2 3
```

또 다른 예제로 x 요소들의 3제곱을 들어 보자.

```
x^3
[1] 0 343 512
```

위 예제들은 벡터와 상수에 이항 산술연산자(Binary arithmetic operator)가 사용되는 방법을 보여준다. 보통 이항 연산자도 벡터 쌍에 적용될 때 요소별(Element-by-element)로 작동한다. 예를 들어 i=1, 2, 3에 대한 $y_i^{x_i}$, 즉 $(y_1^{x_1}, y_2^{x_2}, y_3^{x_3})$는 다음과 같이 계산된다.

```
y^x
[1] 1 128 6561
```

벡터의 길이가 다를 때, 길이가 짧은 벡터는 처음부터 시작해서 값을 반복적으로 재사용(Recycling)해서 확장된다. 예를 들어 1부터 10까지 수를 2와 3으로 나눌 때 나머지들의 패턴을 보려면, 벡터 2:3을 한 번만 입력하면 된다.

```
c(1, 1, 2, 2, 3, 3, 4, 4, 5, 5, 6, 6, 7, 7, 8, 8, 9, 9, 10, 10) %% 2:3
[1] 1 1 0 2 1 0 0 1 1 2 0 0 1 1 0 2 1 0 0 1
```

코드에 오류가 있다는 증상이기 때문에, 길이가 긴 벡터의 길이가 짧은 벡터 길이의 배수가 아니면 R은 경고 메시지를 보여줄 것이다. 예를 들어 1부터 10까지 수를 2부터 4까지 나누면서 나머지를 구하려고 하는 것은 잘못된 생각이다.

```
c(1, 1, 2, 2, 3, 3, 4, 4, 5, 5, 6, 6, 7, 7, 8, 8, 9, 9, 10, 10) %% 2:4
[1] 1 1 2 0 0 3 0 1 1 1 0 2 1 1 0 0 0 1 0 1
경고 메시지:
In c(1, 1, 2, 2, 3, 3, 4, 4, 5, 5, 6, 6, 7, 7, 8, 8, 9, 9, 10, 10)%%2:4 :
  두 객체의 길이가 서로 배수관계에 있지 않습니다.
```

(오류가 보이나요?)

2.3.4 패턴형 벡터

단순한 정수열을 생성할 때 : 연산자를 사용했다. rep() 함수와 seq() 함수를 사용해서 패턴형 벡터를 생성할 수도 있다. 예를 들어 21보다 작거나 같은 홀수열은 다음과 같이 얻어질 수 있다.

```
seq(1, 21, by = 2)
[1] 1 3 5 7 9 11 13 15 17 19 21
```

매개변수 by = 2가 사용된 것에 유의하라. seq() 함수는 by를 포함하여 여러 임의 파라미터(Optional parameters)를 갖는다. by를 명시하지 않으면 기본값 1이 사용될 것이다.

rep() 함수를 사용하면 반복 패턴형 벡터를 얻을 수 있다. 다음 예제를 생해 보자.

```
rep(3, 12)                         # 3을 12번 반복하라.
[1] 3 3 3 3 3 3 3 3 3 3 3 3
rep(seq(2, 20, by = 2), 2)         # 1부터 20까지 2씩 증가하는 정수열을 2번 반복하라.
[1] 2 4 6 8 10 12 14 16 18 20 2 4 6 8 10 12 14 16 18 20
rep(c(1, 4), c(3, 2))              # 1을 3번, 4를 2번 반복하라.
[1] 1 1 1 4 4
rep(c(1, 4), each = 3)             # 각 값을 3번 반복하라.
[1] 1 1 1 4 4 4
rep(1:10, rep(2, 10))              # 각 값을 2번 반복하라.
[1] 1 1 2 2 3 3 4 4 5 5 6 6 7 7 8 8 9 9 10 10
```

2.3.5 불규칙형 벡터

sample() 함수는 6면의 주사위를 반복해서 던졌을 때 나오는 결과 등을 시뮬레이션하게 해준다.

```
sample(1:6, size = 8, replace = TRUE)    # 가상의 주사위를 8번 던졌을 때.
[1] 4 2 3 2 4 1 2 4
```

2.3.6 문자형 벡터

숫자 대신에 문자열로 스칼라와 벡터를 구성할 수 있다. 벡터의 모든 요소는 같은 유형이어야 한다. 예를 들어

```
colors <- c("red", "yellow", "blue")
more.colors <- c(colors, "green", "magenta", "cyan")
                     # 벡터에 새로운 요소를 첨부함.
z <- c("red", "green", 1)
                     # 한 벡터에서 다른 유형의 데이터를 혼합하려고 시도함.
```

다음과 같이 입력해서 more.colors와 z의 요소를 확인한다.

```
more.colors
[1] "red" "yellow" "blue" "green" "magenta" "cyan"
z                                  # 숫자 1은 문자 "1"로 전환되었다.
[1] "red" "green" "1"
```

문자형 벡터에 수행할 수 있는 2가지 연산이 있다. 부분열을 취하려면 substr() 함수를 사용하라. 이 함수는 substr(x, start, stop) 인수를 가지며, x는 문자열 벡터의 이름이며 start와 stop은 어떤 문자를 유지해야 하는지 말해준다. 예를 들어 각 색상의 처음 2개의 문자를 출력하려면 다음과 같이 입력한다.

```
substr(colors, 1, 2)
[1] "re" "ye" "bl"
```

substring() 함수도 유사하지만, 인수를 정의하는 방법이 약간 다르다. RStudio 콘솔 창에서 ?substring 도움말 페이지 참조하라.

다른 기본 동작은 결합을 통하여 문자열을 구축하는 것이다. 다음은 paste() 함수를 이용해서 문자열을 구축한 예이다.

```
paste(colors, "flowers")
[1] "red flowers" "yellow flowers" "blue flowers"
```

paste() 함수는 2개의 선택적 매개변수를 가진다. sep 매개변수는 함께 이어 붙여지는 요소들 사이에 무엇이 들어가야 할지 통제한다. 예를 들어 묵시적으로 공간(Default space)을 원하지 않을 수 있다.

```
paste("several ", colors, "s", sep = "")
[1] "several reds" "several yellows" "several blues"
```

paste0() 함수는 sep = ""을 지정하는 속기법이다.

```
paste0("several ", colors, "s")
[1] "several reds" "several yellows" "several blues"
```

paste() 함수에 collapse 파라미터를 사용하면 결과 벡터의 모든 요소를 지정된 값으로 연결해서 하나의 문자열로 이어 붙인다.

```
paste("I like", colors, collapse = ", ")
[1] "I like red, I like yellow, I like blue"
```

2.3.7 요인형 벡터

요인형 벡터(Factors)는 가끔 문자형 데이터를 저장하는 대체 방법이다. 예를 들어 4개의 요소와 2개의 수준(Level), control과 treatment를 갖는 요인형 벡터를 다음과 같이 생성될 수 있다.

```
grp <- c("control", "treatment", "control", "treatment")
grp
[1] "control" "treatment" "control" "treatment"
grp <- factor(grp)
grp
[1] control treatment control treatment
Levels: control treatment
```

반복되는 벡터 요소가 있을 때 요인형 벡터는 문자형 데이터를 저장하는 효율적인 방법이 될 수 있다. 이는 요인형 벡터의 수준(level)은 내부적으로 정수로 코딩되기 때문이다. 코드가 요인형 벡터로 되는지 보려면(요인형을 정수형 벡터로 강제변환하려면) 다음과 같이 입력한다.

```
as.integer(grp)
[1] 1 2 1 2
```

수준 라벨은 반복되기보다는 수준마다 한 번씩 저장된다. 다음은 수준으로 이루어진 벡터를 색인하는 내용이다.

```
levels(grp)
[1] "control" "treatment"
levels(grp) [as.integer(grp)]
[1] "control" "treatment" "control" "treatment"
```

`levels()` 함수는 요인 라벨을 변경하는 데도 사용될 수 있다.[2] 예를 들어 "control" 라벨을 "placebo"로 변경한다고 하자. "control"은 첫 번째 수준이기 때문에 levels(grp) 벡터의 첫 번째 요소를 다음과 같이 변경한다.

```
levels(grp)[1] <- "placebo"
```

모든 수준이 요소로 존재하지 않더라도, 모든 가능한 값을 나열하는 것이 요인형 벡터를 사용하는 중요한 목적이다. 다음 예제에서 요인형 벡터 sex는 2가지 값을 가질 수 있지만, 벡터에 하나의 값만 존재한다는 것을 보여준다.

```
sex <- factor(c("F", "F"), levels = c("F", "M"))
sex
[1] F F
Levels: F M
```

2 실제로 라벨 변경은 생소한 이름 `levels<-`의 다른 함수로 행해지며, 그 방법은 여기서 다루지 않을 것이다.

2.3.8 보다 자세한 벡터 요소 추출

수치형 벡터에 대하여 꺾쇠괄호를 사용해서 요인형과 문자형 벡터를 색인할 수 있다. 예를 들어 4개의 요소를 포함하는 요인형 벡터 grp에 대하여, 다음과 같이 입력하면 3번째 요소를 추출할 수 있다.

```
grp[3]
[1] placebo
Levels: placebo treatment
```

문자형 벡터 more.colors의 2번째부터 5번째 요소는 다음과 같이 접근할 수 있다.

```
more.colors[2:5]
[1] "yellow" "blue" "green" "magenta"
```

2.3.9 행렬과 배열

수치형 벡터를 행렬로 배치하려면 `matrix()` 함수를 사용한다.

```
m <- matrix(1:6, nrow = 2, ncol = 3)
m
[,1] [,2] [,3]
[1,] 1 3 5
[2,] 2 4 6
```

2개의 색인을 사용하여 원소에 접근할 수 있다. 예를 들어 첫 번째 행과 두 번째 열에 있는 원소는 다음과 같이 색인한다.

```
m[1, 2]
[1] 3
```

혼란스럽기는 하지만 R은 단 하나의 값으로 행렬을 벡터로 색인하게도 한다.

```
m[4]
[1] 4
```

여기서 행렬 원소는 내부적으로 저장되는 순서대로 선택된다. 즉 첫 번째 열에 원소를 아래 방향으로 채운 다음, 두 번째 열에 원소를 아래 방향으로 채우고, 기타 등등. 이를 열-우선 저장 배열(Column-major storage order)이라고 한다. 어떤 컴퓨터 언어는 행-우선 저장 배열(Row-major storage order)을 사용한다. 즉 첫 번째 열에 원소를 오른쪽 방향으로 채운 다음, 두 번째 행에 원소를 오른쪽 방향으로 채우고, 기타 등등.

행렬의 전체 행 또는 열은 색인 하나를 비워둠으로써 선택될 수 있다.

```
m[1,]
[1] 1 3 5
m[, 1]
[1] 1 2
```

데이터를 저장하는 보다 일반적인 방법은 배열을 이용하는 것이다. 배열은 다중 색인을 가지며, `array()` 함수를 이용하여 생성된다.

```
a <- array(1:24, c(3, 4, 2))
a
, , 1
     [,1] [,2] [,3] [,4]
[1,]    1    4    7   10
[2,]    2    5    8   11
[3,]    3    6    9   12

, , 2
     [,1] [,2] [,3] [,4]
[1,]   13   16   19   22
[2,]   14   17   20   23
[3,]   15   18   21   24
```

배열의 차원이 벡터 c(3, 4, 2)으로 명시된 것에 유의하라. 데이터를 삽입할 때 첫 번째 색인이 가장 빠르게 변하며, 첫 번째 색인의 전체 범위를 마칠 때 두 번째 색인 등이 바뀐다.

[연습문제]

1. r이 1.08일 때 $\sum_{j=0}^{n} r^j$를 계산하고, n=10, 20, 30, 30일 때 $(1-r^{n+1})/(1-r)$ 값과 비교하라. r=1.06에 대해 반복하라.

2. 위 질문을 참고해서 r=1.08일 때 그리고 n이 1부터 100까지 모든 값일 때 빠른 공식을 사용하여 $\sum_{j=0}^{n} r^j$를 계산하라. 100개의 값을 벡터에 저장하라.

3. $\sum_{j=1}^{n} r^j$을 계산하고, n=100, 200, 300, 400일 때의 $n(n+1)/2$ 값과 비교하라.

4. 위 질문을 참고해서 n이 1부터 100까지 모든 값일 때 빠른 공식을 사용하여 $\sum_{j=1}^{n} j$를 계산하라. 100개의 값을 벡터에 저장하라.

5. $\sum_{j=1}^{n} j^2$을 계산하고, n=200, 400, 600, 800일 때의 $n(n+1)(2n+2)/6$ 값과 비교하라.

6. 위 질문을 참고해서 n이 1부터 100까지 모든 값일 때, 빠른 공식을 사용하여 $\sum_{j=1}^{n} j^2$를 계산하라. 100개의 값을 벡터에 저장하라.

7. $\sum_{i=1}^{N} 1/i$을 계산하고, N=500, 1000, 2000, 4000, 8000일 때의 $\log(N)+0.6$ 값과 비교하라.

8. 필요에 따라 `rep()`와 `seq()`를 이용하여 다음 벡터를 생성하라.

```
0 0 0 0 0 1 1 1 1 1 2 2 2 2 2 3 3 3 3 3 4 4 4 4 4
```

그리고

```
1 2 3 4 5 1 2 3 4 5 1 2 3 4 5 1 2 3 4 5 1 2 3 4 5
```

9. 필요에 따라 `rep()`와 `seq()`를 이용하여 다음 벡터를 생성하라.

```
1 2 3 4 5 2 3 4 5 6 3 4 5 6 7 4 5 6 7 8 5 6 7 8 9
```

10. 다음 벡터를 생성하고 요인형 벡터로 전환하라.

```
[1] 0 0 0 1 1 1 1 0 0 0 1 1 1 1 0 0 0 1 1 1 1 0 0 0 1 1 1 1 0 0 0
[32] 1 1 1 1
```

결과 벡터의 수준을 식별한 다음, 수준 라벨을 변경해서 요인형 벡터를 구하라.

```
[1] Male Male Male Female Female Female Female Male Male
[10] Male Female Female Female Female Male Male Male Female
[19] Female Female Female Male Male Male Female Female Female
[28] Female Male Male Male Female Female Female Female
Levels: Male Female
```

11. `more.colors` 벡터, `rep()` 함수와 `seq()` 함수를 이용하여 다음 벡터를 생성하라.

```
"red"     "yellow"  "blue"     "yellow"  "blue"     "green"
"blue"    "green"   "magenta"  "green"   "magenta"  "cyan"
```

12. 이전 연습문제에서 얻은 문자열 벡터를 요인형 벡터로 전환시켜라. 요인형 벡터의 라벨은 무엇인가? `"blue"` 라벨을 `"turquoise"`으로 변경하라.

2.4 데이터 저장

2.4.1 대략적 숫자 저장

컴퓨팅에서 정확한 결과와 근사한 결과를 명확하게 구별하는 것이 중요하다. 이 책에서 다루는 대부분은 근사방법을 목표로 한다. 모든 유리수를 컴퓨터에서 정확하게 표현할 수 있지만, 언제나 부동소수점표기법(Floating point representation)을 이용해서 근사적으로 표현하는 것이 더욱 보편적이다. 과학적 표기법(Scientific notation)에 이진(밑수-2) 변화(Binary variation)가 있다. 예를 들어 어떤 숫자를 4개의 유효 자릿수의 과학적 표기법으로 6.926×10^{-4}라고 쓰기도 한다. 어떤 숫자를 이렇게 나타내면 0.00069255와 0.00069265 사이의 모든 참값을 나타낼 수 있다. 10의 거듭제곱보다는 2의 거듭제곱이 사용된다는 것을 제외하고, 컴퓨터가 표현하는 표준 부동소수점표기법들은 유사하며, 분수는 이진법으로 쓰여질 것이다. 4자리의 이진수 정밀도(Four binary digit precision)가 사용되면, 위에 숫자는 1.011_2 x 2^{-11}으로 쓰여질 것이다. 가수(Mantissa) 1.011_2의 아래첨자 2는 밑수가 2로 이 숫자가 표시된다는 것을 암시한다. 즉 10진법으로 $1\times2^0+0\times2^{-1}+1\times2^{-2}+1\times2^{-3}$ 또는 1.375를 대표한다.

그러나 6.926×10^{-4}과 $1.011_2\times2^{-11}$는 동일하지 않다. 4자리의 이진수는 4자리의 십진수보다 더 정확하지 못하다. 대략 0.000641부터 0.000702까지 범위의 값들을 4자리의 이진수 정밀도로 나타내면 모두 동일하다. 사실 6.926×10^{-4}는 유한 자릿수의 이진법으로 정확하게 표현될 수 없다. 1/3을 십진법으로 표현하려는 것과 유사한 문제이다. 0.3333은 밀접하지만, 정확하지 않다. R에서 표준 정밀도는 약 15 또는 16자리의 십진수와 대등한 53자리의 이진수이다.

설명하기 위하여 분수 5/4와 4/5를 고려해 보자. 십진법에서 이 분수들은 정확하게 각각 1.25와 0.8이다. 이진법에서 5/4는 $1+1/4=1.01_2$이다. 어떻게 4/5를 이진법으로 나타낼 수 있을까? 이 숫자는 0과 1 사이에 있으므로 각 b_i는 "비트", 즉 0과 1인 $0.b_1b_2b_3\ldots$ 형태의 무엇으로 예상할 수 있다. 2를 곱하면 모든 비트는 왼쪽으로 한 칸 이동해서, 즉 $2\times 4/5=1.6=b_1.b_2b_3\ldots$가 된다. 따라서 b_1은 1이며 0.6은 $0.b_2b_3\ldots$이 된다.

다시 2를 곱하면 $2\times0.6=1.2=b_2b3\ldots$이 되어 $b_2=1$이 된다. 이런 절차를 2번 더 반복하면, $b_3=b_4=0$이 얻어진다. (시도해 보라!)

이 시점에서 다시 0.8이 될 것이므로, 4비트 배열은 무한히 반복할 것이다. 즉 밑수 2로 4/5는 0.110011001100...이다. *R*은 53비트만 저장하므로 0.8을 정확하게 저장할 수 없다. 저장소에서 반올림 오차가 발생할 것이다.

다음 실험에서 반올림 오차를 관찰할 수 있다. $(5/4)\times(4/5)=1$은 정확한 연산이므로, 어떤 값의 n에 대해서도 $(5/4)\times(n\times4/5)$은 정확하게 n이어야 한다. 그러나 *R*에서 계산해 보면 어떤 n 값에 대해서는 결과는 같지만, n=3, 6, 또는 7일 때는 결과가 같지 않다. 오차는 매우 작더라도 영은 아니다.

대부분의 계산에서 반올림 오차는 축적되는 경향이 있어서, 긴 계산의 연속은 항상 짧은 계산보다 큰 오차를 초래한다. 어떤 동작은 특히 반올림 오차를 유발하기 쉽다. 예를 들어 거의 동일한 두 수를 빼거나, 크기는 거의 같지만 부호가 반대인 두 수를 더하는 경우에 반올림 오차가 발생한다. 거의 같은 숫자를 이진법으로 전개하면 비트 앞부분은 일치하기 때문에, 일치되는 비트들은 뺄셈에서 상쇄되고, 연산 결과는 비트의 뒷부분에 저장되는 것에 따라 다르다.

예제 2.2

표본 $x_1,\ldots,x_n$에 대한 표준 분산 공식을 생각해 보자.

$$s^2=\frac{1}{n-1}\sum_{i=1}^{n}(x_i-\bar{x})^2$$

여기서 $\bar{x}$는 표본 평균, $(1/n)\sum x_i$이다. R에서 s^2은 var( ) 함수로, 그리고 $\bar{x}$는 mean( ) 함수로 계산된다. 예를 들어

```
x <- 1:11
mean(x)
[1] 6
var(x)
[1] 11
sum( (x- mean(x))^2 ) / 10
[1] 11
```

이 공식을 활용하려면 우선 $\bar{x}$를 계산한 다음 편차의 제곱 합을 계산해야 하므로, 모든 x_i값은 메모리에 저장되어야 한다. 얼마 전에 메모리 가격이 너무 비싸서, 위 공식을 다음과 같이 고쳐 쓰는 편이 유리했다.

$$s^2=\frac{1}{n-1}\left(\sum_{i=1}^{n}x_i^2-n\bar{x}^2\right)$$

이 식은 각 x_i값을 한 번만 구하기 때문에, "1회-통과(One-pass)" 공식이라 부르며, x_i의 합과 x_i^2의 합을 축적한다. 이 공식은 수학적 연산과 R 예제 모두에서 정확한 답을 준다.

```
( sum(x^2) - 11 * mean(x)^2 ) / 10
[1] 11
```

그렇지만 각 x_i에 큰 값의 A를 더하면 어떤 일이 일어나는지 주목하라. 합 $\sum_{i=1}^{n}x_i^2$는 약 nA^2 증가하며, $n\bar{x}^2$도 그렇다. 이런 결과는 분산을 변화시키지 않지만, 두 경우의 차이는 정밀도를 심각하게 손실시키는(Catastrophic loss of precision) 조건을 제공한다.

```
A <- 1.e10
x <- 1:11 + A
var(x)
[1] 11
( sum(x^2) - 11 * mean(x)^2 ) / 10
[1] 0
```

*R*은 정답을 알아맞히므로, 분명히 1회-통과 공식을 사용하지 않으며, 여러분도 사용하지 말아야 한다.

2.4.2 정확한 숫자 저장

이전 절에서 53비트의 정확도까지 저장하는 밑수-2 형식으로, *R*이 부동소수점 저장소를 사용하는 것을 보았다. 이 형식을 이용하면 일부 분수들을 정확하게 저장할 수 있는 것으로 판단된다. m은 1000보다 크지 않고 n은 아주 큰 정수일 때, 분수를 $n/2^m$라고 나타낼 수 있다면, *R*은 이 분수를 정확하게 저장할 수 있다. 5/4는 이런 형태의 숫자이지만, 4/5는 그렇지 않기 때문에 *R*은 전자만을 정확하게 저장할 수 있다.

부동소수점 저장소만이 *R*에서 사용되는 유일한 형식이 아니다. 정수에 대하여 *R*은 32비트 정수 저장소를 사용할 수 있으며, 이 형식에서 숫자는 0부터 $2^{32}-1=4294967295$까지 정수의 이진 버전으로 저장된다. $2^{31}-1=2147483647$보다 큰 숫자들은 거기서 2^{32}를 빼서 음수 값으로 처리된다. 즉 음수의 저장 값을 구하기 위하여, 거기에 2^{32}를 더한다.

예제 2.3

숫자 11은 이진수 값, 즉 0...01011로 저장되며, -11은 1...10101이 되는 $2^{32}-1=4294967295$의 이진수 값으로 저장될 수 있다. 이 두 숫자를 합하면 2^{32}이 얻어진다. 32비트만 사용해서 저장하면 결과는 11+(-11)로서 얻으려고 했던 0과 일치한다.

R은 사용할 저장 형식을 어떻게 결정할까? 일반적으로 사용하려는 함수를 입력한 사람이 누구든 R은 입력받은 대로 수행한다. 정수 저장소를 원하면 문자 `L`을 값에 첨부한다. 예를 들어 11은 부동소수점값을 의미하고, `11L`은 정수값을 의미한다. 대부분의 R 함수는 부동소수점값을 반환하지만, 몇몇 (예를 들어 1:10 같은 표현으로 사용되는 `seq()`) 함수는 정수값을 반환한다. 일반적으로 값은 필요에 따라 전환되므로 어떤 값으로 저장되는지 걱정할 필요는

없다.

64비트 정수는 어떤가? 현대 컴퓨터는 64비트를 한 번에 처리할 수 있지만, 대체로 R은 처리할 수 없다. R은 정수값을 부동소수점값의 부분집합으로 예상하기 때문이다. 모든 32비트 정수는 정확하게 부동소수점값으로 저장될 수 있지만, 모든 64비트 정수의 경우에는 그렇지 않다.

2.4.3 날짜와 시간 함수

날짜와 시간은 컴퓨터로 작업하기 가장 어려운 유형의 데이터 중 하나이다. 기본 달력은 길이가 다른 달들, (나라마다 예외는 있지만) 4년마다 윤년 등으로 아주 복잡하다. 역사적 시기에 걸쳐 날짜를 살펴보면, (1592년과 1923년 사이에 여러 나라에서 발생한 율리우스력을 현대의 그레고리력으로의 교체 같은) 달력 변경은 날짜 해석에 영향을 미친다.

종종 (서머타임으로 인해 며칠이 바뀔 수 있는) 암묵적 표준시간대가 존재하며, 그리고 어떤 해는 지구의 자전과 일치하는 표준 시계를 유지하기 위하여 추가된 "윤초"를 갖기 때문에, 시간도 엉망이다.

*R*에서 이 내용을 처리하려는 시도가 몇 차례 있었다. *R*의 `base` 패키지는, 예를 들어 "2007-12-25" 또는 "12/25/07" 같은 문자열을 내부적인 숫자 표현으로 전환시키는 `strptime()` 함수와, 인쇄하기 위해 역전환하는 `format()` 함수를 포함한다. `ISOdate()`와 `ISOdatetime()` 함수는 해, 달, 날 등의 수치 값을 알고 있을 때 사용된다. `chron` 패키지에 다른 함수들도 사용할 수 있다. 이 함수들은 사용하기에 어려울 수 있으며, 자세한 설명은 이 책에서 다루지 않을 것이다.

2.4.4 결측값, 비 숫자, 무한대, 값이 존재하지 않음

결측값을 나타내는 기호는 `NA`이다. 결측값은 종종 실제 데이터 문제에서 생기지만, 계산을 수행하는 방법 때문에 발생할 수도 있다.

```
some.evens <- NULL    # 요소가 없는 벡터를 생성.
some.evens[seq(2, 20, 2)] <- seq(2, 20, 2)
some.evens
[1] NA 2 NA 4 NA 6 NA 8 NA 10 NA 12 NA 14 NA 16 NA 18 NA 20
```

2,4,..., 20번째 요소에는 값을 할당했지만 1,3,..., 19번째 요소에는 어떤 값도 할당하지

않아서, *R*은 값이 분명치 않다는 신호를 주기 위하여 NA를 사용하였다는 것이 여기서 발생한 내용이다. 다음을 고려해 보자.

```
x <- c(0, 1, 2)
x / x
[1] NaN 1 1
```

NaN 기호는 가능할 수 없는 0/0을 계산하려는 시도의 결과로 발생하는 "수가 아님(not a number)"인 값을 의미한다. 계산이 이치에 맞지 않을 때 가끔 이 기호가 사용된다. 다른 경우로, 특별한 값을 보게 되거나 오류 또는 경고 메시지를 볼 수도 있다.

```
1 / x
[1] Inf 1.0 0.5
```

여기서 R은 1/0을 구하려고 하다가 무한한 결과를 Inf로 보고한다.

결측값이 존재하는 것 같을 때 결측값을 탐지하려면 is.na() 함수를 사용해야 한다. 예를 들어

```
is.na(some.evens)
[1]   TRUE FALSE TRUE FALSE TRUE FALSE TRUE FALSE TRUE FALSE TRUE
[12] FALSE TRUE FALSE TRUE FALSE TRUE FALSE TRUE FALSE
```

(결과는 "논리형 벡터"이다. 2.7절에 논리형 벡터에 대한 더욱 자세한 내용이 있다.) 기호 !는 "not"을 의미하므로, 다음과 같이 some.evens 벡터에서 비-결측값을 찾을 수 있다.

```
!is.na(some.evens)
[1] FALSE TRUE FALSE TRUE FALSE TRUE FALSE TRUE FALSE TRUE FALSE
[12] TRUE FALSE TRUE FALSE TRUE FALSE TRUE FALSE TRUE
```

그러면 짝수만 보여줄 수 있다.

```
some.evens[!is.na(some.evens)]
[1] 2 4 6 8 10 12 14 16 18 20
```

여기서 2.7.2 절에서 더 자세히 설명할 논리적 색인화(Logical indexing)를 사용했다.

[연습문제]

1. 다음 계산에 4자리 이진수 정확도를 가정하라.
   (a) 6/7의 근사값을 이진법으로 표현하라.
   (b) 1/7의 근사값을 이진법으로 표현하라.
   (c) 위에서 얻은 이진법으로 표현한 두 숫자를 더하고, 다시 10진법으로 나타내라.
   (d) (c)에서 얻은 결과를 이진법으로 표현된 6과 1을 더하고, 이진법으로 표현된 7로 나눈 결과와 비교하라.

2. 두 가지 결과를 실명할 수 있는가? (힌트: 2.4.1 절을 참고하라.)

```
x <- c(0, 7, 8)
x[0.9999999999999999]
numeric(0)
x[0.99999999999999999]
[1] 0
```

3. R을 이용하여, k=1, 2, 3, 4일 때 다음 표현을 평가하라.

   $2^{52}+k-2^{52}$,

   $2^{53}+k-2^{53}$,

   $2^{54}+k-2^{54}$

   관찰한 내용을 설명하라. R에서 수학적으로 정확한 결과를 얻기 위하여 무엇을 해야 하는가?

4. 다음 결과가 페르마의 최종 정리(Fermat's last theorem)를 위반하지 않는 이유를 설명하라.

```
(3987^12 + 4365^12)^(1/12)
[1] 4472
```

5. 다음 명령의 출력을 기록하라.

```
strptime("02/07/91", "%d/%m/%y")
```

   그리고

```
strptime("02/07/11", "%d/%m/%y")
```

6. 다음 명령의 출력을 기록하라.

```
strptime("02/07/11", "%y/%m/%d") - strptime("02/05/11", "%y/%m/%d")
```

7. 다음 명령의 출력을 기록하라.

```
format(strptime("8/9/10", "%d/%m/%y"), "%a %b %d %Y")
```

2.5 패키지, 라이브러리, 저장소

base, knitr, 그리고 chron 같은 여러 가지 패키지를 이미 언급한 바 있다. R에서 패키지는 함수, 데이터 그리고 문서를 포함하는 모듈이다. R은 항상 누구나 사용할 수 있는 기본 패키지(예를 들어 base, stats, graphics)를 포함하고 있다. 또한 R에서 사용할 수 있도록 다른 사람들이 작성한 기증 패키지(예를 들어 knitr, chron)도 있다.

R 세션을 시작하면 패키지를 로딩시키고 사용할 수 있는 반면, 다른 패키지는 라이브러리로 컴퓨터에 저장된다. 어떤 패키지를 로딩시키려면 다음과 같이 코드를 입력한다.

```
library(knitr)
```

다음과 같이 search() 함수를 사용하면, 어떤 패키지가 로딩되어 있는지 확인할 수 있다.

```
search()
[1] ".GlobalEnv"        "package:knitr"      "package:stats"
[4] "package:graphics" "package:grDevices"  "package:utils"
[7] "package:datasets" "Autoloads"          "package:base"
```

(컴퓨터마다 로딩된 패키지 목록은 다를 수 있다.) 이 목록은 탐색 순서를 나타낸다. 어떤 패키지는 정해진 이름의 함수 하나만 포함할 수 있지만, 같은 이름이 또 다른 패키지에서 사용되기도 한다. 그런 함수를 사용할 때 R은 탐색 목록의 첫 번째 패키지로부터 그 함수를 선택할 것이다. 강제로 특정 패키지로부터 해당 함수를 선택하려면, 함수 이름 앞에 패키지 이름과

`::`을 붙인다.

```
stats::median(x)
```

아마 컴퓨터에 수십 개 패키지만 설치했더라도, 수천 개의 기증 패키지를 이용할 수 있다. 아직 설치되지 않은 패키지를 사용하려고 한다면, 오류 메시지를 받을 것이다.

```
library(notInstalled)
Error in library(notInstalled): 'notInstalled'이라고 불리는 패키지가 없습니다.
```

패키지가 컴퓨터에 존재하지 않지만, 온라인 지장소(repository)에서 이용할 수 있을 것이다. 가장 큰 규모의 R 패키지 저장소는 CRAN으로 알려진다. CRAN 사이트로부터 특정 패키지를 설치하려면 다음과 같은 명령을 실행시킨다.

```
install.packages("knitr")
```

또는 RStudio에서 오른쪽 하단에 있는 출력창(Output Pane)의 `Packages` 탭을 클릭하고, `install`을 선택하면 나타나는 대화상자에서 패키지 이름을 입력한다.

사용자가 기증한 패키지가 너무 많기 때문에, 문제를 해결하기 위해서 어떤 패키지를 사용해야 하는지를 판단하기는 쉽지 않다. 경험이 많은 누군가의 도움을 얻을 수 없다면 https://cloud.r-projext.org/web/views에서 CRAN Task Views 읽기를 권장한다. 수십 개의 다른 주제에 대해 전문가들이 작성한 패키지 리뷰를 볼 수 있다.

2.6 도움말 기능

함수 `q()`와 지금까지 논의했던 다른 함수들은 내장 함수의 예이다. R에는 가지각색의 문제들을 해결하도록 고안된 함수가 많이 있으며, 다음 절에서 그들 중 일부를 다시 논의할 것이다. 일단 들어 본 적이 있는 R의 특징에 관해 도움을 얻는 방법, 그리고 새로운 문제를 해결하는 특징을 파악하는 방법을 말해주고 싶다.

2.6.1 내장 도움말

온라인 도움말 기능은 특정 함수가 수행하기로 한 내용을 볼 수 있게 도와준다. 도움말 기능에 접근하는 여러 가지 방법이 있다.

도움이 필요한 함수의 이름을 알면, help() 함수가 충분할 것 같다. 문자열 또는 인수로서 함수 이름으로 도움말 기능을 부르거나, 단순히 질의 앞에 물음표(?)를 붙일 수 있다. 예를 들어 q() 함수에 대하여, 다음과 같이 입력한다.

```
?q
```

또는

```
help(q)
```

또는 RStudio에서 q를 가리키고 있는 동안 F1 단축키를 누르기만 하면 된다. 이들 중 어떤 명령이라도 R을 종료하는 함수에 대한 설명을 포함하는 도움말 페이지를 열 것이다.

R에서 흔하게 사용되는 또 다른 함수는 mean()이다. mean() 함수의 도움말 페이지의 처음 부분은 다음과 같다.

```
mean {base}                                          R Documentation

Arithmetic Mean

Description
    Generic function for the (trimmed) arithmetic mean.

Usage
    mean(x, ...)

    ## Default S3 method:
    mean(x, trim = 0, na.rm = FALSE, ...)

Arguments
    x:  An R object. Currently there are methods for numeric/logical
        vectors and date, date-time and time interval objects.
        Complex vectors are allowed for trim = 0, only.

  trim:  the fraction (0 to 0.5) of observations to be trimmed from
         each end of x before the mean is computed. Values of trim
         outside that range are taken as the nearest endpoint.
```

(컴퓨터 시스템마다 보이는 내용에 사소한 차이점이 있을 수 있다.) 이 명령문에 의해 mean() 함수

는 일상적인 산술 평균을 계산하거나, 필요에 따라 "다듬기(trimming)"라고 부르는 인수를 반영할 것이다.

이전에 생성된 x 벡터 값들의 평균을 계산하려면 단순히 다음과 같이 입력한다.

```
mean(x)
[1] 5
```

2.6.2 내장 예제

help() 함수를 유용하게 보충하는 것은 도움말 페이지 마지막에 있는 예제를 실행하는 example() 함수이다.

```
example(mean)

mean> x <- c(0:10, 50)

mean> xm <- mean(x)

mean> c(xm, mean(x, trim = 0.10))
[1] 8.75 5.50
```

이 예제는 mean() 함수를 사용하는 방법과 trim 인수를 지정하는 방법을 보여준다. (trim=0.1일 때, 평균을 계산하기 전에, 데이터의 최상위 10%와 최하위 10%를 제외한다.)

2.6.3 함수명을 모를 때 도움말 찾기

도움말 시스템을 살펴보는 한 가지 방법은 help.start()을 사용하는 것이다. 이 함수는 Google Chrome 또는 Firefox 같은 인터넷 브라우저를 불러온다.[3] 브라우저는 설치된 패키지 목록을 포함하여, 다양한 선택 메뉴를 보여줄 것이다. base 패키지는 일상적으로 사용되는 많은 함수들을 포함하며, 일반적으로 사용되는 다른 함수들은 utils 또는 stats 패키지에 포함되어 있다. RStudio 통합개발환경에서 Help | R Help 메뉴 항목을 선택하면 이 페이지로 갈 수 있다.

3 R은 시스템에 설치된 브라우저의 속성에 따라 다르다. 설치된 브라우저가 없다면, 오류 메시지를 보거나 아무것도 볼 수 없을 수 있다.

가끔 사용되는 또 다른 함수는 이중 물음표로 줄여 쓴 help.search()이다. 예를 들어 (최소 또는 최대를 찾는) 최적화를 수행하는 함수가 있는지 여부를 파악하려면 다음과 같이 입력한다.

```
??optimization
```

또는

```
help.search("optimization")
```

다음은 탐색 결과를 보여준다.

```
Help files with alias or concept or title matching 'optimization' using
fuzzy matching:

lmeScale(nlme)              Scale for lme Optimization
optimization(OPM)           minimize linear function with linear
constraints
constrOptim(stats)          Linearly constrained optimisation
nlm(stats)                  Non-Linear Minimization
optim(stats)                General-purpose Optimization
optimize(stats)             One Dimensional Optimization
portfolio.optim(tseries)    Portfolio Optimization

Type 'help(FOO, package = PKG)' to inspect entry 'FOO(PKG) TITLE'.
```

결과는 R 패키지가 설치된 시스템에 따라 다르게 보일 수 있다. 다음과 같이 입력하거나 도움말 페이지에 링크를 클릭하면, R 콘솔에서 nlm() 같은 함수에 대한 구체적인 도움말을 확인할 수 있다.

```
?nlm
```

Google 같은 웹 검색 엔진이 R에 대한 도움말을 찾는 데 유용할 수도 있다. 검색창에서 키워드로 "R"을 포함시키면, 관련된 R 도움말 페이지를 불러올 것이다. 사용자-기증 패키지에 포함되어 있기 때문에, 설치하지 않은 함수를 설명하는 페이지를 찾을 수도 있다. 필요한 R 패키지 이름은 대개 도움말 페이지 상단에 나열된다. 패키지를 설치하려면 항상 다음과 같이 입력한다.

```
install.packages("packagename")
```

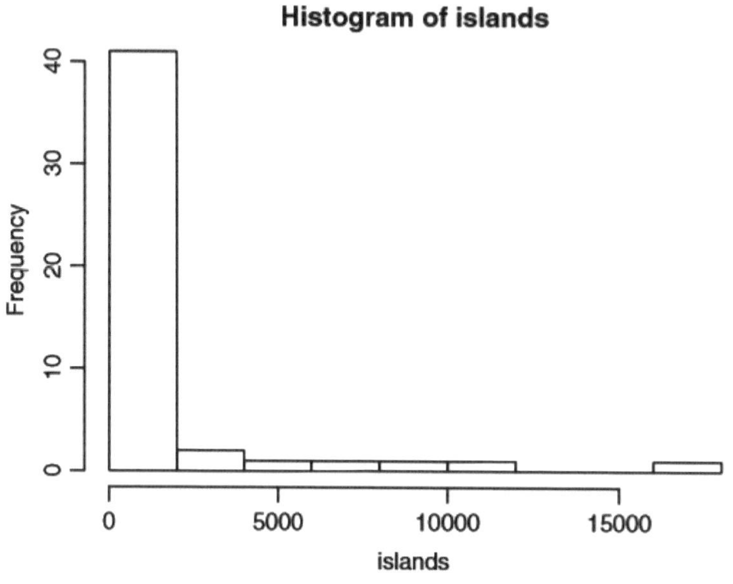

그림 2.1 세계적으로 가장 면적이 넓은 48개 대륙의 히스토그램. 3.1.3절을 참고하면 이 그림을 개선할 수 있다.

CRAN 저장소에서 패키지를 사용할 수 있는 한, 이 그래프를 구현할 수 있다.

주목할 만한 또 다른 함수는 R-도움말 메일 목록과 다른 웹 자원에서 검색하는 `RSiteSearch()`가 있다. 예를 들어 R에서 결측값 처리에 대한 정보를 불러오려면 다음과 같이 입력한다.

```
RSiteSearch("missing")
```

`sos` 패키지는 `RSiteSearch()` 함수와 유사한 도움을 주지만, 다르게 구성되어 삼중 물음표로 작동된다. 예를 들어 다음과 같이 입력해 보고,

```
library(sos)
???optimization
```

`RSiteSearch()` 함수가 반환한 결과와 비교해 보라.

2.6.4 내장 그래프 함수

2가지 기본 그래프는 히스토그램과 산점도이다. 아래 코드는 그림 2.1과 2.2에 보이는 그래프를 생성하기 위하여 사용된다.

```
hist(islands)
x <- seq(1, 10)
y <- x^2 - 10 * x
plot(x, y)
```

가로축을 따라 x 값이 그려진 것에 유의하라.

또 다른 유용한 그래프 함수로 단변량 수학 함수(Univariate mathematical function)를 구간에 그리는 `curve()` 함수가 있다. 구간의 좌측과 우측 끝점은 각각 `from`과 `to` 인수로 명시된다.

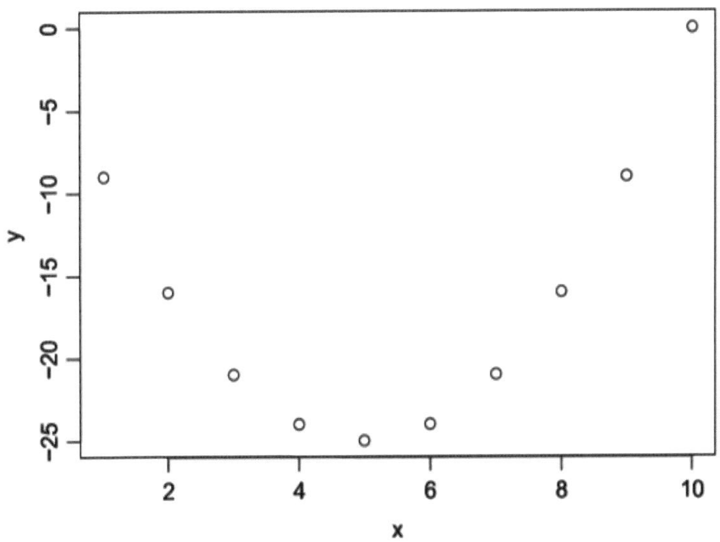

그림 2.2 간단한 산점도

구간 [0, 6π]에 sine 함수 그래프는 간단한 예제에 속한다.

```
curve(expr = sin, from = 0, to = 6 * pi)
```

출력이 그림 2.3에 표시된다. expr 매개변수는 (입력이 수치형 벡터일 때 출력이 수치형 벡터인) 함수 또는 x에 관한 표현이다. 후자의 유형을 다음과 같이 사용할 수 있다.

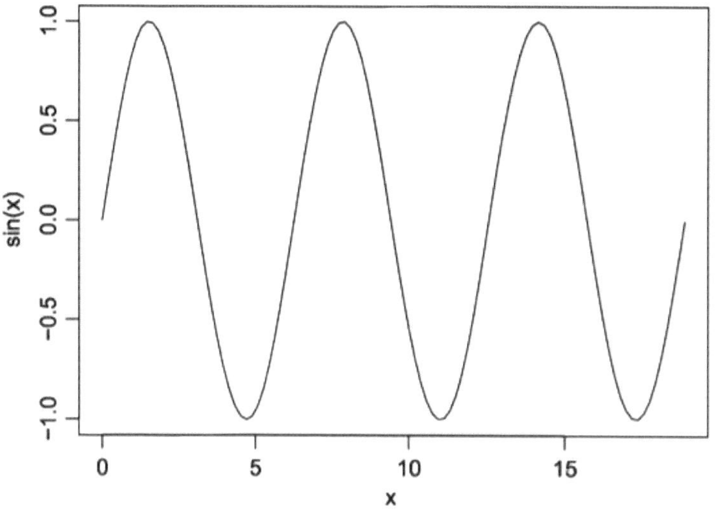

그림 2.3 sine 곡선 그래프

```
curve(x^2 - 10 * x, from = 1, to = 10)
```

더욱 자세한 그래프에 관한 내용은 3장에서 찾을 수 있다.

2.6.5 기본 내장 함수

> 표본 중앙값

표본 중앙값은 데이터 집합 중간에 위치한 값을 판단한다. 데이터가 x[1]≤x[2]...x[n]이면, 중앙값은 n이 홀수일 때 x[(n+1)/2]이며, n이 짝수일 때 {[x[n/2]+x[n/2+1]}/2이 된다.

예를 들어 데이터 집합 10, 10, 18, 30, 32의 중앙값과, 40, 10, 10, 18, 30, 32의 중앙값은 18과 30의 평균(오름차순으로 놓았을 때 중간에 값), 즉 24가 된다.

R은 이 계산을 다음과 같이 처리한다.

```
median(x)   # x 데이터의 50번 째 백분위수 또는 중앙값을 계산하라.
```

> 기타 통계량 요약

벡터로 저장된 데이터의 요약 통계량을 계산할 수 있다. 특히 다음 통계량들을 시도해 보라.

```
var(x)          # x 데이터의 분산 계산
summary(x)      # x 데이터의 일부 요약 통계량 계산
length(x)       # x 데이터 요소의 개수 계산
min(x)          # x 데이터의 최솟값 계산
max(x)          # x 데이터의 최댓값 계산
pmin(x, y)      # x-y 데이터의 쌍별 최솟값 계산
pmax(x, y)      # x-y 데이터의 쌍별 최댓값 계산
range(x)        # x 데이터의 최댓값과 최솟값의 차이 계산
quantile(x)     # x 데이터의 사분위수 계산
```

예를 들어 두 벡터의 쌍별 최솟값 계산을 생각해 보자.

```
x <- 1:5
y <- 7:3
pmin(x,y)

[1] 1 2 3 4 3
```

[연습문제]

1. 다음은 온실에서 일사량을 관측한 데이터이다.

```
11.1   10.6   6.3   8.8   10.7   11.2   8.9   12.2
```

(a) 데이터를 `solar.radiation`라는 이름의 객체로 할당하라.

(b) 일사량 데이터의 평균, 중앙값, 범위, 그리고 분산을 구하라.

(c) `solar.radiation`의 각 관측치에 10을 더하고 그 결과를 `sr10`으로 할당하라. 그리고 `sr10`의 평균, 중앙값, 범위, 그리고 분산을 구하라. 어떤 통계량이 변화하며 얼마나 변했는가?

(d) 각 관측치에 -2를 곱하고 그 결과를 `srm2`으로 할당하라. 그리고 `srm2` 평균, 중앙값, 범위, 그리고 분산을 구하라. 통계량은 어떻게 변화하겠는가?

(e) `solar.radiation`, `sr10`, 그리고 `srm2`의 히스토그램을 작성하라.

2. $\sum_{n=1}^{15} \min(2^n, n^3)$ 을 계산하라. [힌트: `min()` 함수는 오답을 얻을 것이다.]

3. $\sum_{n=1}^{15} \max(2^n, n^3)$ 을 계산하라.

2.7 논리형 벡터와 관계 연산자

문자형 벡터와 수치형 벡터를 결합하기 위하여 `c()` 함수를 사용했다. R은 논리형 벡터도 지원한다. 논리형 벡터는 2개의 요소(TRUE와 FALSE)뿐 아니라 결측값을 위한 NA도 포함한다.

2.7.1 Boolean 대수

R이 TRUE와 FALSE를 처리하는 방법을 이해하려면, 부울 대수(Boolean algebra)를 조금 이해할 필요가 있다. 부울 대수의 발상은 논리에 대한 수학적 접근을 형식화하는 것이다.

논리는 참이거나 거짓인 서술을 다룬다. 문자 또는 변수로 각각의 서술을 표현하는데, 예를 들어 A는 하늘은 맑다는 서술이며, B는 비가 내린다는 서술이 그것이다. 여러분이 있는 장소의 날씨에 따라 두 서술 모두 참("맑은 날에 오는 비")일 수 있고, A는 참이며 B는 거짓(항상 맑은 날)일 수 있고, A는 거짓이며 B는 참(항상 비 오는 날)일 수 있고, 또는 두 서술 모두 거짓(구름이 많지만 건조한 날)일 수 있다.

부울 대수는 복합문의 진실을 평가하는 방법을 말해준다. 예를 들어 "A and B"는 하늘은 맑고 비도 온다는 서술이다. 이 서술은 맑은 날에 비가 오는 동안만 참이다. "A or B"는 하늘은 맑거나 비가 오거나, 또는 두 가지 모두(구름 낀 맑은 날은 결코 아닌) 서술을 말한다. 이 서술은 하늘은 맑거나 비가 오지만, 그러나 두 가지 모두가 아니라는 배타적 논리합(exclusive or) "A xor B"와 구별하기 위하여, 가끔 포함적 논리합(inclusive or)으로 부른다.

하늘은 맑지 않다는 "not A" 서술도 있다. 부울 대수와 집합론 사이에 매우 중요한 관계가 있다. A와 B를 집합으로 해석하면, 서술 "A and B"는 A와 B 모두에 속하는, 즉 교집합 $A \cap B$으로 생각할 수 있다. 유사하게 "A or B"는 A에 속하거나 B에 속하는, 즉 합집합 $A \cup B$인 요소들의 집합으로 해석될 수 있다. 마지막으로 "not A" 서술은 A의 여집합, 즉 A^C를 말한다.

2가지 값(참과 거짓)만 가능하기 때문에 모든 부울 연산을 하나의 표에 기록할 수 있다. 표 2.1의 첫 줄에 부울 연산식을, 두 번째 줄에 R에서 코딩하는 방법을, 그리고 표에 연산 결과를 적었다.

표 2.1 부울 연산의 진리표

<table>
<tr><th>Boolean</th><th>A</th><th>A</th><th>not A</th><th>not B</th><th>A and B</th><th>A or B</th></tr>
<tr><td>R</td><td>A</td><td>A</td><td>!A</td><td>!B</td><td>A & B</td><td>A | B</td></tr>
<tr><td></td><td>TRUE</td><td>TRUE</td><td>FALSE</td><td>FALSE</td><td>TRUE</td><td>TRUE</td></tr>
<tr><td></td><td>TRUE</td><td>FALSE</td><td>FALSE</td><td>TRUE</td><td>FALSE</td><td>TRUE</td></tr>
<tr><td></td><td>FALSE</td><td>FALSE</td><td>TRUE</td><td>FALSE</td><td>FALSE</td><td>TRUE</td></tr>
<tr><td></td><td>FALSE</td><td>FALSE</td><td>TRUE</td><td>TRUE</td><td>FALSE</td><td>FALSE</td></tr>
</table>

2.7.2 논리 연산자

R에서 기본 유형의 벡터 중 하나는 논리값이다. 예를 들어 논리형 벡터는 다음과 같이 구축될 수 있다.

```
a <- c(TRUE, FALSE, FALSE, TRUE)
```

결과는 4개의 논리값 벡터이다. 논리형 벡터는 다음과 같이 색인처럼 사용될 수 있다.

```
b <- c(13, 7, 8, 2)
b[a]
[1] 13 2
```

TRUE에 해당하는 b의 요소들이 선택되었다.

예를 들어 논리형 벡터를 연산하려면 다음과 같이 입력한다.

```
sum(a)
[1] 2
```

그러면 FALSE는 0으로 TRUE는 1로 변환한 다음, 벡터에 포함된 TRUE가 발생한 횟수를 세는 작업을 한다.

2가지 표현방식의 부울 연산자가 있다. 보통 표현 방식에는 이전 절에 나열된 것처럼 &, |, 그리고 !이 있다. 연산자는 모두 벡터화되며, 다음과 같이 동작한다.

```
!a
[1] FALSE TRUE TRUE FALSE
```

수치형 벡터에 논리 연산을 하려면, 0은 FALSE로 0이 아닌 값은 TRUE로 예정되어 있다.

```
a & (b - 2)
[1] TRUE FALSE FALSE FALSE
```

&&와 || 연산자는 &와 | 연산자와 유사하지만, 2가지 측면에서 다르게 거동한다. 첫 번째로, 이들 연산자는 벡터화되지 않으며 계산만 수행한다. 두 번째로, 이들 연산자는 왼쪽에서 오른쪽으로 계산을 보장하며, 필요한 경우에만 오른쪽 피연산자를 계산한다. 예를 들어 A가 FALSE이면, B값에 상관없이 A && B는 FALSE가 될 것이므로, B는 계산할 필요가 없는 것이다. B를 구하는 작업이 아주 느리다면 이들 연산자는 시간을 절약시킬 수 있으며, 그리고 예를 들어 A가 FALSE일 때 B를 구하는 작업이 오류를 일으킨다면 계산을 쉽게 만들 수 있다. 이런 거동을 단락 평가(Short-circuit evaluation)로 부른다. 다음은 관계 연산자를 이용한 간단한 예들이다.

2.7.3 관계 연산자

프로그래밍할 때 가끔 관계를 시험할 필요가 있다. R은 관계 연산자(<, >, ==, >=, <=, 그리고 !=)를 이용해서 균등성과 불균등성 관계를 시험한다.[4] 다음은 간단하게 관계 연산자를 사용한 예들이다.

```
threeM <- c(3, 6, 9)
threeM > 4                    # 어떤 요소가 4보다 큰가?
[1] FALSE TRUE TRUE
threeM == 4                   # 어떤 요소가 4와 정확하게 일치하는가?
[1] FALSE FALSE FALSE
threeM >= 4                   # 어떤 요소가 4보다 크거나 같은가?
[1] FALSE TRUE TRUE
threeM != 4                   # 어떤 요소가 4와 같지 않은가?
[1] TRUE TRUE TRUE
threeM[threeM > 4]            # threeM 중 어떤 요소가 4보다 큰가?
[1] 6 9
four68 <- c(4, 6, 8)
four68 > threeM               # four68 요소가 해당 threeM 요소보다 큰가?
[1] TRUE FALSE FALSE
four68[threeM < four68]       # 출력
[1] 4
```

4 균등성을 조사할 때 주의하라. R은 한정된 수의 소수점으로 작업하기 때문에, 반올림 오차는 축적되어 49*(4/49)가 4가 아닌 것처럼, 놀랄만한 결과를 얻을 수도 있다.

[연습문제]

1. R을 이용하여 수열 $\{1^3, 2^3, \ldots, 15^3\}$의 해당 요소보다 큰 수열 $\{2^1, 2^2, \ldots, 2^{15}\}$의 요소를 확인하라.

2. 기본 부울 연산을 더욱 정교하게 표현할 수 있다. `xor` 연산자에 대한 진리표를 작성하고, `and`, `or`, 그리고 `not`에 관하여 `xor` 연산자를 사용하는 방법을 보여라.

3. 벤다이어그램(Venn diagrams)으로 합집합과 교집합을 표현할 수 있다. `and`, `or`, `not`, 그리고 `xor` 연산자에 부합하는 벤다이어그램을 그려라.

4. R로 표기한 드모르간의 정률(DeMorgan's laws)에는 !(A & B) == (!A) | (!B)과 !(A | B) == (!A) & (!B)이 있다. 위에 있는 A 서술과 B 서술을 이용하여 영어로 드모르간의 정률을 작성하고, 진리표를 이용하여 각각의 동등성을 확인하라.

5. 제곱근 계산에 `sqrt()` 함수가 사용되지만, 인수가 음수이면 경고 메시지를 반환할 것이다. 값의 제곱근이 5보다 작은지 여부를 시험하기 전에 주어진 값이 양수인지 판단하기 위해 고안된 다음 코드를 생각해 보자.

```
testValue <- 7
(testValue > 0) & (sqrt(testValue) < 5)
[1] TRUE
testValue <- -7
(testValue > 0) & (sqrt(testValue) < 5)
[1] FALSE
경고메시지(들):
In sqrt(testValue) : NaN이 생성되었습니다.
```

코드를 수정하고, 계속해서 경고 메시지가 없는 정답을 구하라.

6. A || B 표현식으로부터 어떤 환경에서 B를 구해야 하는가?

7. 이 절에서 사용된 a와 b 값을 사용해서 다음 명령문의 결과를 예측하고, 그런 다음 R에서 시도해 보라.

```
min(b)
min(a)
max(a)
length(a)
b * a
```

8. R에서 논리형 벡터는 TRUE 또는 FALSE뿐 아니라 NA도 포함하므로, 실제로 표 2.1같은 진리표에는 4개가 아닌 9개 행이 필요하다. 다른 5개의 행에는 "unknown"으로 해석되는 NA와 함께 있도록 진리표를 작성하고, R로부터 얻은 표와 비교하라.

2.8 데이터 프레임과 리스트

데이터 세트는 하나 이상의 열을 가진 데이터이며, 각 열은 관측 변수를 나타낸다. 각 데이터 행은 하나의 관측치를 나타낸다. 이런 형식을 기준변수별-사건 형식(Case-by-variable format)으로 부른다.

R에서 대부분의 데이터는 데이터 프레임으로 저장된다. 데이터 프레임은 행렬과 같아 보이지만, 고유한 이름의 열을 가진 행렬이다. R을 이용하여 데이터 프레임을 생성해보자. 특정 고도(인치 단위)에 사는 30에서 39살까지 미국 여성의 (파운드 단위) 평균 체중을 포함하는 women은 데이터 프레임의 한 예이다.

```
women
     height  weight
1        58     115
2        59     117
3        60     120
4        61     123
5        62     126
6        63     129
7        64     132
8        65     135
9        66     139
10       67     142
11       68     146
12       69     150
13       70     154
14       71     159
15       72     164
```

데이터 프레임은 규모가 아주 클 수도 있으며, 숫자 열을 자세히 살펴본다고 하더라도 많은 정보를 확인할 수 없기 때문에 보통 때 권장되는 관행은 아니지만, 데이터 프레임 전체를 확인하였다. 데이터를 파악하는 더 좋은 방법은 아래와 같이 `summary()` 함수를 이용하거나, `plot(weight ~ height, data = women)` 명령을 실행함으로써 얻어지는 그림 2.4처럼 적절한 그래프를 구축하는 것이다.

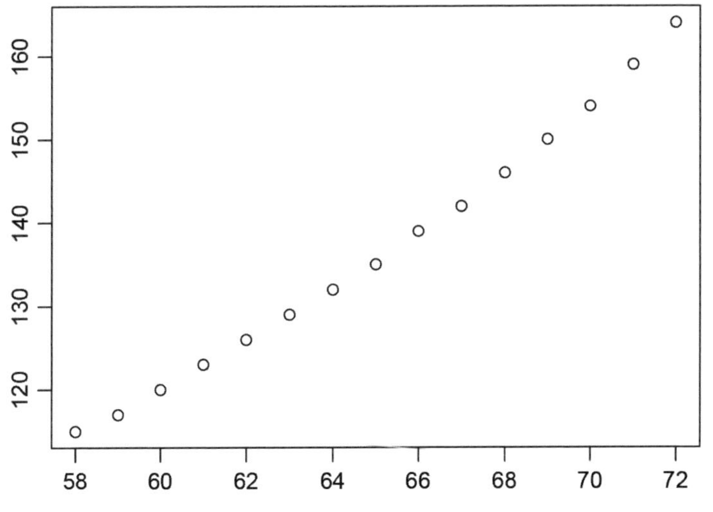

그림 2.4 2-변수 데이터 프레임, women에 대한 도식적 요약.

```
summary(women)
     height          weight
 Min.   :58.0    Min.   :115.0
 1st Qu.:61.5    1st Qu.:124.5
 Median :65.0    Median :135.0
 Mean   :65.0    Mean   :136.7
 3rd Qu.:68.5    3rd Qu.:148.0
 Max.   :72.0    Max.   :164.0
```

규모가 더 큰 데이터 프레임의 경우, 빠른 방법으로 행과 열의 수를 세는 것이 중요하다. nrow() 함수와 ncol() 함수가 이 역할을 한다.

```
nrow(women)
[1] 15
ncol(women)
[1] 2
```

dim() 함수를 이용하면 한 번에 행과 열의 수 모두를 얻을 수 있다.

```
dim(women)
[1] 15 2
```

그리고 str() 함수를 이용하면 데이터 프레임의 구조에 대한 요약 정보를 얻을 수 있다.

```
str(women)
'data.frame': 15 obs. of 2 variables:
$ height: num 58 59 60 61 62 63 64 65 66 67 ...
$ weight: num 115 117 120 123 126 129 132 135 139 142 ...
```

실제로 str() 함수는 거의 모든 R 객체와 함께 동작하며, 가끔 작업하고 있는 객체를 빠르게 파악하는 방법으로 사용된다.

2.8.1 데이터 프레임의 요소와 부분집합 추출하기

행렬에서 사용된 것과 유사한 문법을 이용하여 데이터 프레임에서 요소를 추출할 수 있다. 다음 예제를 생각해 보자.

```
women[7, 2]
[1] 132
women[3,]
  height weight
3   60     120
women[4:7, 1]
[1] 61 62 63 64
```

$ 연산자와 열 이름을 이용해서 데이터 프레임의 열을 배치할 수 있다. 예를 들어 다음과 같이 weight 열을 추출할 수 있다.

```
women$weight
[1] 115 117 120 123 126 129 132 135 139 142 146 150 154 159 164
```

이와 같이 다음 명령어를 이용해서 체중(weights)이 140 이상인 모든 여성들의 신장(heights)을 추출할 수 있다.

```
women$height[women$weight > 140]
[1] 67 68 69 70 71 72
```

`with()` 함수는 $ 연산자를 사용하지 않고 직접 데이터 프레임 열에 접근할 수 있도록 해준다. 예를 들어 다음 명령어를 사용해서 데이터 프레임 women에 포함된 체중을 높이로 나눌 수 있다.

```
with(women, weight/height)
[1] 1.982759 1.983051 2.000000 2.016393 2.032258 2.047619 2.062500
[8] 2.076923 2.106061 2.119403 2.147059 2.173913 2.200000 2.239437
[15] 2.277778
```

더욱 자세한 내용은 `help(with)`를 참고하기 바란다.

2.8.2 모집단에서 무작위 표본 추출하기

크기가 더 큰 유한 모집단에서 (복원 또는 비복원) 표본을 추출하기 위하여 sample() 함수를 사용할 수 있다. 예를 들어 15,000개의 항목이 입력된 fluSurvey로 부르는 데이터 프레임이 있고, 상세한 데이터 분석을 위하여 무작위로 8개의 (비복원) 항목들을 선택한다고 가정하자. (예를 들어 ID 지수를 사용해서) 1부터 15,000까지 항목들이 열거되었다면, 다음과 같이 8개의 숫자를 선택할 수 있다.

```
sampleID <- sample(1:15000, size = 8, replace = FALSE)
sampleID
[1] 7940 13609 11786 87 3850 5947 373 4767
```

위의 숫자들은 무작위로 (또는 적어도 근사적으로) 선택되었으며, 이제 추정상으로 존재하는 데이터 프레임, fluSurvey의 무작위 열은 다음과 같이 추출될 수 있다.

```
fluSample <- fluSurvey[sampleID,]
```

결과는 8개의 행과 fluSurvey와 같은 수의 열로 구성된 새로운 데이터 프레임이다.

2.8.3 데이터 프레임 구축하기

data.frame() 함수를 사용해서 이미 작업공간에 존재하는 벡터로부터 데이터 프레임을 구축하라.

```
xy <- data.frame(x, y)
xy
  x y
1 1 7
2 2 6
3 3 5
4 4 4
5 5 3
```

또 다른 예제로 다음을 고려해 보라.

```
xynew <- data.frame(x, y, new = 10:1)
```

2.8.4 결측값을 포함하는 데이터 프레임 다루기

데이터 프레임의 열은 서로 다른 유형의 벡터로 구성될 수 있다. 예를 들어 내장 데이터 프레임 chickwts는 숫자열과 요인을 갖는다. 다시 한 번 summary() 함수는 빠르게 데이터 세트를 파악할 수 있게 해준다.

```
summary(chickwts)
         weight                  feed
   in.      : 108.0     casein     :12
   1st Qu.  :204.5     horsebean  :10
   Median   :258.0     linseed    :12
   Mean     :261.3     meatmeal   :11
   3rd Qu.  :323.5     soybean    :14
   Max.     :423.0     sunflower  :12
```

여기서 다음에서 보듯이 전체 데이터 프레임을 표시하는 것은 공간의 낭비가 될 수 있다.

```
nrow(chickwts)
[1] 71
```

조심해야 할 중요한 점은 data.frame() 함수는 자동으로 수치형 벡터를 요인형 벡터로 전환한다는 것이다. 예를 들어 비만 연구에서 기준치로 사용되는 다음 데이터가 있다고 하자.

```
gender <- c("M", "M", "F", "F", "F")
weight <- c(73, 68, 52, 69, 64)
obesityStudy <- data.frame(gender, weight)
```

gender 객체는 분명히 문자형 벡터지만, obesityStudy 데이터 프레임의 첫 번째 열은 다음에서 보듯이, 요인형 벡터이다.

```
obesityStudy$gender
[1] M M F F F
Levels: F M
```

이제 데이터 프레임에서 전역적으로 F를 Female로 바꾸고 싶다고 하자. 다음은 잘못된 접근 방법이다.

```
wrongWay <- obesityStudy
whereF <- wrongWay$gender == "F"
wrongWay$gender[whereF] <- "Female"
Warning in '[<-.factor'('*tmp*', whereF, value = structure(c(2L, 2L,
NA, : invalid factor level, NA generated

wrongWay$gender
[1] M M <NA> <NA> <NA>
Levels: F M
```

올바른 접근 방법은 요인형 벡터 obesityStudy$gender의 수준(level)을 통하는 것이다.

```
levels(obesityStudy$gender)[1] <- "Female"
                                  # F는 첫 번째 수준이다 – 이유는?
obesityStudy$gender               # F가 실제로 Female로 교체되었는지 확인

[1] M  M  Female  Female  Female
Levels: Female M
```

2.8.5 리스트 구축하기

데이터 프레임은 실제로 특별한 유형의 리스트 또는 구조이다. R에서 리스트(Lists)는 어떠한 유형의 객체도 받아들일 수 있다. 리스트를 자주 구축하지는 않겠지만, 다양한 함수가 리스트같이 복잡한 결과를 반환한다. names() 함수를 이용하면 리스트에 객체명을 볼 수 있으며, 일부를 추출할 수 있다.

```
names(d)                  # 데이터 프레임 d에 포함된 객체의 이름 인쇄.
d$x                       # 객체 d의 x 요소 인쇄.
```

다음 예제와 같이, 여러 가지 출력 내용을 체계화하는 한 가지 방법은 list() 함수를 이용하는 것이다.

```
x <- c(3, 2, 3)
y <- c(7, 7)
z <- list(x = x, y = y)
z
$x
[1] 3 2 3

$y
[1] 7 7
```

리스트 작업을 쉽게 해주는 다양한 함수들이 있으며, 이들 중에 lapply() 함수와 vapply() 함수가 있다. lapply() 함수는 리스트의 모든 요소에 또 다른 함수를 "적용"하고, 다음과 같이 새로운 리스트에 그 결과를 반환한다.

```
lapply(z, mean)
$x
[1] 2.666667

$y
[1] 7
```

이런 경우에 벡터로 된 결과를 얻을 수 있다면 보다 편리하며, vapply() 함수가 그런 역할을 한다.

```
vapply(z, mean, 1)
   x        y
2.666667 7.000000
```

여기서 인수 1은 단지 예상되는 출력 유형의 한 가지 예의 역할을 한다. mean()이 다른 유형의 결과를 반환하면, vapply() 함수는 오류를 범할 것이다. 다음 예제와 같이 하나 이상의 값을 예상한다면, 결과는 행렬로 정리될 것이다.

```
vapply(z, summary, numeric(6))
             x       y
Min.       2.000     7
1st Qu.    2.500     7
Median     3.000     7
Mean       2.667     7
3rd Qu.    3.000     7
Max.       3.000     7
```

[연습문제]

1. R-내장 데이터 프레임 Formaldehyde을 고려해 보자.
   (a) 이 데이터 프레임의 3번째 행을 추출하라.
   (b) carb(carbohydrate) 열의 요소를 추출하라.
   (c) 함수를 이용하여 optden(optical density)와 사이의 관계를 규명하라.
2. R-내장 데이터 프레임 USArrests을 고려해 보자.
   (a) 이 데이터 프레임의 행과 열의 수를 밝혀라.
   (b) 이 데이터 프레임의 각 열의 중앙값을 계산하라.
   (c) 도시지구(UrbanPop)에 사는 인구비율이 77% 이상인 지역의 1인당 살인율(Murder)을 구하라. 이 결과를 도시지구 인구비율이 50% 미만인 지역의 1인당 살인율과 비교하라.
   (d) 기록들이 비복원으로 추출된, USArrests 데이터 프레임 기록 중 무작위로 추출된 12개의 표본으로 구성된 새로운 데이터 프레임을 구축하라.

2.9 데이터 불러오고 내보내기

R 세션에서 데이터를 R 프로그램의 외부, 예를 들어 컴퓨터 하드 드라이브에 파일로 읽고 쓰는 것이 가능하다. 데이터를 읽고 쓰는 다양한 방법 중 일부를 논의하기 전에 데이터를 읽고 쓰는 위치를 아는 것이 중요하다.

2.9.1 작업 디렉토리 변경하기

RStudio 통합개발환경의 오른쪽 하단 영역에 보이는 `Files` 탭에서 작업하기 원하는 디렉토리로 이동할 수 있으며, `More` 버튼을 누르면 작업 디렉토리를 설정(`Set As Working Directory`)할 수 있다. 또는 `setwd()` 함수를 이용할 수 있다. 예를 들어 C 드라이브의 mydata 폴더에서 작업하려면 다음과 같은 명령문을 실행한다.

```
setwd("c:/mydata")        # 또는 setwd("c:\\mydata")
```

이 명령을 실행하고 나면, 모든 데이터의 입력과 출력은 C 드라이브의 mydata 폴더로 기

본 설정될 것이다.[5]

2.9.2 R-전용 데이터 파일로 저장하고 편집하기

usefuldata라는 R 객체를 구축했다고 가정하자. 이후의 세션을 위하여 이 객체를 저장하려면 다음과 같은 명령을 실행한다.

```
dump("usefuldata", "useful.R")
```

이 명령은 컴퓨터 하드 드라이브에 useful.R 파일로 usefuldata 벡터를 생성하는 데 필요한 명령문을 저장한다. 일반적으로 컴퓨터가 요구하는 사항에 부합하는 한, 파일명은 여러분의 선택에 달려 있다. 나중에 벡터를 검색하려면 다음과 같은 명령을 실행한다.

```
source("useful.R")
```

그러면 전역환경에서 usefuldata 객체를 생성하라는, useful.R 파일에 포함된 명령을 읽고 실행할 것이다. 이전에 생성된 동일한 이름의 객체가 존재하면 해당 객체는 대체될 것이다.

세션 중에 생성한 모든 객체를 저장하려면 다음 명령을 실행한다.

```
dump(list = objects(), "all.R")
```

이 명령에 따라 컴퓨터 하드 드라이브에 all.R 파일이 생성될 것이다. 나중에 source("all.R")을 실행시키면 all.R에 저장된 모든 객체를 검색할 수 있다.

---

5 윈도우 운영체계에서 폴더 이름에 익숙하다면 폴더 이름을 "c:\mydata"으로 쓰는 것으로 예상했을 것이다. 그러나 R은 역슬래시 문자 "\"를 다음 문자 해석을 (더 알맞도록) 수정하는 특수문자, "에스케이프(escape)"로 처리한다. 실제로 역슬래시를 원한다면 역슬래시를 두 번 입력해야 한다. 첫 번째 역슬래시는 두 번째 역슬래시에게 특수문자 "에스케이프(escape)"가 아니라고 전달한다. 다른 운영체계는 폴더 이름에 사선 "/"을 사용하고, 윈도우 운영체계에서 이중 역슬래시는 따분하기 때문에 R에서 양쪽 형태 중 하나를 사용할 수 있다.

예제 2.4

기존 객체 humidity, temp, 그리고 rain를 weather.R 파일로 저장하려면 다음 명령을 실행한다.

```
dump(c("humidity", "temp", "rain"), "weather.R")
```

[연습문제]

1. 문서 편집기를 사용해서 다음 라인으로 구성된 파일을 생성하고, randomdata 이름으로 저장하라.

```
randomdata <- c(64, 38, 97, 88, 24, 14, 104, 83)
```

2. randomdata 파일을 R로 검색하고, randomdata 벡터가 생성되는지 확인하라.

3. 다음 숫자들을 포함하는 벡터를 numbers 객체로 저장하라.

```
3  5  8  10  12
```

이 numbers 객체를 numbers.R 파일로 저장하고 `rm()` 함수를 이용하여 numbers 객체를 지워라. 그리고 `ls()` 함수를 사용하여, numbers가 지워졌는지 확인하라. 이제 `source()` 함수를 이용하여 numbers 벡터를 검색하라.

2.9.3 다른 형태의 파일로 데이터 내보내기

기본적으로 R은 대부분 함수의 출력을 화면으로 전송한다. `sink()` 함수를 이용하면 출력 결과를 파일로 전송할 수 있다.

예제 2.5

이전에 생성된 solar.radiation의 온실 데이터를 생각해 보자. mean(solar.radiation) 명령을 실행하면 화면으로 평균값을 출력할 것이다. 대신 solarmean.txt 파일로 출력 내용을 전송하려면 다음 명령을 실행한다.

```
sink("solarmean.txt")   # 출력용 solarmean.txt 파일을 생성한다.
mean(solar.radiation)   # 평균값을 solarmean.txt에 쓴다.
```

다음 명령이 실행되기 전까지, 이후 모든 출력은 solarmean.txt 파일로 출력될 것이다.

```
sink()                  # solarmean.txt을 닫고, 새 출력은 화면으로 전송하라.
```

이 명령은 이후의 출력을 화면으로 전송할 것이다.

2.9.4 이미지 파일로 그래프 저장하고 편집하기

R 세션 중에 생성된 벡터와 다른 객체는 전역환경으로 알려진 작업공간에 저장된다. R 세션을 종료할 때, 작업공간 이미지로 부르는 파일에 작업공간을 선택적으로 저장할 수 있다. 작업공간을 저장하기로 선택했다면, 현재 작업 디렉토리(폴더)에 이 작업공간을 재구성할 때 필요한 정보를 담고 있는, 기본적으로 .RData 파일이 생성된다. 윈도우 운영체계에서 .RData 파일을 나타내는 아이콘을 클릭해서 R을 시작하거나, R을 시작하는 디렉토리에 .RData 파일을 저장했다면, 작업공간 이미지는 자동으로 로드된다. 다른 디렉토리에서 R을 시작했다면 `load()` 함수를 사용해서 작업공간 이미지를 로드하기도 한다.

종료하지 않고 작업공간 이미지를 저장하는 것도 가능하다. 예를 들어 다음과 같이 입력해서 `temp.RData`라는 이름의 파일로 현재의 모든 작업공간 이미지 정보를 저장할 수 있다.

```
save.image("temp.RData")
```

temp.RData 아이콘을 클릭함으로써 해당 작업공간 이미지와 함께 R 세션을 시작할 수 있다. 그렇지 않으면 R 세션을 시작한 다음 load("temp.RData") 명령을 실행할 수 있다. temp.RData와 관련된 작업공간 이미지에 같은 이름의 객체가 없다면, 이미 현재 작업공간 이미지 안에 있는 객체들은 남아있을 것이다. 그렇지 않으면 같은 이름을 갖는 현재의 객체는 덮여 쓰여지고 상실될 것이다.

2.9.5 외부 데이터 세트 불러오기

다음 데이터 세트는 3개의 변수 x, y, 및 z에 대한 4개의 관측치로 구성된다.

```
  x    y    z
 61   13    4
175   21   18
111   24   14
124   23   18
```

이 데이터 세트가 C: 하드 드라이브의 myfiles 디렉토리에 pretend.dat라는 이름으로 저장되었다면, R 데이터 프레임으로 읽혀질 수 있다. 다음과 같이 입력하면 이런 작업을 수행할 수 있다.

```
pretend.df <- read.table("c:/myfiles/pretend.dat", header = TRUE)
```

결과는 데이터의 첫 번째 열을 추출하는 pretend.df$x 같은, 데이터 프레임 조작을 적용할 pretend.df라고 부르는 데이터 프레임이다.

쉼표로 열이 구분된 파일형식(csv)은 `read.table()` 함수에 `sep = ","` 변수를 추가해서 R 세션의 데이터 프레임으로 읽어올 수 있다.

실제로 데이터 파일이 pretend.df 만큼 말끔하기는 이례적이다. 대개 데이터 파일은 빈 칸과 다른 특이한 것들로 널려 있다. 예를 들어 file1.txt가 다음과 같은 내용을 갖는다고 가정하자.

```
x     y    z
3,     ,   4
51,  48,   23
23,  33,   111
```

빈 결측값이 있는 파일을 읽으려면, 다음과 같은 명령을 수행해야 한다.

```
dataset1 <-
read.table("file1.txt", header=TRUE, sep = ",", na.string = ""
```

위의 코드에서 매개변수는 빈 값을 NA 결측값으로 대체한다. 그러면 데이터 프레임의 내용은 다음과 같게 된다.

```
> dataset1
     x    y     z
1    3   NA     4
2   51   48    23
3   23   33   111
```

또 다른 예제로, 〈tab〉 같은 탭이 다음과 같이 나타나는 문서 편집기에서 볼 때, file2.txt의 필드가 탭과 내용으로 구분되었다고 가정하자.

```
x<tab>y<tab>z
33<tab>223<tab>
32<tab>88<tab>2
3<tab><tab>7
```

빈 결측값대신 탭으로 구분된 열을 갖는 파일을 읽으려면, 다음과 같은 명령을 수행해야 한다.

```
dataset2 <-
read.table("file2.txt", header=TRUE, sep="\t", na.string = "")
```

이 명령의 결과는 다음과 같은 내용의 데이터 프레임이다.

```
> dataset1
     x    y    z
1   33  223   NA
2   32   88    2
3    3   NA    7
```

[연습문제]

1. 데이터 프레임 pretend.df의 첫 번째와 3번째 열을 나타내라.

2. 2개의 다른 명령을 이용하여 pretend.df의 y열을 나타내라.

2장 실전문제

1. 11^2, 111^2, 그리고 1111^2을 계산하고, 결과 배열의 패턴을 파악하라. 이제 11111111^2를 계산하라. 모든 자릿수를 보기 위하여, 계산하기 전에 options(digits = 18)를 시도하라. 마지막으로 111111111^2를 계산하라. 정확한 답을 얻었는가? 그렇다면 또는 그렇지 않다면 이유는 무엇인가?

2. 다음 서술을 어떻게 보완하겠는가?
   "10 종류의 사람이 있다: 이진법을 이해하는 사람과 그렇지 못한 사람"

3. R-내장 데이터 프레임 chickwts을 고려해 보자.
   (a) 체중이 300을 초과하는 모든 관측을 포함하는 데이터 프레임의 부분집합 chickwts300p을 생성하라.
   (b) 아마씨 사료(linseed)로 키워진 닭에 대한 모든 관측을 포함하는 또 다른 데이터 프레임의 부분집합 chickwtsLinseed을 생성하라.
   (c) 아마씨 사료로 키워진 닭의 평균 체중을 계산하라.
   (d) 아마씨 이외의 사료로 키워진 닭의 평균 체중을 계산하라.

4. R-내장 cars 데이터 세트를 고려해 보자.
   (a) 도움말 페이지를 참고해서 데이터 세트의 변수의 수와 관측횟수를 확인하라. 그리고 변수들의 이름은 무엇인가?
   (b) 주행속도(speed)가 시속 20마일인 모든 관측의 평균 제동거리(dist)를 구하라.
   (c) 제동거리와 주행속도 사이의 관계를 보여주는 산점도를 구축하라. 어떤 유형의 관계를 관찰할 수 있는가?

5. rnf6080.dat[6] 데이터세트를 rain.df라는 이름의 데이터 프레임으로 할당하라.
   header=FALSE 옵션을 사용하라.
   (a) rain.df 데이터세트의 2번째와 4번째 열의 요소를 나타내라.
   (b) rain.df 데이터세트의 열들의 이름은 무엇인가?

6 이 데이터세트는 www.statprogr.science/data/rnf6080.dat에서 얻을 수 있다.

(c) rain.df 데이터세트의 2번째 행의 요소를 나타내라.

(d) 다음 명령을 이용하여 이 데이터세트의 열들의 이름을 다시 표기하라.

```
names(rain.df) <- c("year", "month", "day", seq(0, 23))
```

(e) 24시간 열의 합으로 daily라는 이름의 새로운 열을 생성하라.

(f) 일일 강우량(Daily rainfall amounts) 히스토그램을 그려라.

6. 다음 함수의 그래프를 그려라.

$$f(x)=\begin{Bmatrix} 3x+2, & x\le 3 \\ 2x-0.5x^2 & x>3 \end{Bmatrix}$$

7. 이 실전문제의 목적은 수치형과 문자형 벡터에 대한 요인의 장점을 보기 위하여 인위적인 데이터를 사용하는 것이다.

(a) `sample()` 함수를 이용해서 육면체 주사위를 1,000,000번 던져서 나온 결과를 시뮬레이션하는 dieRolls라는 이름의 벡터를 구축하라.

(b) dieRolls를 dieRollsFactor로 부르는 요인으로 변환하라. 다음 코드를 이용하여 요인의 수준을 변경하라.

```
levels(dieRollsFactor) <- c("One", "Two", "Three", "Four", "Five", "Six")
```

(c) 다음 명령을 이용해서 요인형 벡터를 문자형 벡터로 강제 변환시켜라.

```
dieRollsChar <- as.character(dieRollsFactor)
```

(d) `table()` 함수를 dieRolls, dieRollsFactor, 그리고 dieRollsChar 각각에 적용하고, 각 데이터세트에 정보가 어떻게 보이는지뿐 아니라 결과를 비교하라.

(e) 데이터 유형이 다른 3개의 표를 구성하는데 경과한 시간을 비교하기 위하여, 다음 코드를 실행하라.

```
system.time(table(dieRolls))
system.time(table(dieRollsFactor))
system.time(table(dieRollsChar))
```

(f) 다음 코드를 실행하라.

```
dump("dieRolls", "dieRolls.R")
dump("dieRollsFactor", "dieRollsFactor.R")
dump("dieRollsChar", "dieRollsChar.R")
```

dieRolls.R, dieRollsFactor.R, 그리고 dieRollsChar.R 파일의 특성을 조사하라. 어떤 파일이 가장 적은 메모리를 차지하는가? 어떤 파일이 가장 많은 메모리를 차지하는가?

8. 다음 코드를 실행하면 어떤 일이 일어나는가?

```
gender <- c("M", "M", "F", "F", "F")
whereF <- (gender == "F")
gender[whereF] <- "Female"
```

9. 다음 방법을 이용하여 데이터 프레임 charnum을 구성하라.

```
char <- c("2", "1", "0")
num <- 0:2
charnum <- data.frame(char, num)
```

여기서 `as.numeric( )` 함수는 문자형 데이터를 (가능하다면) 강제로 수치형으로 전환한다. `as.numeric( )` 함수를 char과 charnum$char에 적용하라. 결과에 차이점이 있는 이유를 설명할 수 있는가?

3장

통계 그래프 프로그래밍

통계 컴퓨팅 사용자는 통계 데이터와 그 계산 결과에 대한 그래프를 만들어야 한다. 이 장에서는 R에서 통계 그래프 작성 방법에 대한 전반적인 개요로 시작해서, 몇 가지 기본적인 그래프를 그리는 방법을 배운다. 그런 다음에 작성하려는 그래프 유형 선택과 관련된 일부 문제점들을 논의한다. 유형을 선택하는 일은 언제나 쉬운 일은 아니며, 세상에는 그릇된 길로 이끄는 많은 나쁜 예들이 있다. 마지막으로 R에서 그래프를 맞춤화하는 방법에 대해 좀 더 자세하게 알아볼 것이다.

R에는 여러 가지 다른 그래픽 시스템이 있다. 가장 오래된 그래픽 시스템은 S 그래픽 시스템과 직접 비교될 수 있으며, 지금은 기본 그래픽 시스템으로 알려진다. 기본 그래픽을 종이 위에 잉크로 그린 그림과 비슷한 것으로 생각할 수 있다. 종이 위에 고정된 사물을 그려서 그림을 구성할 수 있으나, 일단 그린 그래픽 객체를 다른 것으로 덮거나 백지로 옮길 수 있을지 모르나, 그런 그래프는 영구적이다. 처음부터 기본 그래픽 시스템은 좋은 품질의 과학적 그래프를 쉽게 생성할 수 있도록 설계되었다. 이 장에서는 기본 그래픽 시스템에 집중할 것이다.

`grid` 패키지는 최신 그래픽 시스템을 위한 기초를 제공한다. 좋은 품질의 그래프를 생산할 수 있는 기능도 갖는다. 그러나 프로그래머는 하나의 그래프를 각각의 조각으로 접근해서 조각별로 수정할 수 있으며, 이 과정에서 그래프는 단번에 그려진 것보다 공사가 진행되면서 드러나 보이는 물리적 모형에 더 가깝다. `lattice`와 `ggplot2` 패키지는 격자 그래픽 시스템에 기초한 고급(High-level) 그래프 생성을 위한 기능을 제공한다.

기본적인 그래프 시스템과 격자 그래픽 시스템 모두 "장치와 무관하게(Device independent)" 설계되었다. 그래프를 그리는 방법에 관한 지침이 제시되어 있으며, 그래프 작성 명령어는 모든 장치에서 작동한다. 서로 다른 역량 때문에 실제로 보이는 그래프는 장치마다 (예를 들어 종이 위에서 또는 컴퓨터 화면의 창에서) 약간 다를 수 있다.

R에서도 이용할 수 있는 대화형 그래프, 3차원 화면(3D displays) 등을 제공하는 특이한 그래픽 시스템이 있다. 이 가운데 일부는 3.4절에서 간략하게 언급할 것이다

3.1 고급 그래프

이 절에서 몇 개의 기본적인 그래프를 논의할 것이다. 그래프가 어떻게 그려질지에 대한 자세한 사항을 걱정할 필요가 없기 때문에, R에서 이런 그래프를 작성하는 함수를 "고급(High level)"으로 부른다. 단지 그리고 싶은 그래프를 R에게 설명하면 그림은 R이 그린다.

3.1.1 막대그래프와 점그래프

가장 기본적인 유형의 그래프는 단일 세트의 숫자들을 요약한 것이다. 막대그래프(Bar charts)와 점그래프(Dot charts)는 길이 또는 위치가 숫자에 부합하는 막대 또는 점을 나타냄으로써 가능하다.

예제 3.1

그림 3.1은 R에 내장된 데이터 세트에 근거한 기본적인 막대그래프를 보여준다. WorldPhones 행렬은 수년간 세계 주요 지역에 전화기의 수를 센 것이다. 행렬의 첫 번째 행은 1951년도에 해당한다. 이 데이터를 도표로 보여주기 위하여 다음과 같이 첫 번째 행을 추출한다.

```
WorldPhones51 <- WorldPhones[1,]
WorldPhones51
N.Amer    Europe    Asia   S.Amer    Oceania   Africa   Mid.Amer
45939     21574     2876   1815      1646      89       555
```

다음과 같이 barplot() 함수를 이용하여 막대그래프를 그릴 수 있다.

```
barplot(WorldPhones51)
```

(시도해 보라!) 하지만 그림 3.1처럼 그래프 상단에 제목을 나타내고, 축의 라벨 크기를 줄이고 싶다면 약간의 변경이 필요하다. 다음과 같은 코드를 추가하면 그런 그래프를 얻을 수

있다.

```
barplot(WorldPhones51, cex.names = 0.75, cex.axis = 0.75,
          main = "Numbers of Telephones in 1951")
```

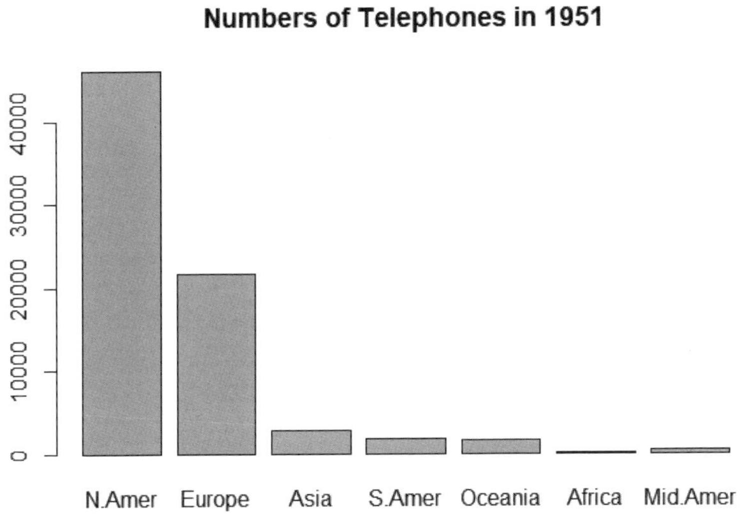

그림 3.1 1951년에 세계 여러 지역의 (천 단위로) 전화기 수를 보여주는 막대그래프

> 코드 이해하기

cex.names=0.75 변수는 영역 이름의 크기를 이전 크기의 0.75로 축소시키고, cex.axis = 0.75 변수는 수직축에 라벨의 크기도 같은 양만큼 축소시킨다. main 변수는 그래프의 주 제목을 지정한다.

다른 방법으로, 같은 데이터를 점그래프에 그릴 수 있다(그림 3.2).

```
dotchart(WorldPhones51, xlab = "Numbers of Phones ('000s)")
```

점의 수평 위치는 전화기의 수를 보여주고 있다.

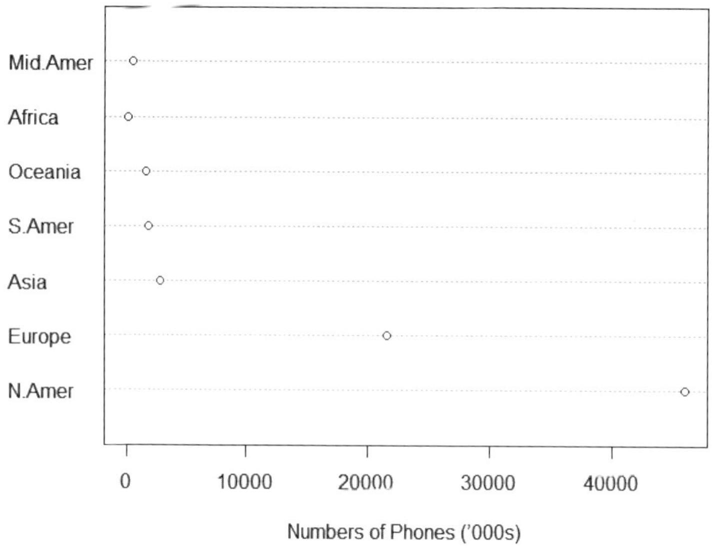

그림 3.2 1951년에 세계 여러 지역의 (천 단위로) 전화기 수를 보여주는 점그래프

더욱 복잡한 데이터 세트도 이런 그래프 함수를 이용하여 나타낼 수 있다. `barplot()` 함수는 나란히 배열되거나 쌓여 있는 모양으로 데이터를 표시할 수 있게 해주며, legend 변수를 이용하여 범례를 추가시키는 등의 다양한 선택 사양을 가진다.

예제 3.2

R에 내장된 VADeaths 데이터 세트는 1940년 Virginia 주의 다양한 부분 모집단에 대한 사망률(연간 인구 1000명당 사망하는 사람의 수)를 포함한다.

```
VADeaths
      Rural Male  Rural Female  Urban Male  Urban Female
50-54   11.7         8.7          15.4          8.4
55-59   18.1        11.7          24.3         13.6
60-64   26.9        20.3          37.0         19.3
65-69   41.0        30.9          54.6         35.1
70-74   66.0        54.3          71.1         50.0
```

다음과 같은 코드를 입력하면, 이 데이터 세트를 각 하위 집단마다 하나씩 일련의 막대그래프로 나타날 수 있다(그림 3.3).

```
barplot(VADeaths, beside = TRUE, legend = TRUE, ylim = c(0, 90),
        ylab = "Deaths per 1000", main = "Death rates in Virginia")
```

〉 코드 이해하기

막대들은 행렬의 각 원소에 해당한다. beside = TRUE 변수는 각 열의 값들이 나란히 그리게 하며, legend = TRUE 변수는 그래프의 우측 상단에 범례를 추가하게 한다. ylim = c(0, 90) 변수는 범례가 추가될 자리를 마련하기 위하여 그래프의 수직 눈금을 수정한다(3.3절에서 범례를 배치하는 다른 방법을 논할 것이다). 마지막으로 main = "Death rates in Virginia"는 그래프의 주 제목을 지정한다.

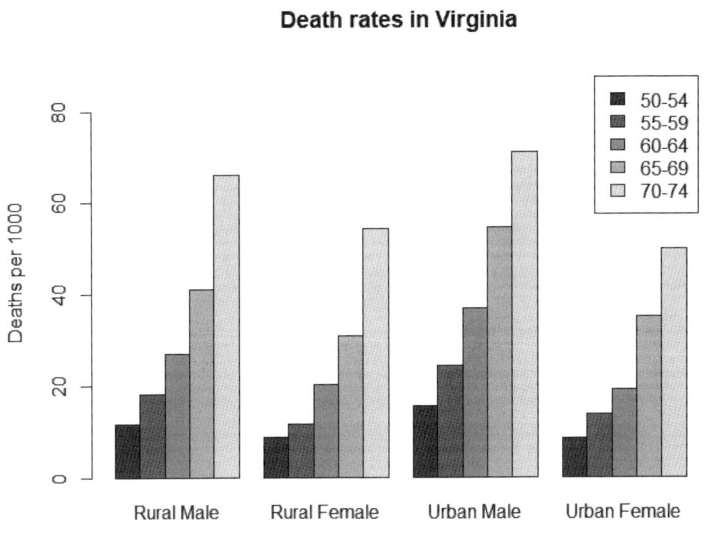

그림 3.3 복잡한 막대그래프의 예

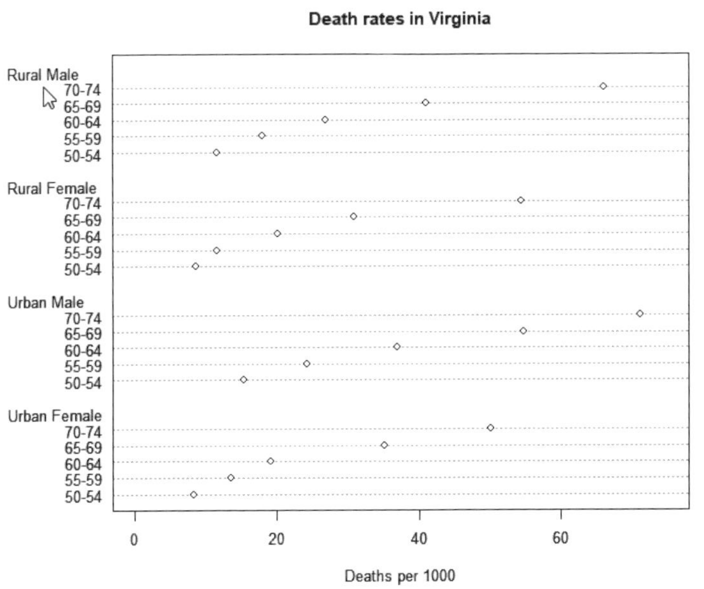

그림 3.4 Virginia 사망률 데이터 세트의 점그래프 해석

다시 한 번 점그래프(그림 3.4)는 또 다른 방법으로 데이터 세트를 나타낼 수 있다. 3.2절에서 이러한 대안 중 하나를 선택할 때 사용하는 기준을 설명할 것이다.

예제 3.3

다음 코드를 실행하고 각 변수의 의미를 설명하라.

```
dotchart(VADeaths, xlim = c(0, 75), xlab = "Deaths per 1000",
         main = "Death rates in Virginia", cex = 0.8)
```

› 코드 이해하기

각 하위 집단의 합계 사망률을 비교하려는 것은 자연스럽기 때문에, x축의 한계를 0부터 0.75까지 지정해서 0이 포함되도록 한다. cex 변수도 0.8로 지정하였다. 이는 그래프 문자의 크기를 기본 크기의 80%로 줄어들게 하며, 그러나 더욱 중요한 것은 축의 눈금 라벨의 크기도 80%로 줄어들게 한다는 것이다. 이 예제의 경우 기본 설정이 읽기 더 어렵게 하면서, 일부 눈금 라벨이 중첩되게 할 수도 있다.

3.1.2 파이 그래프

파이 그래프는 하나의 원판을 각도(따라서 면적)가 각 숫자에 비례하는 조각들로 쪼개서 수치형 벡터를 표현한다. 예를 들어 R 코드로 그려진 그림 3.5에 보이는 것처럼, 한 학급에 할당된 문자 등급 성적에 비율이 발생할 수 있다.

```
groupsizes <- c(18, 30, 32, 10, 10)
labels <- c("A", "B", "C", "D", "F")
pie(groupsizes, labels,
    col = c("grey40", "white", "grey", "black", "grey90"))
```

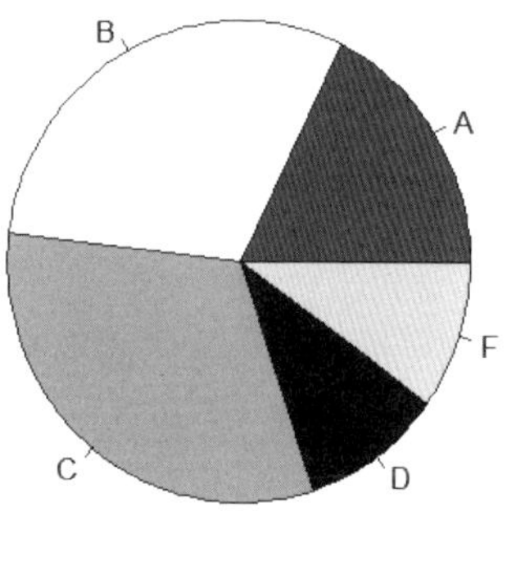

그림 3.5 한 학급의 성적 분포를 보여주는 파이 그래프

파이 그래프는 비기술적 출판물에 자주 등장하지만, 통계학자들의 인기를 잃은 것 같다. 그 이유의 일부분이 3.2절에서 논의될 것이다.

3.1.3 히스토그램

히스토그램은 숫자 집합의 도수분포를 보여주기 위해 사용되는 특별한 형태의 막대그래프이다. 각 막대는 막대의 아랫부분이 가리키는 범위에 들어가는 x값의 집계를 나타낸다. 모든 막대 넓이는 항상 같아야 하며, R에서 기본적으로 그렇게 설정된다. 이런 경우 각 막대 높이는 해당 구간에서 관측치 수에 비례한다. 막대 넓이가 다르면 막대 면적은 집계에 비례해야 하며, 이렇게 하여 막대 높이는 밀도(즉, x 단위당 도수)를 대표한다.

R에서 `hist(x, ...)` 함수는 히스토그램을 생성하는 주된 방법이다. 여기서 x는 관측치의 수로 구성되는 벡터이며, ...에 선택적 매개변수는 상세하게 표시 내용을 제어하기 위하여 사용된다.

기본 매개변수 설정으로 그려진 히스토그램의 예제는 2.6.4절에 주어진다. 히스토그램에서 막대의 크기는 (수평축을 따라) 면적이 증가하는 방향으로, 대략 기하급수적으로 감소한다. 그런 비대칭 분포(skewed distributions)로부터 얻은 측정값은 로그 스케일로 표현되어야 한다고 종종 권장된다. 개선된 축 라벨링 및 제목과 함께 이런 권장 사항을 그림 3.6에서 확인할 수 있다. 추가적인 개선 사항은 3.3.3절에서 자세히 설명할 것이다.

```
hist(log(1000*islands, 10), xlab = "Area (on base 10 log scale)",
     main = "Areas of the World's Largest Landmasses")
```

n개의 x값이 있다면, R은 기본적으로 그래프의 범위를 대략 $\log_2(n)+1$개의 구간으로 나누어 그 숫자만큼 막대를 생기게 한다.

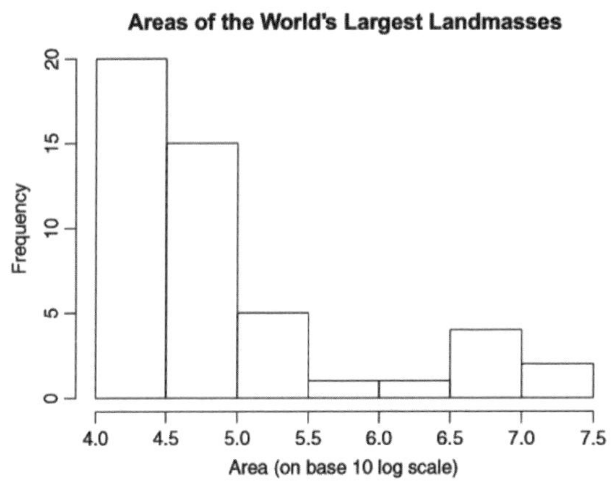

그림 3.6 대륙 면적을 로그 척도로 나타낸 개선된 표식과 제목을 갖는 히스토그램

R에 내장된 islands 데이터 세트에서, 관측치의 길이 n은 다음과 같이 48로 얻어진다.

```
length(islands)
[1] 48
```

$48 > 2^5 = 32$

$48 < 2^6 = 64$

$5 < \log_2(48) < 6$

따라서 R은 약 5개 또는 6개의 막대를 선택해야 한다는 것을 알 수 있다. 어림수(이 경우 0.5의 배수)에 구획을 나누려고 하기 때문에 실제로 R은 8개를 선택했다.

("Sturges rule"로 알려진) $\log_2(n)+1$ 규칙은 너무 적은 수의 막대를 생성하는, 큰 값의 n에 대하여 언제나 만족스러운 것은 아니다. 최근 연구에서 막대 수는 $\log_2(n)$ 대신에 $n^{1/3}$에 비례하여 증가시켜야 한다고 제안한다. `breaks = "Scott"`와 `breaks = "Sturges(Freedman-Diaconis)"`의 선택에 따라, 히스토그램에 서로 다른 변화를 줄 수 있다. 그림 3.7은 "Scott"와 "Sturges" 규칙을 이용하여 10,000개 데이터 세트에 대한 결과를 보여준다.

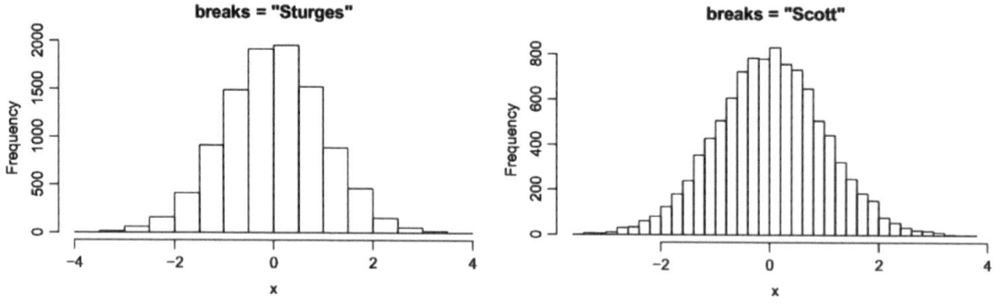

그림 3.7 브레이크(Breaks)를 지정하는 2가지 규칙을 사용해서 길이 10,000인 벡터 x값을 보여주는 히스토그램.

3.1.4 상자 그림

데이터 세트의 주요 특징을 빠르게 시각적으로 보여주는 그림(Box plot) 또는 "상자-수염 그림(Box-and-whisker plot)"은 히스토그램을 대신할 수 있다. 상자 그림에 반대쪽 두 면에서 선들이 튀어나온 직사각형 상자가 그려진다. 상자는 데이터의 위치와 중앙 부분의 퍼짐을 나타내며, 선("수염")의 길이는 전체 데이터의 범위를 제공한다. 일부 구현에서 이상점(다른 데이터와 비교하여 비정상적으로 크거나 작은 관측치)은 별도의 점으로 그려진다.

상자 그림에서 상자 부분의 기본 구조는 다음과 같다.

1. 데이터의 중앙값에 수평선이 그려진다(제2 사분위수).
2. 데이터는 제각기 중앙값을 포함하는 두 부분으로 쪼개진다.
3. 상위(제1)와 하위(제3) 사분위수는 각각 절반의 중앙값으로 계산되며, 각각 이 값에 수평선(제2사분위수)이 그려진다.

따라서 그려진 상자는 사분위수 범위(IQR, interquartile range)를 정의하며, 제1 사분위수와 제3 사분위수 사이의 범위이다. 약 50%의 데이터가 상자 내에 놓이기 때문에, IQR을 사용해서 데이터 세트 중앙 부분에 변동량을 보여준다.

아래쪽 수염은 상자의 하단 끝 중간에서 제3 사분위수 아래에 1.5 IQR 이상인 최솟값까지 그려진다. 유사하게 위쪽 수염은 상자의 상단 끝 중간에서 제1 사분위수 위에 1.5 IQR 이하인 최댓값까지 그려진다. 이렇게 정의하는 근거는 모양이 비슷한 정규 분포 또는 다른 분포로 데이터가 그려지면, 약 99%의 관측치가 두 수염 사이에 놓인다는 것이다.

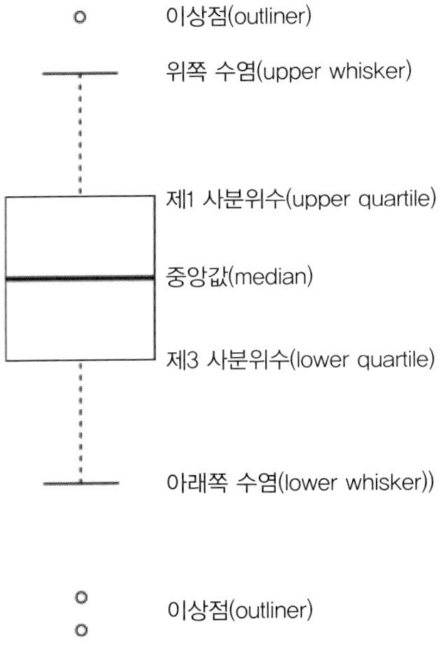

그림 3.8 상자 그림의 구조

그림 3.8은 주석이 달린 상자 그림의 구성을 보여준다. 범주마다 (예를 들어 10 이상의) 다양한 관측치를 포함하는 데이터의 분포를 2개 이상의 범주별로 비교할 때, 상자 그림이 편리하다. R에 내장된 iris 데이터 세트는 3가지 종의 붓꽃마다 꽃받침의 길이와 넓이를 50번씩 측정한 데이터의 예이다. 다음과 같은 코드를 실행하면, 생성되는 그림 3.9는 붓꽃의 종마다 측정한 꽃받침 길이의 분포를 비교한다.

```
boxplot(Sepal.Length ~ Species, data = iris, ylab = "Sepal length (cm)",
        main = "Iris measurements", boxwex = 0.5)
```

여기서 형식에 기반을 둔 인터페이스를 R의 그래프 함수에 사용했다. 문법 Sepal.Length ~ Species은 “종에 따른 꽃받침의 길이(“Sepal.Length depending on Species)”로 읽히며, 종과 꽃받침의 길이 모두 iris 데이터(data = iris)가 명시하는 데이터 프레임의 열이다. 이 문법으로부터 종의 평균 길이 사이에 상당한 차이와, virginica 표본 가운데 비정상적으로 작은 하나의 견본이 존재하는 것을 볼 수 있다.

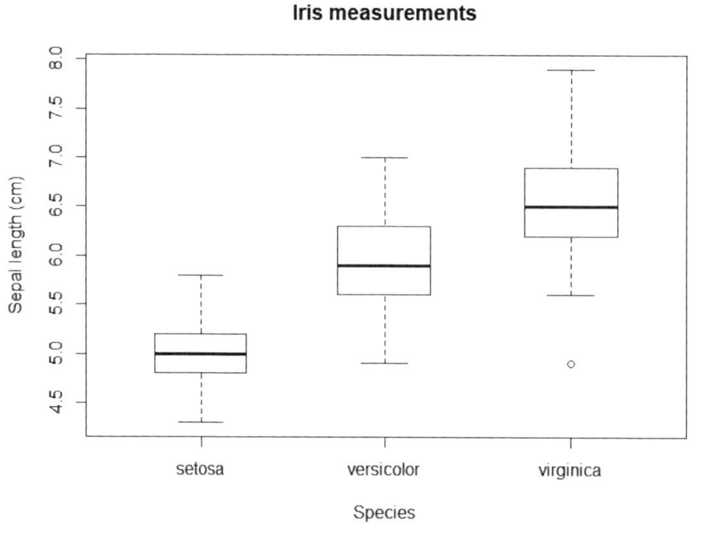

그림 3.9 나란히 배열된 상자 그림의 예

3.1.5 산점도

통계 프로그래밍을 할 때, 대부분의 흥미로운 문제는 서로 다른 측정 사이의 연관성과 관련이 있다. 이런 연관성을 파악하기 위하여, 가장 보편적으로 사용되는 그래프 중 하나는 점 또는 다른 기호로 i=1,..., n인 (x_i, y_i) 점이 그려지는 산점도이다. x_i와 y_i 값 사이의 관계를 보여주기 위하여 산점도가 그려진다. R에서 산점도와 다양한 유형의 그래프는 `plot()` 함수를 이용하여 그려진다. 이 함수의 기본 사용 문법은 plot(x, y, ...)이며, 여기서 x와 y는 그래프가 그려질 데이터에 저장된 길이가 같은 수치형 벡터이다. 이 함수에 선택적으로 인수들을 추가할 수 있으며, 비-수치형 데이터를 위한 `plot` 버전도 있다.

`plot()` 함수에서 중요하게 선택되는 한 가지 변수는 type이다. 산점도를 구현하는 기본값은 `type = "p"`이다. (선분이 처음부터 끝까지 순서대로 (x_i, y_i) 점을 연결하는) 선 그래프(line plot)는 type = "l"을 이용해서 구현된다. 이 외에 여러 가지 유형의 그래프를 구현할 수 있다. type = "n"을 이용하면, 그 안에 다른 함수를 이용하여 그래프를 그리도록, 단지 그래프 주위에 프레임을 설정하기 위하여, 아무것도 그리지 않을 수 있다. 이러한 함수들 중 일부는 3.3절에서 논의될 것이다.

많은 유형의 그래프가 이 함수로 얻어질 수 있다. 인위적으로 생성된 데이터에 대해 옵션을 선택하는 방법을 보여줄 것이다. 표준 정규 분포와 평균값 30을 갖는 포아송 분포로부터 할당된 2개의 수치형 벡터가 묘사될 것이다.[1]

```
x <- rnorm(100)          # 100개의 무작위 정규 관측을 x에 할당.
y <- rpois(100, 30)      # 100개의 무작위 포아송 관측을 y에 할당; 평균값은 30.
mean(y)                  # 결괏값은 약 30이어야 한다.
[1] 30.91
```

main 변수는 그래프의 주 제목을 지정하며, 그림 3.10은 다음 명령을 실행한 결과를 보여준다.

```
plot(x, y, main = "Poisson versus Normal")
```

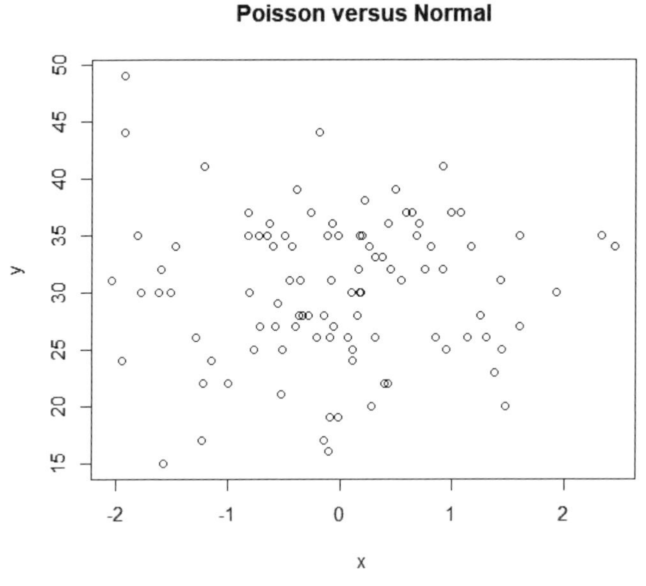

그림 3.10 산점도의 예

1 정규 통계 변수 및 포아송 통계 변수에 대한 더 많은 정보는 5장을 참고하라.

다음과 같이 다른 가능성을 시도해 보라.

```
plot(x, y, pch = 16)          # 그래프 기호를 채워진 점으로 변경하라.
plot(x, y, type = 'l')        # 꺾인 선으로 그래프를 그려라.
                              # (여기서는 빽빽하게 엉켜 있는 선분)
plot(sort(x), sort(y), type = 'l') # 표본 "사분위수" 그래프
```

3.1.6 데이터 프레임 그래프

예제 3.4

Orange 데이터 프레임은 R과 함께 설치된 데이터 세트이다. 이 데이터 세트는 (1968년 12월 31일부터 일 단위의) 나이(age)에 대한 35개의 관측, 그리고 다음과 같이 식별자를 갖는 5개의 서로 다른 오렌지 나무의 둘레(Circumference)로 구성된다.

```
unique(as.character(Orange$Tree))
[1] "1" "2" "3" "4" "5"
```

Orange$Tree는 요인형 벡터이므로, `as.character()`를 이용해서 보여줄 형식을 지정하고, `unique()`를 이용해서 고윳값을 선택한다.

어떻게 둘레가 나이와 관련되는지를 파악하기 위하여 다음과 같이 시도할 수 있다.

```
plot(circumference ~ age, data = Orange)
```

› 코드 이해하기

이전에 상자 그림 예제에서 그래프 공식과 data 변수를 사용했다. plot 함수는 Orange 데이터 프레임에서 circumference와 age를 찾은 다음, 순서대로 (age, circumference) 관측쌍을 그린다.

그림 3.11은 중요한 정보를 숨기고 있다. 모든 데이터는 동일한 오렌지 나무에서 관측된 것이 아니라, 서로 다른 5개 품종들로부터 얻은 것이다. 그러나 어떤 관측치가 특정 품종 내 어떤 오렌지 나무에서 얻은 것인지 알 수 없다. 이런 문제를 처리하는 한 가지 방법은 나무마다 다른 그래프 기호를 사용하는 것이다. 매개변수 pch는 그래픽 문자를 통제하며, 기본 설정 pch=1은 열린 원점을 구현한다. 이 매개변수에 다른 수치 값을 사용하면 다른 그래

픽 문자를 구현할 것이다. 다른 문자로도 그래프를 구현하도록 요청할 수 있다. 예를 들어 pch="A"은 R에게 문자 A로 그래프를 구현하도록 할 것이다.

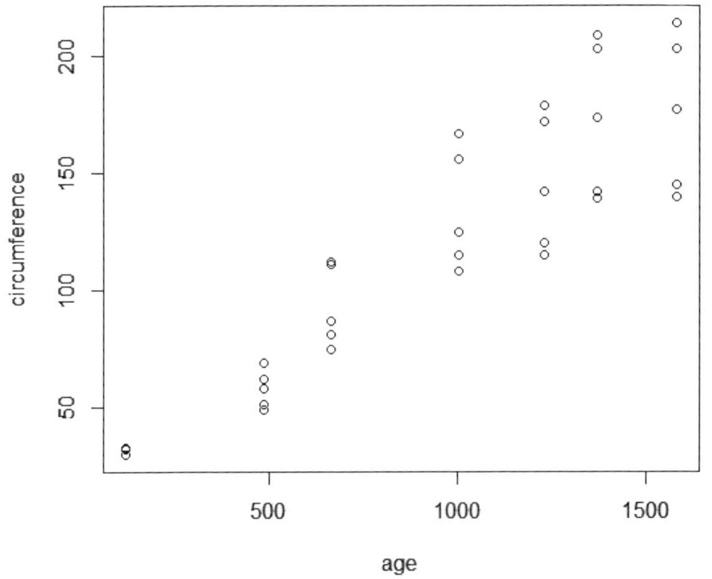

그림 3.11 5개의 다른 품종의 오렌지 나무의 둘레 대 나이 산점도

예제 3.5

각각의 오렌지 나무 품종을 식별하기 위하여 다음 코드를 사용할 수 있다(그림 3.12).

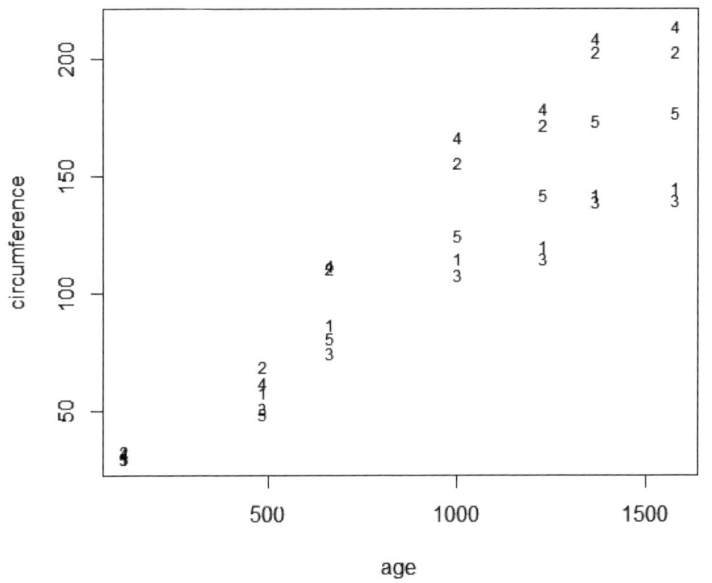

그림 3.12 식별자로 구분된 5개 다른 품종의 오렌지 나무의 둘레 대 나이 산점도

> 코드 이해하기

cex 매개변수는 그래픽 문자의 크기를 통제하며, pch 매개변수는 Tree 열의 수준에 할당되었다. Tree는 요인형 벡터이기 때문에 수준 값이 사용되는 순서에 주의를 기울여야 하며, 요인 코드가 아니어서(not the factor codes) `as.character()`를 사용한다.

?plot 및 ?par 도움말 페이지에 설명된 대로 plot 함수에 더 많은 변수를 선택적으로 사용할 수 있다.

3.1.7 QQ 그래프

변위치-변위치(Quantile-quantile) 그래프(그렇지 않으면 QQ 그래프로 알려진)는 두 집단의 분포 또는 표본과 기준 분포를 비교하기 위하여 사용된다.

같은 크기의 두 집단이 있는 경우, QQ 그래프는 우선 각 집단의 관측을 $X[1] \leq \ldots \leq X[n]$과 $Y[1] \leq \ldots \leq Y[n]$으로 분류함으로써 얻어진다. 그런 다음 $i=1,\ldots, n$에 대한 $(X[i], Y[i])$ 산점도를 그린다.

집단의 크기가 다를 때, 인위적으로 두 집단을 어울리게 하려면 반드시 어떤 계획이 실행되어야 한다. R은 최댓값과 최솟값은 그대로 두고 두 값 사이에 등간격 변위치를 선택함으로써 더 큰 집단의 크기를 더 작은 집단의 크기로 감소시킨다. 예를 들어 5개의 X값과 20개의 Y값이 있다면 X값은 Y값의 최솟값, 제1 사분위수, 중앙값, 제3 사분위수, 그리고 최댓값에 대해 표현될 것이다.

단일 표본을 기준 분포(Reference distribution)에 대해 표현할 때, 이론 변위치는 하나의 좌표에 대해 사용된다. 보통 R은 이론 변위치를 X축에 놓고 데이터를 Y축에 놓지만, 어떤 저자는 정반대로 선택한다. 치우침을 피하기 위해, 확률 $(i-1/2)/n$에 상응하는 변위치가 선택되어, 이 값들은 0과 1 사이에 고르게 놓인다.

X와 Y의 분포가 일치할 때, QQ 그래프의 점들은 $y=x$선 근처에 놓일 것이다. 한 집단의 분포가 다른 집단의 선형변환이면 다른 직선을 볼 수 있다. 반면에 두 집단의 분포가 같지 않으면, QQ 그래프에서 체계적인 패턴을 볼 수 있을 것이다.

예제 3.6

모사 데이터를 이용한 다음 코드는 몇 가지 흔한 패턴을 나타낸다(그림 3.13).

```
par(mfrow = c(1,4))
X <- rnorm(1000)
A <- rnorm(1000)
qqplot(X, A, main = "A and X are the same")

B <- rnorm(1000, mean = 3, sd = 2)
qqplot(X, B, main = "B is rescaled X")

C <- rt(1000, df = 2)
qqplot(X, C, main = "C has heavier tails")

D <- rexp(1000)
qqplot(X, D, main = "D is skewed to the right")
```

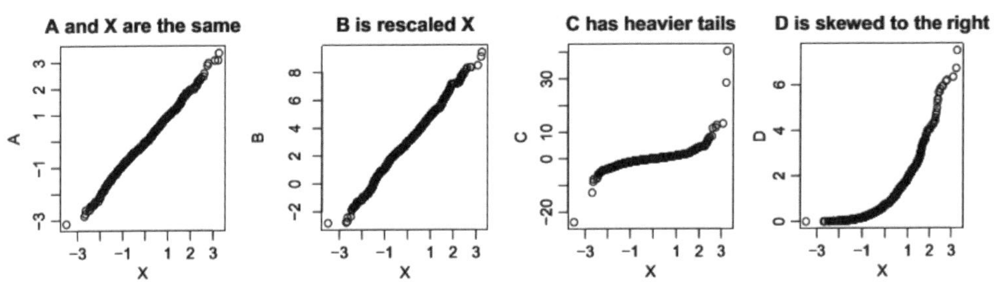

그림 3.13 몇 가지 QQ 그래프의 예

코드 이해하기

`par()` 함수에 사용된 mfrow 매개변수는 1×4 행렬 배치를 만든다(3.3.4절 참고). 첫 번째 그래프는 동일한 정규 분포에 근거를 두며, 두 번째 그래프는 평균값과 표준편차가 다른 정규 분포에 근거를 두며, 세 번째 그래프는 표준 정규 분포와 자유도가 2인 t 분포에 근거를 두며, 그리고 네 번째 그래프는 지수 분포와 비교되는 표준 정규 분포에 근거를 두고 있다. 여기서는 모사된 난수를 사용하기 때문에 같은 코드를 실행하면 아마 약간 다른 결과를 보게 될 것이다. `rnorm()`, `rt()`, 그리고 `rexp()` 함수에 대한 자세한 정보는 5장에 주어진다.

[연습문제]

1. 이 절에서 논의된 islands 벡터를 고려해 보자.
   (a) Sturges 규칙과 Scott 규칙에 근거한 구획을 사용했을 때 얻어지는 히스토그램을 비교하라. 로그 척도와 본래 척도에서 비교하라.
   (b) 정규 QQ 그래프를 구축하고 그림 3.12의 그래프와 비교하라. 어떤 그래프가 가장 비슷하며, 이 판단은 데이터 세트에 대해 무엇을 말해 주는가?
   (c) 로그 척도와 본래 척도에서 이 데이터에 대한 상자 그림을 구축하라.
   (d) 면적에 대하여 점그래프를 구축하라. 여기서 로그 변환이 필요한가?
   (e) 이 데이터 세트를 나타낼 때 어떤 유형의 그래프가 가장 적합하다고 생각하는가?

2. stackloss 데이터 프레임은 암모니아가 질산으로 전환되는 어떤 공장에서 취한 4개의 변수에 대한 21개의 관측을 포함한다. 처음 3개의 변수는 Air.Flow, Water.Temp, 그리고 Acid.Conc.이며, 4번째 변수는 흡수되기 전에 탈출하는 암모니아의 양을 측정한 stack.loss이다.(이 데이터 프레임에 대한 자세한 정보는 도움말 파일을 참고하라.)
   (a) 산점도를 이용해서 산 농도, 물 온도 그리고 공기 흐름 사이에 가능한 관계와 탈출하는 암모니아 양을 조사하라. 그리고 이들 관계가 선형으로 보이는지 또는 비선형으로 보이는지 판단하라.
   (b) `pairs()` 함수를 이용하여 4개의 변수 간에 모든 쌍별 산점도를 구축하라. 선형 또는 비선형 관계가 가능한 변수 쌍을 확인하라.

3. 두 개의 관측 변수, 온도(Temperature)와 압력(Pressure)을 포함하는 pressure 데이터 프레임을 고려해 보자.
   (a) 수직축을 pressure으로 수평축을 temperature으로 산점도를 구축하라. 이 변수들 사이에 관계는 선형인지 또는 비선형인지 판단하라.
   (b) 다음 함수의 그래프는 매우 합리적으로 표시된 점들을 통과한다.

   $y=(0.168+0.007x)^{20/3}$

   곡선으로 예측된 압력 값과 관측된 압력 값의 차이를 잔차(Residuals)로 부른다. 다음은 잔차를 계산하는 방법이다.

```
residuals <- with(pressure, pressure -
        (0.168 + 0.007*temperature)^(20/3))
```

계산된 잔차에 대한 정규 QQ 그래프를 구축한 다음, 정규적으로 분포되었는지 또는 비대칭 분포를 따르는지 결정하라.

(c) 이제 멱변환(Power transformation) $y^{3/20}$을 압력 데이터에 적용하라. 온도에 대하여 이 변환된 값을 도시하라. 이제 선형 또는 비선형 관계가 뚜렷이 드러나는가?

(d) 변환된 압력 값과 직선으로 예측된 값 사이의 차이, 잔차를 계산하라. 정규 QQ 그래프를 구축하고, 잔차가 정규 분포를 따르는지 여부를 결정하라.

3.2 고급 그래프 선택 시 고려 사항

지금까지 막대, 점, 그리고 파이 그래프, 히스토그램, 상자 그림, 산점도와 QQ 그래프를 설명했다. 지금까지 논의하지 않았던 다른 종류의 통계 그래프도 많이 있다. 사용자는 어떤 그래프를 사용할지 어떻게 선택할까?

첫 번째 고려 사항은 데이터의 유형이다. 이전 절에서 논의한 것처럼 막대, 점, 그리고 파이 그래프는 개별적인 값을 표현하며, 히스토그램, 상자 그림 그리고 QQ 그래프는 분포를 나타내며, 산점도는 쌍별로 변숫값을 나타낸다.

또 다른 고려 사항은 독자이다. 그래프가 여러분 자신 또는 충분히 교육받은 독자를 위한 것이라면 보다 정교하게 이해시키려고 생각하면 될 것 같다. 예를 들어 상자 그림 또는 QQ 그래프는 히스토그램보다 더 많은 설명을 요구하며, 일반 대중에게는 적합하지 않을 수 있다.

목적에 부합하는 그래프를 선택하기 위하여 인간의 시각적 인식이 작동하는 방법을 어느 정도 이해하는 것도 중요하다. 이에 대한 엄청난 양의 연구가 있으며, 여기서는 언급만 할 뿐이다.

시각적 인식 시스템이 그래프를 해독할 때, 정량적으로 정보를 추출한다. 이 과정에서 길이, 위치, 기울기, 각도, 면적, 부피, 그리고 다양한 측면의 색이 무의식적으로 측정된다고 묘사할 수 있다. 사람은 특히 길이와 위치를 잘 인지하지만, 기울기와 각도를 잘 인식하지 못하며, 모양에 따른 넓이와 부피에 대한 인식은 아주 부정확하다고 밝혀졌다. 우리 대부분은 색상 차이를 꽤 잘 인식한다. 그러나 최대 10%의 남성과 훨씬 적은 비율의 여성이 부분적으로 색맹이며, 색을 정량적으로 측정하는 사람은 거의 없다.

그래프를 구축할 때 인식에 대한 이런 사실을 고려할 수 있다. 인지하기 쉬운 방법으로 중요한 정보를 전달하려고 노력해야 하며, 그래프에 모순된 메시지가 포함되지 않도록 노력해야 한다.

예를 들어 막대 끝의 위치와 막대의 길이는 쉽게 눈에 띄기 때문에, 막대그래프의 막대는 인식하기 쉽다. 막대의 넓이도 우리의 인식을 강화한다.

그러나 우리가 막대를 바라볼 때 막대의 길이와 면적은 우리 눈에 제한적으로 보인다. 위치, 길이, 그리고 넓이 모두 같은 정보를 전달하도록 보통 막대그래프를 0에 배치해야 한다. 0이 관련되지 않은 숫자를 보여주려면 주로 점의 위치를 보여주는 점그래프를 선택하는 것이 더 좋다.

시각적으로 인식해야 하는 작업에 대해 생각해 볼 때, 파이 그래프를 이용해서 데이터를 나타내는 것은 좋지 않은 선택이다. 파이 조각의 크기를 보려면 각도와 면적을 측정할 필요가 있으며, 그런 시각적 인식을 잘하지 못한다.

마지막으로, 집단을 서로 구별하기 위하여 그래프에서 색은 매우 유용할 수 있다. R의 RColorBrewer 패키지는 다수의 팔레트(Palettes) 또는 색상을 선택할 수 있는 사양을 포함한다. 어떤 팔레트는 저색부터 고색까지 연속하는 집단을 지시하고, 다른 팔레트는 자연색에서 벗어난 집단을 보여주며, 그리고 또 다른 팔레트는 순전히 질적이다. 팔레트는 (색맹이라도) 대부분 사람이 차이를 쉽게 파악할 수 있도록 선택된다.

3.3 저급 그래픽 함수

`barplot()`, `dotchart()`, 그리고 `plot()` 같은 함수는 저급 그래픽 함수를 이용하여 페이지에 표시될 선과 점의 위치 등을 설정해서 그래프를 구현한다.

이 절에서는 사용자가 원하는 대로 수정할 수도 있는 저급 함수 중 일부를 설명할 것이다. R이 구현하고 있는 페이지를 보여주는 방법에 대한 설명으로 시작해서 기존 그래프에 점, 선, 그리고 문자를 추가하는 방법을 보여주고, 일반적인 그래픽 설정 가운데 일부를 변경시키는 방법을 보여주는 것으로 설명을 마칠 것이다.

3.3.1 그림 영역과 여백 지정

R에서 기초 그래프는 나타낼 것들을 여러 영역으로 분배한다. 그림 영역(Plot region)은 데이터가 그려지는 위치이다. R은 그림 영역 안에 데이터에 근거한 좌표계를 유지한다. 축들

은 좌표계를 대표한다. 그림 영역 밖에 밑바닥부터 시작해서 시계방향으로 1부터 4까지 번호가 붙여진 여백들이 분배된다. 통상적으로 문자와 라벨은 여백에 그려지며, R은 그림 영역의 바깥쪽으로 선의 개수에 근거해서 객체의 위치를 결정한다. 그림 3.14는 기초 그래프의 그림 영역을 자세하게 보여준다. (그래프를 생성하는 코드는 예제 3.8에서 보여줄 것이다.)

그래프로부터 R이 라인 1(Line 1)에 눈금 레이블을 그리도록 선택된 것을 볼 수 있으며, 라인 3(Line 3)에는 여백이 그려진다.

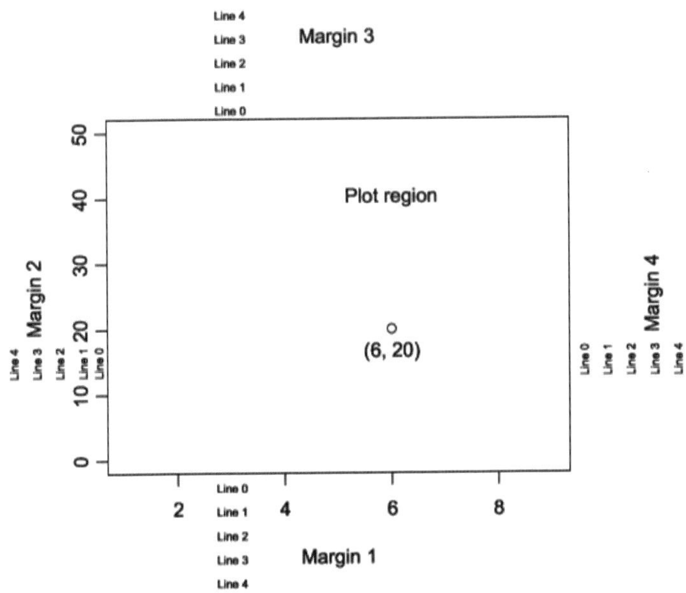

그림 3.14 기초 그래프의 그림 영역

3.3.2 구성 성분 추가

기존 그래프의 그림 영역에 구성 성분을 추가할 수 있는 몇 가지 함수들이 있다.

```
points(x, y, ...)                # 점 추가
lines(x, y, ...)                 # 선분 추가
text(x, y, labels, ...)          # 문자 추가
abline(a, b, ...)                # $y = a + bx$ 선 추가
abline(h = y, ...)               # 수평선 추가
abline(v = x, ...)               # 수직선 추가
polygon(x, y, ...)               # 막히고 채워진 다각형 추가
segments(x0, y0, x1, y1, ...)    # 선분 그리기
arrows(x0, y0, x1, y1, ...)      # 화살표 그리기
symbols(x, y, ...)               # 원, 정사각형, 온도계 등 그리기
legend(x, y, legend, ...)        # 범례 그리기
```

이 함수의 선택적 변수는 색상, 크기, 그리고 추가되는 성분의 특징을 구체적으로 명시한다.

예제 3.7

다시 한 번 Orange 데이터 세트를 고려해 보자. 나무의 종류별로 다른 그래픽 특징을 주는 것 외에 각각의 오렌지 나무에 상응하는 점들에 최적선(즉, 최소제곱 회귀선)을 통과시킬 것이다. 기본적인 산점도는 다음 코드로부터 얻어진다.

```
plot(circumference ~ age, pch = as.numeric(as.character(Tree)),
     data = Orange)
```

5개의 오렌지 나무에 대한 최적선은 각 나무의 둘레와 나이를 관련짓는 lm() 함수를 이용해서 얻어질 수 있다. 각기 다른 나무로부터 유래된 데이터 점을 식별하기 위하여 범례가 추가되었다.

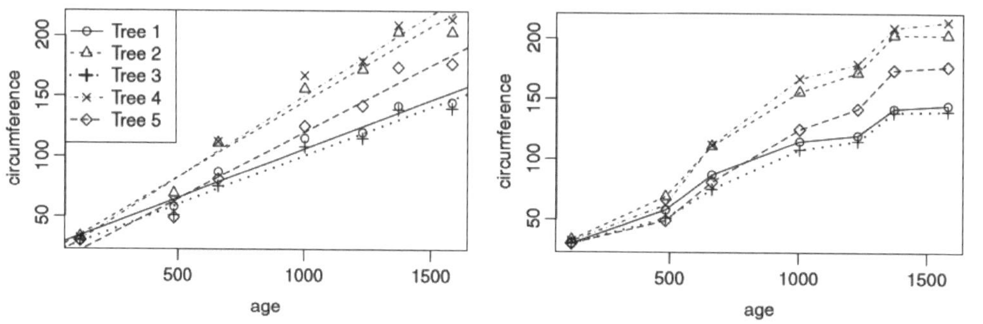

그림 3.15 나무마다 다른 유형의 추세선을 입힌, 5개 오렌지 나무의 둘레 대 나이 산점도

```
abline(lm(circumference ~ age, data = Orange, subset = Tree == "1"),
       lty = 1)
abline(lm(circumference ~ age, data = Orange, subset = Tree == "2"),
       lty = 2)
abline(lm(circumference ~ age, data = Orange, subset = Tree == "3"),
       lty = 3, lwd = 2)
abline(lm(circumference ~ age, data = Orange, subset = Tree == "4"),
       lty = 4)
abline(lm(circumference ~ age, data = Orange, subset = Tree == "5"),
       lty = 5)
legend("topleft", legend = paste("Tree", 1:5), lty = 1:5, pch = 1:5,
       lwd = c(1, 1, 2, 1, 1))
```

그림 3.15의 왼쪽 그래프는 결과로 얻어지는 선을 보여주며, 오른쪽 그래프는 최소제곱 회귀선을 구하지 않고, `lines()` 함수를 이용하여 또 다른 방법으로 데이터를 보여준다. 나머지 자세한 사항은 여러분을 위해 연습문제로 남겨둔다.

그림 영역 바깥에 그래프에 주석을 달고 싶을 때, 다음 함수를 이용할 수 있다.

```
title(main, sub, xlab, ylab, ...)           # 주 제목, 소 제목, x-축 레이블
                                            # 그리고/또는 y-축 레이블 추가
mtext(text, side, line, ...)                # 여백에 문자 그리기
axis(side, at, labels, ...)                 # 그래프에 축 추가
box(...)                                    # 그림 영역 주위에 상자 추가
```

예제 3.8

그림 3.14는 다음 코드를 이용해서 그려졌다.

```
par(mar = c(5, 5, 5, 5) + 0.1)
plot(c(1, 9), c(0, 50), type = "n", xlab = "", ylab = "")
text(6, 40, "Plot region")
points(6, 20)
text(6, 20, "(6, 20)", adj = c(0.5, 2))
mtext(paste("Margin", 1:4), side = 1:4, line = 3)
mtext(paste("Line", 0:4), side = 1, line = 0:4, at = 3,  cex = 0.6)
mtext(paste("Line", 0:4), side = 2, line = 0:4, at = 15, cex = 0.6)
mtext(paste("Line", 0:4), side = 3, line = 0:4, at = 3,  cex = 0.6)
mtext(paste("Line", 0:4), side = 4, line = 0:4, at = 15, cex = 0.6)
```

코드 이해하기

모든 여백이 바닥 여백(가장자리 1)과 같은 넓이가 되도록, mar 매개변수는 가장자리 2, 3, 그리고 4에 여백의 라인 번호를 지정한다. `type = "n"` 그래프는 아무것도 보여주지 않지만, 기본적으로 수평축으로 1부터 9까지 그리고 수직축으로 0부터 50까지의 그림 영역의 범위를 명시한다. `text()`와 `mtext()` 함수는 R에게 "Plot region"처럼 주어진 문자를 넣을 위치를 알린다. `paste("Line", 0:4)` 함수를 이용하면 `c("Line 0", "Line 1", "Line 2", "Line 3", "Line 4")`으로 입력하는 번거로움을 피할 수 있다.

3.3.3 축, 눈금, 레이블 조정

그림 3.16에 islands 데이터 세트의 히스토그램이 밑수-10 로그 척도로 구축되었다. 축 눈금 레이블이 정확하게 보이지만, 그런 히스토그램을 보는 대부분 사람은 "몇 개의 대륙이 100,000mi^{2}을 초과하는 면적을 갖는가?"처럼 간단한 질문에 답하려고 정보를 파악하는 데 시간이 필요할 수 있다.

그림 3.16에서 axes = FALSE를 사용해서 축은 처음에 제거되었다. 이 인수는 상자도 제거하므로 box() 함수를 이용해서 상자를 대체한다. 그러면 수평축은 4, 5, 6, 그리고 7 레이블로 다시 그려지며, 이 값은 제곱마일 척도로 10^4, 10^5, 10^6, 그리고 10^7에 상응한다. 더 빠르게 구현할 수 있는 선택 사양 labels = 10^(4:7)으로 과학적 표기법을 사용할 수 있기 때문에, labels 변수에 문자열을 자세히 쓸 수 있었다.[2]

```
hist(log(1000*islands, 10), axes = FALSE, xlab = "Area (in sq. miles)",
     main = "Areas of the World's Largest Islands")
box()
axis(side = 1, at = 4:7, labels = c("10,000", "100,000", "1,000,000", "10,000,000"))
axis(side = 2)
```

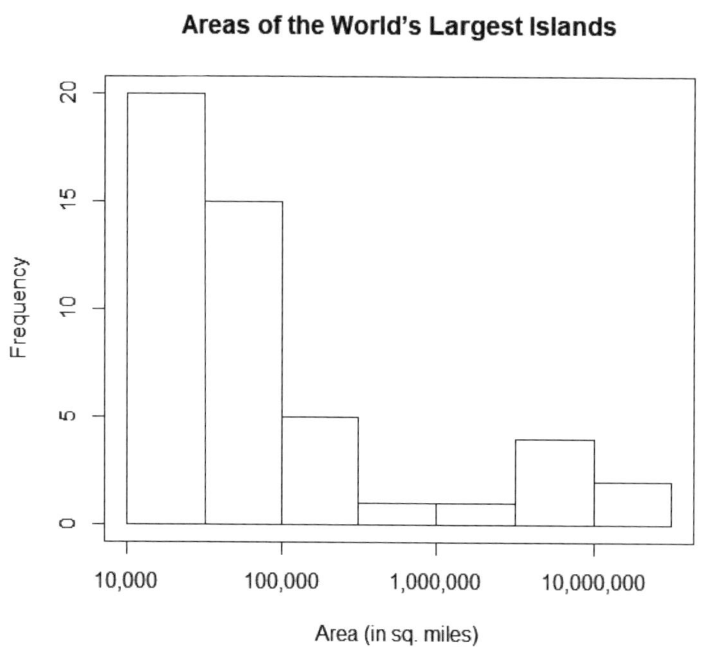

그림 3.16 전문가가 아닌 사람들도 쉽게 읽을 수 있는 축 레이블과 밑수-10 로그 척도로 구축된 대륙 면적의 히스토그램

2 format() 함수는 이런 작업을 자동으로 처리할 수 있는 선택 사양을 포함하고 있다.

부수적으로 13개 대륙의 면적이 정확하게 100,000 제곱마일을 초과하는 것을 빠르게 확인할 수 있었다.

예제 3.9

각기 다른 상표의 베어링을 사용한, 5개 모터 표본에 대하여 모터 진동(소음)이 측정되었다. 상표에 따라 평균 진동에 차이가 있는지에 관심이 집중된다. 데이터는 다음과 같이 (MPV 패키지에 포함된) motor로 불리는 데이터 프레임에 저장된다.

```
motor
   Brand 1  Brand 2  Brand 3  Brand 4  Brand 5
1     13.1     16.3     13.7     15.7     13.5
2     15.0     15.7     13.9     13.7     13.4
3     14.0     17.2     12.4     14.4     13.2
4     14.4     14.9     13.8     16.0     12.7
5     14.0     14.4     14.9     13.9     13.4
6     11.6     17.2     13.3     14.7     12.3
```

우리의 목적은 나란히 배열된 상자 그림을 그리고, 진동의 차이를 비교하는 것이다. 다음 코드를 이용하면 (보이지는 않지만) 기본 그림이 생성된다.

```
boxplot(motor)
```

기본 설정이 제공하는 것보다 나은 축 레이블과 제목이 요구된다. 그려진 그래프를 볼 때 소제목도 도움이 된다. 다음 코드를 실행한 결과는 그림 3.17에 나와 있다.

```
boxplot(motor, ylab = "Vibration", axes = FALSE)
title("Motor Vibration Data")
mtext("The Effects of Different Bearings", side = 3, line = 0)
box()
axis(side = 2, las = 2)
axis(side = 1, at = 1:5, label = names(motor))
```

› 코드 이해하기

축 주석을 조절하기 위하여 우선 axes = FALSE 변수를 이용하여 축을 제거하였다. 그렇게 하면 그림을 포함하는 축뿐 아니라 상자도 제거한다. 이전 예제에서처럼 상자는 `box()`

함수를 이용하여 다시 그릴 수 있다. 축은 at 위치에 눈금 레이블을 배치하는 axis() 함수를 이용하고 선택한 이름으로 매개변수 label을 이용해서 다시 그릴 수 있다. 수직축에 눈금 레이블을 회전시키기 위하여 las 매개변수도 사용하였다.

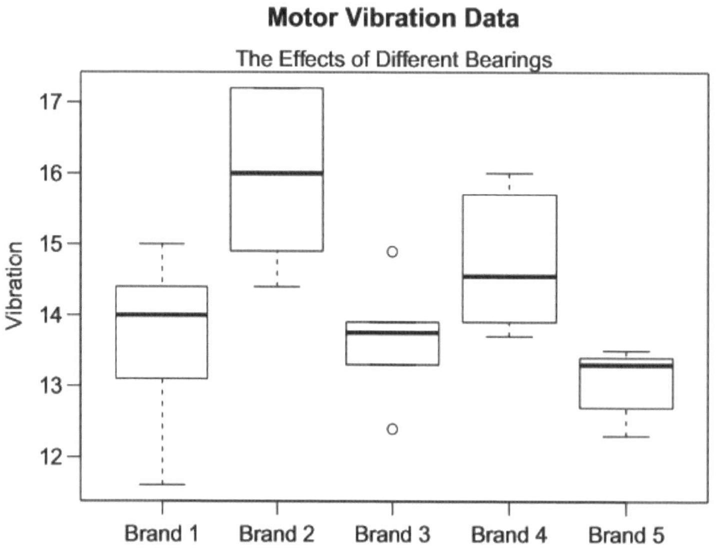

그림 3.17 나란히 배열된 모터 진동 데이터의 상자 그림

3.3.4 매개변수 설정

새 그래프를 생성할 때 전반적인 특성을 지정하기 위한 2번의 기회가 있다. 첫 번째는 그래픽 장치가 열릴 때이다. 일반적으로 R은 기본 설정된 매개변수를 이용하여 자동으로 화면을 열지만, 사용자는 꼭 필요한 대로 설정해서 명시적으로 그래픽 장치를 열 수 있다. R에서 출력이 저장된 파일을 불어오는 그래픽 장치들은 다음과 같다.

```
pdf(...)            # PDF 출력을 위해
png(...)            # PNG 비트맵 출력을 위해
jpeg(...)           # JPEG 비트맵 출력을 위해
postscript(...)     # Postscript 출력을 위해
```

유효한 매개변수에 대한 정확한 세부사항을 파악하기 위하여 함수들 각각에 대한 도움말 페이지를 참고해야 할 것이다. 매개변수들은 그림의 크기, 배경 색상 등을 통제한다.

장치가 열린 다음에 다른 그래픽 매개변수는 par(...) 함수를 이용해서 지정될 수도 있

다. 이 함수는 아주 많은 매개변수를 통제한다. 여기서는 약간의 매개변수만 다룰 것이다. 전체 목록은 도움말 페이지를 참조하라.

```
mfrow = c(m, n)             # 각 그림의 해당 페이지로 옮겨가는 대신,
                            # mxn 행렬에 그림들을 그릴 수 있게 구획을 생성한다.
mfg = c(i, j)               # i번째 행과 j번째 열에 다음 그림을 그려라.
ask = TRUE                  # 어떤 그림을 지우지 전에 사용자가 확인할 수 있게 한다.
cex = 1.5                   # 그림 영역에 문자를 확장한다.
                            # 여백 문자(Margin text)를 위해서 cex.axis 등을 사용한다.
mar = c(m1, m2, m3, m4)     # 그림 여백의 크기를 설정한다.
oma = c(m1, m2, m3, m4)     # 바깥쪽 여백(그림 배열의 바깥쪽)을 설정한다.
usr = c(x1, x2, y1, y2)     # 그림 내에 좌표계를 설정한다.
```

다양한 형식으로 변수를 취하도록 `par()` 함수가 지정되었다. 문자열을 입력하면(예: `par("mfrow")`), `par()` 함수는 그래픽 매개변수의 현재 값을 반환할 것이다. 그림 3.13처럼 명명된 변수를 포함하면(예: `par("mfrow = c(1, 4)")`), 해당 매개변수를 지시대로 지정할 것이며, 이전 값은 `list`에 표시될 것이다. 입력으로 `list`를 이용해서 여러 매개변수를 한 번에 지정할 수 있다.

예제 3.10

그림 3.10은 `par()` 함수에 `list`를 사용해서 다른 그래픽 매개 변숫값을 지정한 것을 보여준다. 이 경우 각 그림이 더 크게 보이도록 기본값보다 작은 넓이의 여백으로 3×2 행렬로 배치된 그림이 얻어졌다. 특히 제목 등 동일 성분들의 여백이 아주 적은 공간이 되도록 위쪽과 오른쪽 여백은 0.1로 지정되었다. 아래쪽 여백은 2.5로 그리고 왼쪽 여백은 2.1로 지정되었으며, 이 값은 축 눈금 레이블이 그려지기에 아주 충분한 값이다. 기본값으로 설정된 축 레이블은 그렇게 좁은 여백에 적절치 않다. 그림 3.18에 대한 코드는 다음과 같다.

```
par(list = list(mfrow = c(3, 2), mar = c(2.5, 2.1, 0.1, 0.1)))
Z <- rnorm(1000)
hist(Z, main = "")
hist(Z, breaks = "Freedman-Diaconis", main = "")
plot(density(Z), main = "")
boxplot(Z)
qqnorm(Z, main = ""); qqline(Z)
ts.plot(Z)
```

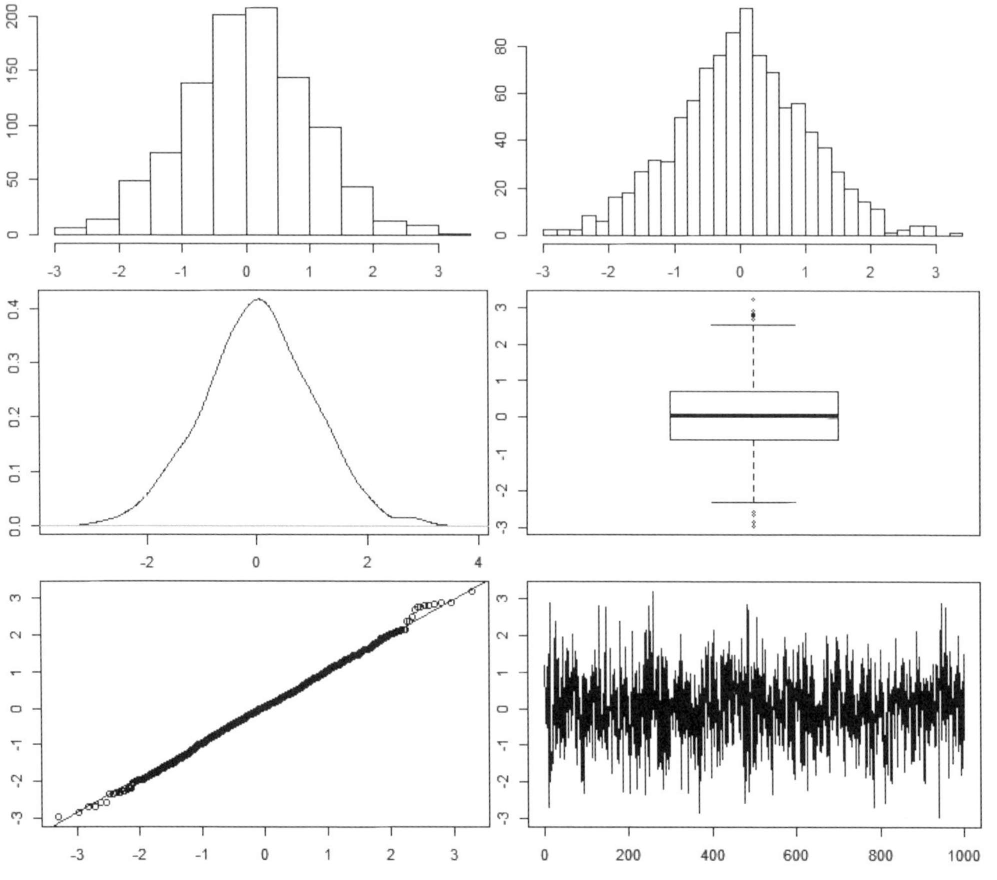

그림 3.18 정규적으로 분포된 통계변수 표본의 시뮬레이션을 6가지 형식으로 다르게 보여주며, 그래픽 매개변수를 지정했을 때 list가 사용된 예를 자세히 보여준다.

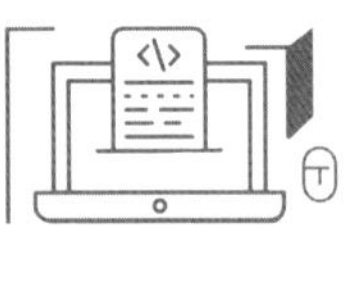

[연습문제]

1. 그림 3.15의 오른쪽 패널에 그림을 생성하는 코드를 써라. 그림의 오른쪽 하단 모서리에 적절한 범례를 추가하라.

2. 그림 3.18에 보이는 것과 유사한 집합의 그래픽 매개변수를 이용하여 그림을 그려라. 단, "Histogram-Sturges", "Histogram-FD", "DensityEstimate", "Boxplot", "QQPlot", 그리고 "Trace Plot"의 제목들이 각각 들어갈 충분한 공간을 확보하라.

3. 그림 3.18의 그림을 개조하라. 단, 예제에서처럼 Z가 정규적으로 분포된 통계변수의 시뮬레이션일 때, 6개의 그래픽 함수를 $X=Z^2$로 정의되는 변수, X에 적용하라. 그림에서 볼 수 있는 변화를 설명하라. (변수 X는 자유도 1인 카이-제곱 통계변수의 한 예이다.)

4. 이전 문제를 참고하라. 또 다른 집합의 그래픽 매개변수를 이용하여 그림 3.18의 6개 그림을 구축하라. 단, 이번에는 EuStockMarkets 데이터 세트에 적용한다.(즉, `Z <- EuStockMarkets`일 때, 그림 3.18의 코드를 Z에 적용한다.) 결과를 논하고, `summary()` 함수를 이용하여 보다 상세하게 관찰하라. 6개 그림 중에서 이 데이터 세트를 가장 우수하게 표현하는 것은 어떤 그림이며, 어떤 그림이 유용성에 한계가 있을 수 있는가?

3.4 다른 그래픽 시스템

고전적 그래프 이외에 R에서 지원되는 다른 많은 그래픽 시스템들이 있다. 이들 모두는 풍부한 시스템이며, 자세하게 논의되지 않을 것이지만 각 시스템의 특징을 논의할 것이다.

3.4.1 ggplot2 패키지

Hadley Wickham이 개발한 ggplot2 패키지는 "그래픽 문법(Grammar of graphics)"에 기초한다. 통계 프로그램은 의미를 전달하는 언어라는 발상, 그리고 이런 언어에서 사용되는 단어는 그래프와 그래픽 성분이라는 개념에 근거한다. 페이지에 그래프가 어떻게 표현될 것인지를 설명하는 대신, 코드는 전달하려는 메시지를 나타낸다.

예제 3.11

이 장의 첫머리에서 세계 주요 지역의 전화기 데이터를 표현하기 위하여, 다음 코드를 사용했다.

```
library(ggplot2)
WorldPhones51 <- WorldPhones[1,]
region <- names(WorldPhones51)
phones51 <- data.frame(Region = factor(region, levels = region),
                       Telephones = WorldPhones51)
ggplot(phones51, aes(Region, Telephones)) + geom_bar(stat = "identity")
```

이 코드는 x축에 `names()` 함수를 이용해서 이름을 지정하고 y축에 막대그래프를 이용하여 값을 나타내길 원한다고 말하고 있다. 막대그래프로 표시할 통계 매개변수의 인수는 "identity", 즉 값 자체일 뿐이다. 결과는 그림 3.19에 나타나 있다.

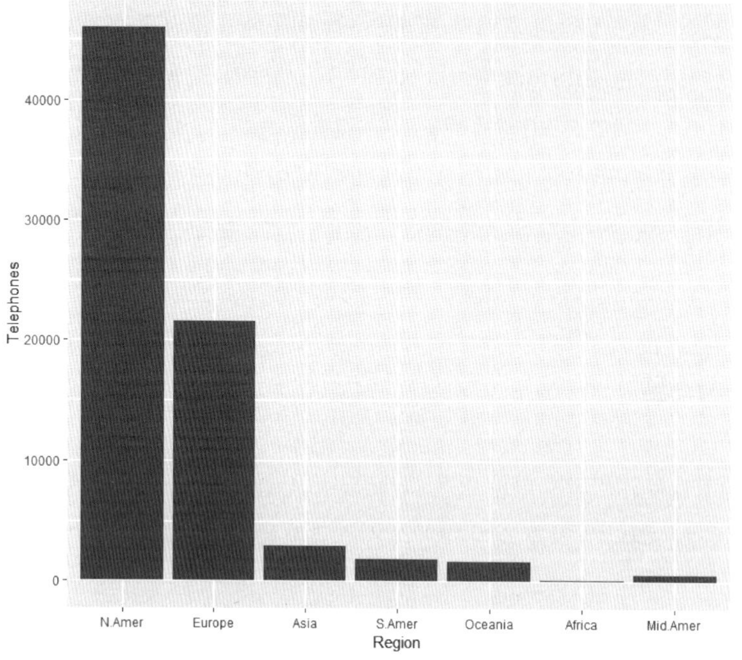

그림 3.19 `ggplot2` 패키지를 이용해서 그림 3.1을 재구성.

`ggplot2` 패키지는 매우 풍부한 방법을 사용해서 그래프를 나타낸다. 유감스럽게도 여기서 그런 방법을 설명할 공간이 없다. 관심 있는 독자는 근본 이론을 위하여 Wilkinson의 *The Grammar of Graphics* 그리고 ggplot2 구현을 위하여 Wickham의 *ggplot2: Elegant Graphics for Data Analysis*를 참고해야 한다.

3.4.2 lattice 패키지

`lattice` 패키지는 R을 위한 또 다른 그래픽 시스템이다. 이 패키지는 다변량 데이터를 나타내려는 발상에 근거하며, 복수의 부분 집합 데이터에 대해 반복적으로 유사한 그래프를 구현할 때 요구되는 노력을 줄여준다.

예제 3.12

그림 3.20에서처럼 WorldPhones 데이터 세트에 대해 시간에 따른 세계 주요 지역에 전화기 사용의 동향을 파악하기 위하여, 다음과 같은 코드를 실행할 수 있다.

```
library(lattice)
phones <- data.frame(Year = as.numeric(rep(rownames(WorldPhones), 7)),
                     Region = rep(colnames(WorldPhones), each = 7),
                     Telephones = as.numeric(WorldPhones))
xyplot(Telephones ~ Year | Region, data = phones)
```

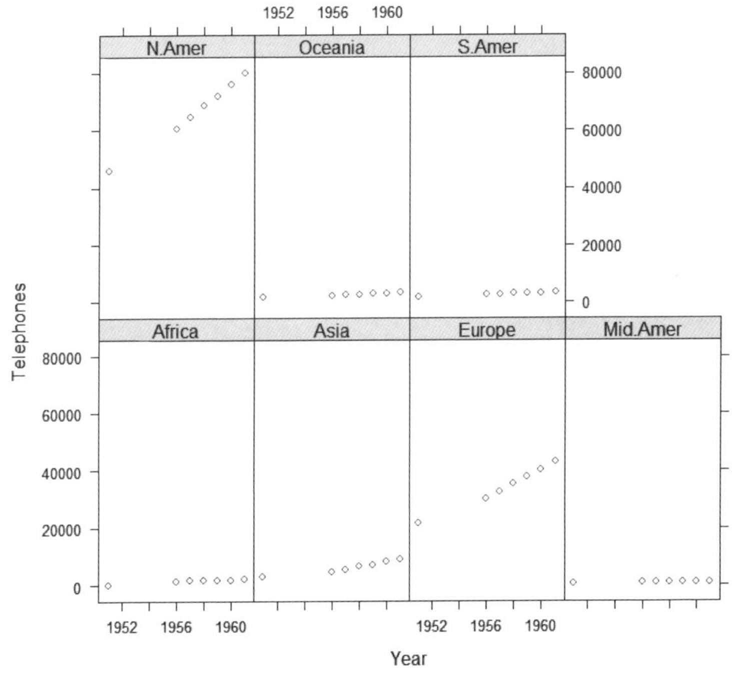

그림 3.20 `lattice` 패키지를 이용해서 나타낸 전화기 사용의 동향.

❯ 코드 이해하기

우선 행렬을 데이터 프레임으로 변환한다. Telephones ~ Year | Region 공식은 지역(Region)별로 연도(Year)에 대해 TelePhones(전화기의 수)를 표현하도록 전달한다.

`lattice` 패키지에 대한 자세한 설명을 위하여 독자들에게 Sarkar의 *Lattice: Multivariate Data Visualization with R*를 소개한다.

3.4.3 grid 패키지

ggplot2와 lattice 모두 grid 패키지를 이용해서 시행될 수 있다. 이 패키지는 이전에 논의했던 고전 그래픽 시스템과 다른 심적 모형(Mental model)을 사용한다. 차트는 관련 좌표계("보임창(Viewports)")를 포함하는 직사각형 영역 내 (grid 패키지에서 "grobs"을 호출하는) 그래픽 객체의 계층으로 여겨진다. 이 심적 모형은 고전 그래픽 시스템에서는 실제로 할 수 없는, 그래픽 객체를 변형시키고 수정할 수 있게 한다.

예제 3.13

다음은 grid 패키지를 이용해서 기본적인 보임창을 구현한 코드이며, 결과는 그림 3.21에 나타나 있다.

```
library(grid)
grid.rect()                       # 본래 보임창을 포함하는 검은색 직사각형을 그린다.
vp <- viewport(h = .4, w = .6, angle = 60)
pushViewport(vp)                  # 본래 보임창의 40% 높이와 60% 넓이로
                                  # (시계반대 방향으로 60도 회전된 보임창을 생성한다.
grid.rect(gp = gpar(col = "red"))
                                  # 새 보임창 주위에 빨간색 직사각형을 그린다.
pushViewport(vp)                  # 이전 보임창을 60도 회전시키고, 이전 보임창의 40%
                                  # 높이와 60% 넓이로
                                  # 이전 보임창과 중첩된 새로운 보임창을 그린다.
grid.rect(gp = gpar(col = "blue")) # 보임창 주위에 푸른색 직사각형을 그린다.
```

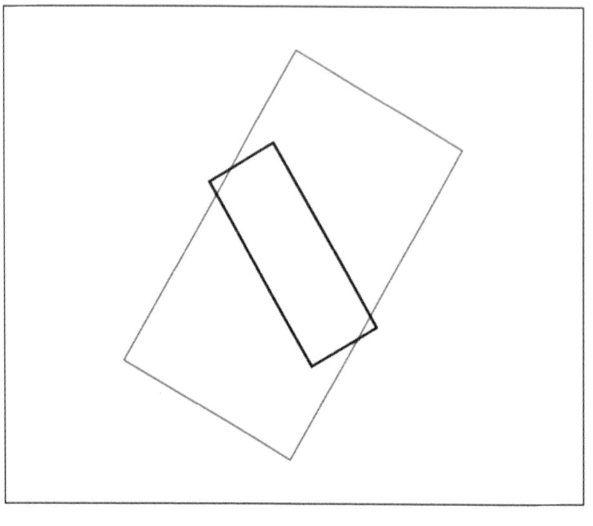

그림 3.21 grid 패키지를 이용해서 회전 보임창 효과를 보여주는 간단한 시연.

> 코드 이해하기

우선, 본래 보임창(1×1 척도의 정사각형)을 포함하는 직사각형을 그린다. 그리고 0.4 척도의 높이와 0.6 척도의 넓이를 갖는 보임창을 시계반대 방향으로 60도 회전시켜서, 흐린 색 테두리의 직사각형 보임창을 나타낸다. 마지막으로 이전에 그린 보임창 크기의 40% 높이와 60% 넓이를 갖는 직사각형을 추가로 60도를 더 회전시키는 동작을 반복한다. 크기가 작은 검은색 테두리의 직사각형은 새로운 보임창의 틀을 나타낸다.

그래프에 `grid` 패키지를 활용했을 때의 강력함에 대해 자세히 알아보려면, 예제 4.5를 참고하라. `grid`를 배우는 데 관심이 있으면 Murrell의 *R Graphics*을 추천한다.

3.4.4 대화형 그래프

지금까지 논의했던 그래픽 시스템은 일반적으로 한 페이지에 인쇄된 정적 그래프를 위해 고안되었다.

`rgl` 패키지는 3차원, 회전식 디스플레이(Rotatable displays)를 위해 고안되었다. 이 패키지는 그래프를 설정하기 위하여 고전 그래픽 시스템을 본떠 만든 함수와 화면 또는 웹페이지에 그래프를 나타내는 방법들도 포함한다. 다음 장의 예제 4.2에서 `rgl` 패키지 사용법을 보여줄 것이다.

`leaflet` 패키지는 웹브라우저용 자바스크립트로 작성된 Leaflet 라이브러리에 대한 인터페이스를 제공한다. 특별히 RStudio와 잘 통합되어 있다.

예제 3.14

RStudio에서 다음 코드를 실행하면, New Zealand의 Auckland 시의 특정 위치에 표지자가 있는 대화형 지도가 보일 것이다.

```
library(leaflet)
leaflet() %>%
    addTiles() %>%
    addMarkers(lng = 174.768, lat = -36.852, popup = "The birthplace of R")
```

> 코드 이해하기

`%>%` 기호는 `magrittr` 패키지에서 온 것이다. $f(x, y)$으로 함수를 호출하는 대신 `x %>% f(y)`

으로 입력한다. (위 예제에서처럼) 때때로 이 기호는 동등한 표준 표기법보다 더욱 가독성이 우수한 코드로 이어진다. 따라서 `leaflet` 실행 결과를 나타낸 다음, 맵타일(map tiles)을 추가하고, Auckland의 위치에 표지자를 추가하도록 이 코드를 지시문으로 읽어야 한다.

`rgl`과 `leaflet` 패키지 이외에 다양한 부류의 대화형 그래프를 제공하는 다른 패키지들도 많다.

3장 실전문제

1. islands 데이터 세트를 이용해서 다음 코드를 실행해 보라.

```
hist(log(islands,10), breaks = "Scott", axes = FALSE, xlab = "area",
                        main = "Histogram of Landmass Areas")
axis(1, at = 1:5, labels = 10^(1:5))
axis(2)
box()
```

(a) 위 코드의 각 단계에서 어떤 일이 일어나는지 설명하라.

(b) 그래프에 부제목 "Base-10 Log-Scale"를 추가하라.

(c) 코드를 수정해서 Scott 규칙 대신에 Sturges 규칙을 사용하라. 이 문제의 경우 `round()` 함수를 사용할 필요가 없다.

2. 다시 pressure 데이터 세트를 생각해 보자.

(a) temperature에 대해 pressure 그래프를 그린 다음, 다음 명령을 이용해서 데이터를 통과하는 곡선을 추가하라.

```
curve((0.168 + 0.007*x)^(20/3), from = 0, to = 400, add = TRUE)
```

(b) 이제 멱변환(Power transformation) $y^{3/20}$을 압력 데이터에 적용하고, temperature에 대해 변환된 pressure 값을 도시하라. 선형 또는 비선형 관계가 뚜렷이 드러나는가? `abline()` 함수를 이용하여 점들을 통과하는 직선을 추가하라. (이 경우 절편과 기울기가 필요하며, 적합한 값을 구하려면 이 문제의 앞부분을 참고하라.)

(c) 그래프에 적합한 제목을 추가하라.

(d) 위 그래프들을 다시 생성하라. 단, 그래프 페이지에 2×1 행렬 배치로 그래프들을 나타내도록 `mfrow()` 함수를 사용하라. 1×2 행렬 배치를 사용해서 다시 한 번 작업을 반복하라.

3. `xyplot()` 함수를 이용해서 나무별로 하나씩, 연속적인 5개의 패널에 오렌지 나무 데이터를 나타내라.

4장

R 프로그래밍

프로그래밍은 단순한 명령보다 상대적으로 복잡한 명령 체계를 작성하는 것을 포함한다. 프로그래밍에는 2가지 광범한 문체가 사용된다. (예를 들어 R에서 사용되는) 명령문 문체(Imperative style)는 컴퓨터가 해야 할 일을 전달하는 지시문들을 함께 묶는다. (예를 들어 웹페이지의 HTML 문서에서 사용되는) 선언형 문체(Declarative style)는 명령이 진행되는 절차를 세부적으로 밝히지 않고, 다만 최종 결과에 대한 설명을 포함한다. 이들 각 광범한 문체는 많은 하위 부분으로 나누어지며, 주어진 프로그램은 그들 중 일부의 측면을 포함한다. 예를 들어 R 프로그램은 다른 가능성들 중에서 (어떤 단계에서 작업이 성취되는지를 기술하는) 절차적일 수 있고, (자급식 패키지(Self-contained packages)로 나누어진) 모듈식일 수도 있고, (복잡한 객체에 대한 동작들을 기술하기 위해 체계화된) 객체 지향적일 수도 있고, 그리고/또는 (외적으로 부작용이 없이, 구체적 계산을 하는 함수의 모음으로 정리된) 함수적일 수도 있다. 이 책에서는 프로그래밍의 절차적 측면에 집중할 것이다.

1장에서 설명한 바와 같이 R 서술문은 주로 평가할 표현들로 이루어진다. 대부분의 프로그램은 매우 반복적이지만 반복량은 입력에 따라 다르다. 서술문이 반복되는 횟수를 통제하는 몇 가지 흐름 제어문을 설명하는 것으로 이 장을 시작할 것이다.

4.1 흐름 제어

4.1.1 for() 반복문

이 책의 목표 중 하나는 추계적 시뮬레이션(Stochastic simulation)을 소개하는 것이다. 시뮬레이션은 흔히 반복적이므로, 단 한 가지 사례가 아니라 동작하는 패턴을 보기 원한다.

`for()` 반복문은 어떤 동작을 정해진 횟수만큼 반복해야 한다는 것을 명시하게 해준다.

문법

```
for (name in vector) { commands }
```

차례차례로, vector의 각 성분에 상응하는 name 변수를 지정한다. 각 값에 대하여 중괄호 내에 나열된 명령이 무엇이든 수행된다. 중괄호는 R이 단일 명령으로 다루도록 명령들을 그룹화하는 역할을 한다. 하나의 실행 명령만 있다면 중괄호는 필요하지 않다.

예제 4.1

$n!$ 계승은 n개의 각기 다른 객체들을 주문할 수 있는 방법의 수를 세며, 다음과 같이 정의된다.

$$n!=1\cdot 2\cdot 3\ldots(n-1)\cdot n$$

$n!$을 계산하는 한 가지 방법은 `for()` 반복문을 사용하는 것이다. 예를 들어 다음 코드를 사용해서 100!의 값을 구할 수 있다.

```
n <- 100
result <- 1
for (i in 1:n)
    result <- result * i
result
[1] 9.332622e+157
```

> 코드 이해하기

첫 번째 라인은 n으로 명명된 변수를 100으로 지정하며, 2번째 라인은 변수 result를 1, 즉 어떤 항도 갖지 않는 곱으로 초기화한다. 3번째 라인은 `for()` 반복문을 시작해서, 변수 i는 연속해서 1,2,..., n 값으로 지정될 것이다. 4번째 라인은 각 단계에서 result에 i를 곱하고, 마지막 라인은 결과를 인쇄한다.

R에 내장된 `factorial()` 함수도 있으며, `for()` 반복문보다 훨씬 빠르다. 그러나 많은 경우에 자신만의 반복문을 작성하고 싶을 것이다.

예제 4.2

1960년대에 IBM은 System/3650으로 부르는 대형 컴퓨터를 팔았다.(여기서 대형은 컴퓨터 크기가 커서 하나가 방 하나를 꽉 채운다는 의미이다.) 일부 프로그램은 예측할 수 없는 숫자가 필요해서 (RANDU라고 부르는) 다음과 같은 계책을 사용했었다.

- 포괄적으로(Inclusive) 1과 $2^{31}-1$ 사이에 홀수 정수 x로 시작한다.
- x에 65539를 곱한 다음, 2^{31}로 나누었을 때 나머지를 취한다.(이 숫자들은 특히 단순한 이진 표현법이어서, 이런 계산은 매우 빠르다.) 그러면 새로운 x값이 얻어진다.
- 어느 정도 예측할 수 없는 숫자가 생성될 때까지 반복한다. 그리고 2^{31}으로 나눈 다음, 0부터 1까지의 등급에 넣는다.

여기서 for() 반복문을 이용해서 RANDU를 시행할 수 있다. 1000개의 예측 불가능한 수를 원한다고 가정하면, 다음과 같이 코드를 입력한다.

```
results <- numeric(1000)
x <- 123
for (i in 1:1000) {
   x <- (65539*x) %% (2^31)
   results[i] <- x / (2^31)
}
```

코드 이해하기

첫 번째 라인에 결과를 나타낼 벡터를, 2번째 라인에 "시드(Seed)" 값을 지정한다. 3-6 라인에 for() 반복문은 x값을 업데이트한 다음, 2^{31}으로 나누고, 결과를 벡터에 저장한다. 1부터 1000까지 입력해서 이 작업을 반복한다.

1부터 1000에 대해 결과를 도시했을 때, RANDU 작업이 잘 된 것처럼 보인다(그림 4.1).

```
plot(1:1000, results)
```

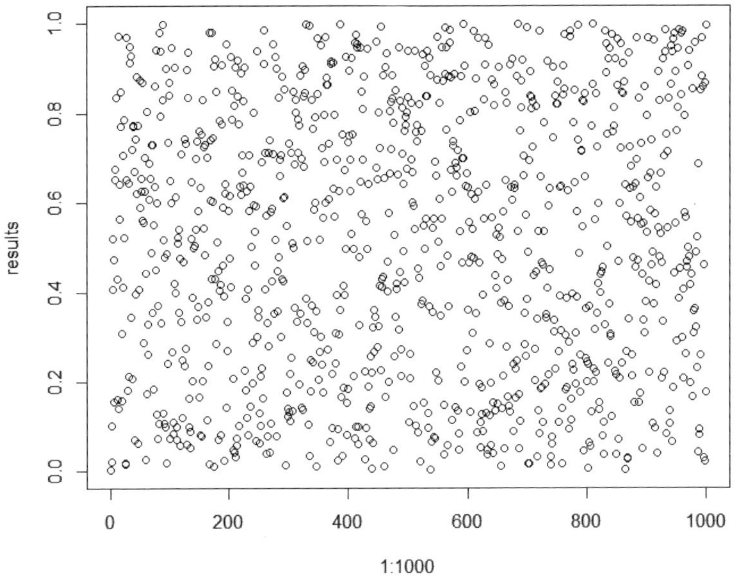

그림 4.1 RANDU 알고리즘으로부터 얻은 1000개의 값.

시드값을 변경하면 결과는 다른 패턴으로 보일 것이며, RANDU가 사용되었다는 것을 모르면 패턴을 예측하기 어렵다. RANDU는 몇 년 동안 발견되지 않았던 치명적인 결함을 가지고 있으나, 현대 컴퓨터 그래픽 시스템으로 명백해진다. 모든 연속적인 세 숫자는 1×1×1 정육각형의 작은 부분집합으로 보이기 때문에 연속적인 2개의 값을 알면 다음 숫자를 바람직하게 예측할 수 있다. 3.4.4절에서 언급한 `rgl` 패키지를 사용해서 세 번째 값을 구할 수 있다.

```
library(rgl)
plot3d(results[1:998], results[2:999], results[3:1000])
```

여기서 연속적인 세 숫자를 3차원의 점으로 도시하였다. 스스로 이 작업을 구현하면서 결과를 회전시킬 수 있으며, 어떤 방향의 결과는 매우 두드러진 패턴을 보여주는 것을 확인할 수 있다. 시도해 보라!

예제 4.3

피보나치 수열(Fibonacci sequence)은 수학에서 잘 알려진 수열이다. 처음 두 요소는 [1, 1]으로 정의된다. 그 다음 요소는 앞선 두 요소의 합으로 정의된다. 예를 들어 3번째 요소는

2(=1+1), 4번째 요소는 3(=1+2), 5번째 요소는 5(=2+3), 기타 등등.

R에서 다음 코드를 이용해서, 처음 12개의 피보나치 수를 얻을 수 있다.

```
Fibonacci <- numeric(12)
Fibonacci[1] <- Fibonacci[2] <- 1
for (i in 3:12)
   Fibonacci[i] <- Fibonacci[i - 2] + Fibonacci[i - 1]
```

코드 이해하기

첫 번째 명령줄은 길이 12의 수치형 벡터 Fibonacci를 지정한다. 이 벡터는 12개의 0으로 이루어진다. 2번째 명령줄은 Fibonacci의 처음 2개 요소를 1로 갱신한다. 피보나치 수열을 정의하는 규칙에 따라 3번째 명령줄은 3번째, 4번째 요소 등을 갱신한다. 특히 Fibonacci[3]은 Fibonacci[1] + Fibonacci[2], 즉 2로 할당된다. Fibonacci[4]은 값이 3인, Fibonacci[2] + Fibonacci[3]으로 할당된다. `for()` 루프는 이런 방법으로 3번째부터 12번째 수열 요소를 갱신한다.

모든 12개 값을 보려면, 다음과 같이 입력한다.

```
Fibonacci
[1] 1 1 2 3 5 8 13 21 34 55 89 144
```

예제 4.4

자동차 판매업자가 \$20,000 가격의 신차를 판매하기 위하여 2가지를 옵션을 홍보한다. 첫 번째 옵션은 고객이 선불로 돈을 지급하고 \$1,000를 환불받는 것이다. 2번째 옵션은 고객은 한 달 후부터 20개월 동안 매달 \$1,000씩 갚는 "무이자 할부"이다.

옵션 1에 대한 차의 실효가격은 실제로 \$19,000이며, 따라서 자동차 판매업자는 옵션 2에 얼마의 이율 i를 부과하는 것이다. 연금의 현재가치 공식을 이용하면 이율을 계산할 수 있다.

$$19000 = 1000\left(\frac{1-(1+i)^{-20}}{i}\right)$$

이 식의 양변에 i를 곱하고 19,000으로 나누면, 고정-소수점(Fixed-point) 형태의 문제가[1] 얻어진다.

$$i=(1-(1+i)^{-20})/19$$

i의 초기 추정치로 설정한 값을 식의 우변에 대입하면, 좌변에 "갱신된" i값을 얻을 수 있다. 예를 들어 $i=0.006$으로 시작했다면, 갱신된 i값은 다음과 같다.

$$i=(1-(1+0.006)^{-20})/19=0.00593$$

다시 갱신된 값을 식의 우변에 대입하면, 새로운 갱신 값이 얻어진다.

$$i=(1-(1+0.00593)^{-20})/19=0.005986$$

이런 유형의 고정-소수점 반복법은 대개 고정 소수점 문제의 해를 구했다고 확신할 때까지 많은 횟수의 반복 절차가 필요하다. 다음은 1,000회 반복 후에 해를 구하는 R 코드이다.

```
i <- 0.006
for (j in 1:1000)   {
    i <- (1 - (1 + i)^(-20)) / 19
}
i
[1] 0.004935593
```

예제 4.5

`for()` 반복문은 그래픽 프로그래밍에 사용될 수 있다. 그림 4.2는 격자 그래프의 맥락에서 반복적으로 구현되는 보임창(Viewports)에 `for()` 반복분이 사용되는 예를 분명하게 보여준다. 이 경우 100개의 보임창이 구현되며, 각각의 창은 이전 보임창의 높이와 넓이의 90%

1 고정점 문제는 일부 $f(x)$ 함수에 대하여, $x=f(x)$의 형태로 변형시켜 문제를 해결하려고 할 때 발생한다. 식이 양변에 미지값이 있다는 것을 명심하라.

인 높이와 넓이를 가지며, 각각의 창은 이전에 구현된 보임창에 비례하여 중심점(0.46, 0.5)에서 약간 벗어난 위치에 있다. 또한 각 보임창은 1에서 시작해서 반복 단계마다 1씩 증가시켜 늘어난 각도만큼 회전되었다. 단계마다 현재 보임창의 높이와 같은 지름을 갖는 원이 그려진다. 결과로 얻어지는 패턴은 단지 몇 가지 코드를 grid 패키지 그래프에 적용해서 얻어질 수 있는, 다소 복잡한 결과라는 것을 암시한다.

```
library(grid)
for (i in 1:100) {
   vp <- viewport(x = .46, h = .9, w = .9, angle = i)
   pushViewport(vp)
   grid.circle()
}
```

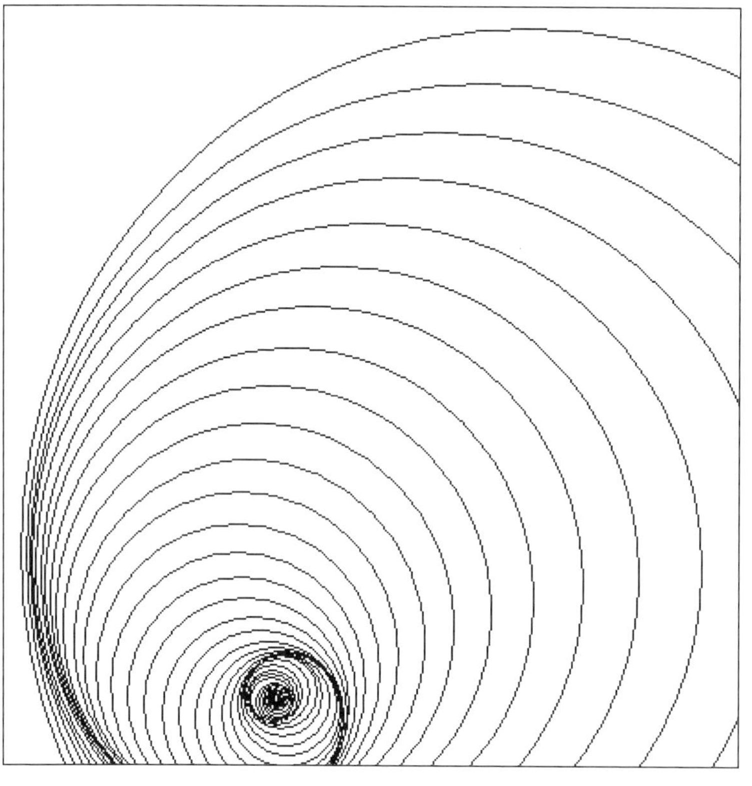

그림 4.2 for( ) 반복문을 이용해서 보임창의 회전을 보여주는 시연.

[연습문제]

1. 다음 방법으로 피보나치 수열을 생성하도록 코드를 수정하라.
   (a) 처음 두 요소를 2와 2로 변경하라.
   (b) 처음 두 요소를 3와 2로 변경하라.
   (c) 연속하는 두 요소의 합을 연속하는 두 요소의 차이로 갱신 규칙을 변경하라. 예를 들어 3번째 요소는 2번째 요소에서 첫 번째 요소를 빼는, 기타 등등으로 정의하라.
   (d) 각 요소는 선행 3가지 요소의 합으로 정의되도록 갱신 규칙을 변경하라. 반복 과정을 시작하도록 3번째 요소를 1로 지정하라.

2. f_n이 n번째 피보나치 수일 때
   (a) $f_n/f_{n-1},$ $n=1,2,\ldots,30$ 형식을 갖는 일련의 비율을 구축하라. 일련의 비율은 수렴하는가?
   (b) 황금비 $(1+\sqrt{5})/2$를 계산하라. 배열은 이 비율에 수렴하는가? 이 결과를 증명할 수 있는가?

3. 다음 각 코드에 대한 최종 answer 값을 결정하라. R에서 코드를 실행시켜 결과를 확인하라.

(a)

```
answer <- 0
for (j in 1:5) answer <- answer + j
```

(b)

```
answer <- NULL
for (j in 1:5) answer <- c(answer, j)
```

(c)

```
answer <- 0
for (j in 1:5) answer <- c(answer, j)
```

(d)

```
answer <- 1
for (j in 1:5) answer <- answer * j
```

(e)

```
answer <- 3
for (j in 1:15) answer <- c(answer, (7 * answer[j]) %% 31)
```

마지막 수열을 검사하라. 배열을 결정하는 규칙을 모른다면, 연속적인 요소들을 예측할 수 있는가?

4. 이 절에서 다룬 자동차 판매업자의 홍보에 대한 예제를 참조하라. $i=0.006$으로 시작해서, 갱신되는 처음 20개의 이율 i를 계산하라. 처음 값 $i=0.005$와 $i=0.004$로 반복하라. 이 관찰에 근거하여 5 자릿수의 정확도로 i의 참값을 구하라.

5. 고정 소수점 반복법을 이용하여([0,1]에서) 식 $x=\cos(x)$의 해를 구하라. 0.5의 시작 값을 사용하라. 처음 2 자릿수의 정확도로, 처음 3 자릿수의 정확도로, 그리고 처음 4 자릿수의 정확도로 해를 얻기까지 몇 번의 반복횟수가 필요한가? 시작 값을 0.7, 0.6, ..., 0.0으로 변경하면 어떻게 되는가?

6. 이전 문제를 반복하라. 단, $x=1.5\cos(x)$ 식을 사용하라. (해는 $x=0.9148565$에 가깝다.)
   (a) 고정 소수점 반복법은 수렴하는가? 그렇지 않으면 식을 $x=\cos(x)/30+44x/45$으로 수정하라. 이제 반복법이 수렴하는가?
   (b) 이 두 식의 해가 같다는 것을 보여줄 수 있는가?
   (c) $x=1.5\cos(x)$과 $x=\cos(x)/30+44x/45$의 도함수의 절댓값을 구하라. 이 양이 1보다 작으며 초기 추정값이 해에 매우 가깝다면, 고정 소수점 반복법은 수렴한다는 수치해석의 정리가 있다. 이 정리가 (a)에서 관찰한 거동을 설명하는가?

7. `grid` 그래픽 예제를 참조하라. 원 대신 직사각형이 생성되도록 코드를 수정하라. (0.46, 0.5) 대신 (0.5, 0.5)에 직사각형의 중심을 두고, i 대신 0으로 회전각을 지정한다. 결과에 대해 논평하라.

4.1.2 if( ) 조건문

이전에, 논리형 벡터와 관계 연산자에 대해 배웠다. 첨자 지정(subscripting device)은 벡터의 다른 부분에 대해 다른 동작을 실행하는 가장 강력한 방법이다. `if()` 조건문은 어떤 서술문을 실행할지 통제하며, 때로는 이 방법이 더욱 편리할 때가 있다.

문법

```
if (condition) {commands when TRUE}
if (condition) {commands when TRUE} else {commands when FALSE}
```

`condition`(조건)이 `TRUE`(참)이면, 이 서술문은 일련의 명령이 호출되도록 한다. `else`

부분은 선택적이며, 논리 변수가 FALSE(거짓)인 경우에 호출되는 일련의 대체 명령을 제공한다. 이런 서술문을 입력하는 방법에 주의를 기울여야 한다. 새 명령줄에 else 부분을 넣으면, 다음과 같은 오류 메시지를 보게 된다.

```
if (condition) {
   # do TRUE
}
else {
^
Error: unexpected 'else' in "else"
```

R은 else 부분에 들어가기 전에 처음 3줄의 명령을 실행한다. 이는 else를 예측하지 못했다는 것을 의미하며, 오류 메시지를 보낸다.[2] 이런 문제를 방지하기 위하여 if ... else를 입력하는 일반적인 관례는 이전의, 닫는 중괄호와 같은 명령줄에 else를 넣는 것이다.

```
if (condition) {
    # do TRUE
} else {
    # do FALSE
}
```

이렇듯 서술문이 모두 끝날 때까지 미완성이라는 것이 아주 분명하다.

R도 수치값을 condition 값으로 사용되는 것을 허용한다. 0은 FALSE로 처리되고 다른 값은 TRUE로 처리되는 규칙을 이용해서, 조건문에 사용되는 수치값은 논리값으로 변환된다.

결측값은 조건문에서 허용되지 않으며, 조건문에 사용되면 오류를 일으킬 것이다.

예제 4.6

간단한 예를 들어보자.

```
x <- 3
if (x > 2) y <- 2 * x
  else y <- 3 * x
```

2 이 명령문이 중괄호의 명령 블록안에 포함되면, R은 어떤 명령문에도 작용하기 전에, 모든 명령문을 수집하기 때문에, 오류를 일으키지 않을 것이다. 그러나 이런 모호함을 피하는 것이 좋은 생각이다.

x 〉 2 조건은 TRUE이므로 y는 2 * 3 = 6으로 할당된다. 참이 아니었다면 y는 3 * x로 할당되었을 것이다.

---

if() 조건문은 보통 사용자-정의 함수 내부에서 사용되며, 다음은 전형적인 예이다.

예제 4.7

수치형 두 벡터간 상관관계는 보통 cor() 함수를 이용해서 계산된다. 이 함수는 일차적인 연관성에 대한 측도를 알려 준다. 다음과 같이 데이터에 산점도를 추가할 수 있다.

```
corplot <- function(x, y, plotit) {
    if (plotit == TRUE) plot(x, y)
    cor(x, y)
}
```

다음과 같이 입력하면, 그래프를 그리지 않고도 이 함수를 두 벡터에 적용할 수 있다.

```
corplot(c(2, 5, 7), c(5, 6, 8), FALSE)
[1] 0.953821
```

예제 4.8

다음에 설명할 함수는 주어진 자연수 n값까지 소수를 나열하는 가장 오래된 체계적인 방법인 에라토스테네스의 체(Sieve of Eratosthenes)에 근거한다. 발상은 다음과 같으며, 2부터 n까지 숫자로 구성된 벡터로 시작한다. 2로 시작해서 1보다 큰 모든 2의 배수를 소거한다. 그리고 벡터에 남아있는 다음 숫자, 이 경우 3으로 이동한다. 이제 3보다 큰 모든 3의 배수를 소거한다. 차례로 벡터에 남아있는 모든 숫자에 이 방법을 적용한다. 입력값 5를 3 이후에 적용할 다음 입력값이 되게 하면서, 입력값 4는 첫 단계에서 소거될 것이다. 모든 5의 배수는 다음 단계 등등에서 소거될 것이다.

```
Eratosthenes <- function(n) {
  # (에라토스테네스의 체에 근거해서) n까지 모든 소수를 반환하라.
  if (n >= 2) {
    sieve <- seq(2, n)
    primes <- c()
    for (i in seq(2, n)) {
      if (any(sieve == i)) {
          primes <- c(primes, i)
          sieve <- c(sieve[(sieve %% i) != 0], i)
      }
    }
    return(primes)
  } else {
    stop("Input value of n should be at least 2.")
  }
}
```

다음은 Eratosthenes 함수를 사용한 일부 예를 보여준다.

```
Eratosthenes(50)
[1] 2 3 5 7 11 13 17 19 23 29 31 37 41 43 47
```

```
Eratosthenes(-50)
Error in Eratosthenes(-50): Input value of n should be at least 2.
```

코드 이해하기

이 함수의 목적은 주어진 자연수 n값까지 모든 소수를 제공하는 것이다. 프로그램의 기본 발상은 명령줄에 포함되어 있다.

```
sieve <- seq(2, n)
primes <- c()
for (i in seq(2, n)) {
  if (any(sieve == i)) {
    primes <- c(primes, i)
    sieve <- sieve[(sieve %% i) != 0]
  }
}
```

시험할 모든 후보 숫자를 sieve 객체에 할당한다. 처음에 2부터 n까지 모든 정수가 이 객체에 저장된다. primes 객체는 처음에 비어있도록 설정되지만, 궁극적으로 n보다 작거나 같은 모든 수를 포함한다. sieve에 포함된 합성수는 소거되며, 소수는 primes으로 복사된다.

2부터 n까지 각각의 정수 i는 여전히 벡터에 남아있는지 알아보기 위하여 차례차례로 확인된다. `any()` 함수는 해당 인수에 적어도 하나의 논리형 벡터 요소가 `TRUE`이면, `TRUE`를 반환한다. 여전히 i가 sieve 벡터에 남아있는 경우, 아직 소거되지 않는 가장 작은 수이기 때문에 i는 틀림없이 소수이다. i는 필연적으로 합성수이며 primes에 추가되기 때문에 모든 i의 배수는 소거된다. (sieve %% i) == 0 명령문은 i의 배수인 모든 sieve 요소를 `TRUE`로 반환할 것이다. `TRUE` 요소들은 소거하고 모든 다른 요소들을 저장하고 싶기 때문에, ! ((sieve %% i) == 0) 또는 sieve %% i != 0를 이용해서 이를 무효화할 수 있다. 그러면 다음 코드를 사용해서 sieve 벡터로부터 모든 i의 배수를 소거할 수 있다.

```
sieve <- sieve[(sieve %% i) != 0]
```

이 명령문으로 i도 소거되지만, i는 이미 primes에 저장되었다는 것에 주목하라.

공급된 인수 n이 2보다 작다면, 함수 출력은 의미가 없을 것이다. 이를 피하기 위하여 사용자가 2보다 작은 값을 공급하면, 오류 발생을 일으킬 것이다.

[연습문제]

1. n이 정수가 아니면, `Eratosthenes()` 함수가 제대로 작동하는가? 이 경우 오류 메시지가 필요한가?

2. 무수히 많은 소수가 존재한다는 것을 증명하기 위하여 Eratosthenes 함수의 발상을 이용하라. (힌트: 모든 소수는 m보다 작다고 가정하고, sieve에 의해 소거되지 않는 더 큰 n값을 구축하라.)

3. 쌍둥이 소수(twin prime)는 $y=x+2$ 관계를 갖는 한 쌍의 소수 (x, y)이다. 1000보다 작은 모든 쌍둥이 소수 목록을 구축하라.

4. 한 은행이 투자 기간이 3년 이하이면 (연평균) 4%, 또는 투자 기간이 3년 이상이면 연 5%의 금리를 지불하는 보증투자증서(GIC, Guaranteed Investment Certificate)를 제공한다. 초기 투자금액 P, 인수로서 이자 기간의 수(즉, 연수), 그리고 보증투자증서의 기간에 걸쳐 얻는 이자 금액을 반환하는 함수를 작성하라. 즉, $I=P((1+i)^n-1)$인 이자 I를 반환한다.

5. 담보대출 이율은 담보 기간이 유동적(Open)일 때와 고정적(Closed)일 때에 따라 다르다. 다음 공식을 이용해서 월 담보 대출금 R을 계산하는 함수를 작성하라.

$$R=\frac{Pi}{1-(1+i)^{-n}}$$

여기서 i는 (월복리) 이율, P는 원금, 그리고 n은 대출 기간의 수(월 수)이다. 단, 함수는 인수로서 n, P, 그리고 open을 취해야 한다. open == TRUE이면, $i=0.005$를 취하고, 그렇지 않으면, $i=0.004$를 취한다.

4.1.3 while() 반복문

때때로 서술문을 반복하고 싶지만, 사전에 반복 패턴을 알지 못한다. 조건이 만족하는 한 동일한 계산을 하고 계속 진행할 필요가 있다. `while()` 서술문은 이런 반복 작업을 처리할 수 있다.

문법

```
while (condition) {statements}
```

제시된 condition이 FALSE로 평가되면, 더 이상의 조치가 취해지지 않는다. TRUE로 평가되면 서술문이 실행되고, condition이 다시 평가되고, 과정이 반복된다.

예제 4.9

300보다 작은 모든 피보나치 수를 나열한다고 가정하자. 사전에 이 목록이 얼마나 긴지를 모르기 때문에, 적당한 때에 `for()` 반복문을 중지시키는 방법을 모르지만, `while()` 반복문은 이 작업에 완벽하다.

```
Fib1 <- 1
Fib2 <- 1
Fibonacci <- c(Fib1, Fib2)
while (Fib2 < 300) {
    Fibonacci <- c(Fibonacci, Fib2)
    oldFib2 <- Fib2
    Fib2 <- Fib1 + Fib2
    Fib1 <- oldFib2
}
```

코드 이해하기

핵심적인 발상은 다음 반복문에 포함되어 있다.

```
while (Fib2 < 300) {
    Fibonacci <- c(Fibonacci, Fib2)
```

즉, (Fib2에서) 생성된 마지막 피보나치 수가 300보다 작은 한 이 숫자는 Fibonacci 벡터에 첨부된다.

따라서 Fib2는 실제로 갱신된 Fibonacci 수를 포함한다는 것을 확신해야 한다. 가장 최근에 추가된 두 숫자(Fib1와 Fib2)를 추적함으로써 Fibonacci 벡터를 갱신할 수 있다.

```
Fib2 <- Fib1 + Fib2
```

이제 Fib1은 낡은 값의 Fib2으로 갱신되어야 하지만 새로운 값으로 덮어 써졌다. 그래서 Fibonacci 벡터를 갱신하기 전에 Fib2를 oldFib2에 복사해야 한다. Fib2를 갱신한 후에 oldFib2의 값을 Fib1으로 할당할 수 있다.

우선 Fib2, Fib2, 그리고 Fibonacci를 초기화할 필요가 있다. 즉 이 객체들은 반복 과정에서 사용될 것이므로, 시작 값을 합리적으로 지정할 필요가 있다.

최종 계산 결과를 보려면 다음과 같이 입력한다.

```
Fibonacci
[1] 1 1 1 2 3 5 8 13 21 34 55 89 144 233
```

주의

반복 과정의 횟수가 클 것 같으면, `for()` 또는 `while()` 반복문에서 Fibonacci <- c(Fibonacci, Fib2)의 요소만큼 벡터 요소의 길이를 늘이는 것을 피해야 한다. R은 계속해서 마지막 벡터보다 하나의 요소가 더 많은, 새로운 벡터를 할당해야 할 것이며, 이 작업은 진행 속도를 상당히 늦출 것이다.

[연습문제]

1. oldFib2 변수는 반드시 필요치 않다. 단지 Fib1과 Fib2의 현재 값에만 근거해서, Fib1을 갱신하는 피보나치 `while()` 반복문을 다시 작성하라.

2. 사실상 Fib1과 Fib2는 필요치 않다. Fibonacci 외에 어떤 변수도 사용하지 않고, Fibonacci `while()` 반복문을 다시 작성하라.

3. 1,000,000보다 작은 피보나치 수의 개수를 구하라.

4. 예제 4.4의 자동차 판매업자 이율을 생각해보자. `while()` 반복문을 이용하여 다음 고정-소수점 식을 만족하는 이율 i를 반복적으로 계산하라.

   $$i=(1-(1+i)^{-20})/P$$

   초기 추정값으로 $i=0.006$을 사용하라. 연속적인 두 값의 이율이 0.000001 미만으로 차이가 있을 때 계산을 중지하라. 그리고 다른 초기 추정값으로 반복하라.

5. 이전 문제를 참고해서, 연속적인 두 이율 값의 차이가 0.000001 미만이 될 때까지 요구되는 반복 횟수를 계산할 수 있도록 코드를 수정하라.

4.1.4 Newton 법 - 비선형 방정식의 해

Newton 법은 대수식의 해를 구하는 잘 알려진 수치 방법이다.[3]

$$f(x)=0$$

$f(x)$가 도함수 $f'(x)$를 갖는다면, 다음 반복 방법은 해에 충분히 가까이에서 시작되었다면 위의 방정식의 해로 수렴할 것이다.

$$x_0=\text{초기 추정값}$$
$$x_n=x_{n-1}-\frac{f(x_{n-1})}{f'(x_{n-1})}$$

이런 발상은 Taylor 근사에 근거한다.

$$f(x_n)\approx f(x_{n-1})+(x_n-x_{n-1})f'(x_{n-1}) \tag{4.1}$$

Newton 법은 $f(x_n)=0$으로 설정하고 식 (4.1)의 x_n을 구하는 것과 같다. 비록 식 (4.1)이 유일한 근사이더라도, x_n이 해에 가깝게 근사하기를 바란다. x_{n-1}이 충분히 해에 가깝지 못해서, x_n이 해에 수렴하지 못하는 많은 예가 있으며, 시작 값에 상관없이 수렴에 실패하는 예도 있으므로 주의를 기울여라.

예제 4.10

$f(x)=x^3+2x^2-7$ 함수가 있다. x_0이 3개의 해 중 하나에 충분히 가깝다면, 해에 수렴할 것이다.

$$x_n=x_{n-1}-\frac{x_{n-1}^3+2x_{n-1}^2-7}{3x_{n-1}^2+4x_{n-1}}$$

R에서는 다음과 같이 시행될 수 있다.

3 다른 말로 함수 $f(x)=0$을 만족시키는 x를 찾는다고 말한다.

```
x <- x0
f <- x^3 + 2 * x^2 - 7
tolerance <- 0.000001
while (abs(f) > tolerance) {
    f.prime <- 3 * x^2 + 4 * x
    x <- x - f / f.prime
    f <- x^3 + 2 * x^2 - 7
}
x
```

› 코드 이해하기

x를 x_0으로 시작하고 $f(x_0)$를 구한다. 그리고, $|f(x_i)|$이 0.000001 이상인 한, Newton 법을 이용하여 x값을 갱신한다. 변수 i가 필요하지 않는다는 것에 유의하라. Newton 법은 낡은 값으로부터 새 값이 계산되는 순환 공식이기 때문에, 어떤 반복 단계에서 갱신되는지 알 필요가 없다.

[연습문제]

1. 다음 방정식은 정확하게 하나의 실수 해를 갖는다.

$$x^7+10000x^6+1.06x^5+10600x^4+0.0605x^3+605x^2+0.0005x+6$$

초기 추정치 $x=0$을 이용해서 Newton 법으로 해를 얻기 위해 필요한 반복횟수는?

2. 초기 추정치 $x=1$과 Newton 법을 이용해서 $f(x)=0$일 때의 x를 구하라.

$$f(x)=x^4+3x^3-2x^2-7$$

3. $f(x)=0$일 때 해 중 하나를 구할 수 있도록 함수를 수정하라. 단, 초기 추정치 $x=-1.5$를 이용하라.

$$f(x)=\cos(x)+e^x$$

4. 다음 함수가 최솟값을 가질 때의 x를 구하라.

$$f(x)=(x-3)^4+7(x-2)^2+x$$

5. 다음 함수에서 $f(x)=0$이 되는 x는 몇 개이며 그 값은?

$$f(x)=\frac{5x-3}{x-1}$$

다음 초기 추정치를 이용했을 때, 이 함수의 적용된 Newton 법의 거동을 설명하라.

(a) 0.5

(b) 0.75

(c) 0.2

(d) 1.25

6. 다음 함수에서 $f(x)=0$이 되는 x는 몇 개인가?

$$f(x)=(x^2-6^x+9)e^{-x}$$

다음 초기 추정치를 이용했을 때, 이 함수의 적용된 Newton 법의 거동을 설명하라.

(a) 3

(b) 3.2

(c) 2.99

(d) 3.01

7. 예제 4.4의 자동차 판매업자 이율에 관한 예제를 참고하라. Newton 법을 이용해서 다음 식을 만족하는 이율 i를 계산하라.

$$i=(1-(1+i)^{-20})/19$$

초기 추정치로 i=0.006을 사용하라. 연속적인 2개 i값의 차이가 서로 0.000001 이내가 되려면 몇 번을 반복해야 하는가?

4.1.5 repeat 반복문과 break와 next 서술문

가끔 일정한 횟수의 루프 반복을 원하지 않고, 루프 상단에서 `while()` 루프가 작동하는 방법을 검토하기 원하지 않을 때가 있다. 이런 경우 `repeat` 루프를 사용할 수 있다. 이 루프는 `break` 서술문이 실행되기 전까지 반복한다.

문법

```
repeat { statements }
```

이 루프는 끝없이 서술문을 반복하게 한다. 이 서술문은 대개 다음과 같은 형식의 `break` 서술문을 포함해야 한다.

```
if (condition) break
```

그러나 문법의 요구사항은 아니다.

`break` 서술문은 즉각 루프를 종료하게 한다. `break` 서술문은 `for()`와 `while()` 루프 내에서도 사용될 수 있다. `next` 서술문은 즉각 루프 상단으로 돌아가도록 제어하며, 어떠한 루프에서도 사용될 수 있다.

`repeat` 루프와 `break`와 `next` 서술문은 상대적으로 드물게 사용된다. 검토할 내용이 명백히 루프 상단에 보여질 때, 또는 (`for()`와 `while()` 루프처럼) 검토할 내용이 루프의 유일한 출구일 때, 일반적으로 코드를 이해하기가 더 쉽다. 그러나 가끔 이런 서술문은 프로그램을 더욱 명료하게 하는 데 도움을 준다.

예제 4.11

`repeat` 루프를 이용해서 이전 절의 Newton 알고리즘과 관련된 예제를 반복할 수 있다.

```
x <- x0
tolerance <- 0.000001
repeat {
    f <- x^3 + 2 * x^2 - 7
    if (abs(f) < tolerance) break
    f.prime <- 3 * x^2 + 4 * x
    x <- x - f / f.prime
}
x
```

이 표현은 f를 계산하는 명령문을 중복할 필요성을 없애준다.

[연습문제]

1. 함수의 해를 찾는 또 다른 방법에 이분법 알고리즘(Bisection algorithm)이 있다. 알고리즘은 $f(x_1)$과 $f(x_2)$가 서로 반대 부호를 갖는 두 개의 x_1과 x_2 값으로 시작한다. $f(x)$가 연속함수이면, 해는 이들 두 값 사이 어딘가에 있어야 한다는 것을 알고 있다. 중간 지점에서 $f(x)$를 계산하고, 구간의 어떤 반쪽이 여전히 해를 품고 있는지를 선택함으로써 해를 찾을 수 있다. 다시 시작해서 원하는 정확도의 정답을 줄 수 있을 만큼 구간이 좁혀질 때까지 반복적으로 계산한다.
   (a) `repeat` 루프를 이용해서, 0과 2 사이에 해가 있는 것으로 알려진 $f(x)=x^3+2x^2-7$ 함수의 해를 소수점 6자리의 정확도까지 구할 수 있는 이분법 알고리즘을 작성하라.
   (b) 작성한 이분법 알고리즘이 0과 2에서 반대 부호 값을 갖는 모든 연속함수에 확실하게 수렴한다는 것을 증명하고, 수렴하는 데 걸리는 반복횟수를 계산하라.

2. 다음 코드를 이용하면 `while()` 루프를 이용해서 에라토스테네스의 체(Sieve of Eratosthenes)를 수행할 수 있다.

```
Eratosthenes <- function(n) {
   # (에라토스테네스의 체에 근거해서) n까지 모든 소수를 반환하라.
   if (n >= 2) {
      sieve <- seq(2, n)
      primes <- c()
      while (length(sieve) > 0) {
         p <- sieve[1]
         primes <- c(primes, p)
         sieve <- sieve[(sieve %% p) != 0]
   }
   return(primes)
  } else {
   stop("Input value of n should be at least 2.")
  }
}
```

   (a) 작동하는 이유를 이해할 때까지 `Eratosthenes` 함수를 추적하라.
   (b) 일단 `p >= sqrt(n)`으로 정의되면 `sieve`에 남아있는 모든 항목들이 소수라는 것을

보여라.

(c) 위의 결과를 활용할 수 있도록 `break` 서술문을 이용해서 `Eratosthenes` 함수를 수정하라.

4.2 함수를 통한 복잡성 처리

대부분의 실제 컴퓨터 프로그램은 이 책에서 다루는 예제보다 매우 길다. 대부분의 사람들은 머릿속에 모든 세부 내용을 동시에 기억할 수 없기 때문에 프로그램의 복잡성을 최소화하는 방법을 찾는 것이 매우 중요하다. 여러 해에 걸쳐 개발된 얼마든지 다른 전략의 프로그램 설계들이 존재한다. 이 절에서는 복잡한 프로그램을 간소화하는 몇 가지 전략을 간략히 소개할 것이다.

4.2.1 함수란?

함수는 뚜렷한 목적을 지닌 독립적 R 코드 단위이다. 전체적으로 함수는 정보를 입력받고, (아마 중간결과를 인쇄하고, 그래프를 작성하고, 다른 함수를 호출하는 등의) 계산을 수행한 다음, 결과를 출력한다. 입력과 출력이 명확하면 프로그래머는 함수가 올바르게 작동하는지 그렇지 않은지를 합리적으로 확신할 수 있다. 그리고 함수가 올바르게 작동하면 다음 문제로 넘어갈 수 있다.

예제 4.12

고정 연이율 i를 보장하는 은행 계좌로 연간 지불액 R달러를 예금한다고 가정하자. 매년 말에 예금이 지불된다고 가정했을 때, n년 말에 계좌의 누적가치는 얼마인가?

n년 말에 총액은 다음 공식으로 계산된다.

$$R(1+i)^{n-1}+\cdots+R(1+i)+R=R\frac{(1+i)^n-1}{i}$$

연금액을 계산하는 R 함수는 다음과 같다.

```
annuityAmt <- function(n, R, i) {
     R*((1 + i)^n - 1) / i
}
```

연이율 5%를 보장하는 예금계좌로 연간 $400씩 10년을 예금했다면, 다음 R 코드를 이용해서 누계액을 계산할 수 있다.

```
annuityAmt (10, 400, 0.05)
[1] 5031.157
```

R은 함수를 더욱 일반적인 다른 객체(즉, 벡터, 행렬 그리고 리스트)처럼 다룰 수 있는 객체인, 다소 흔치 않은 컴퓨터 언어 중 하나이다.

함수 정의문(Function definition statement)은 보통 다음과 같은 구조를 갖는다.

(1) 단어 `function`

(2) 인수 목록(목록은 비어 있을 수도 있음)을 에워싸는 한 쌍의 소괄호 `()`

(3) 단일 서술문 또는 중괄호 `{}`로 에워싸인 일련의 서술문

다른 R 객체처럼 함수는 항상 이름이 주어진다. 함수의 행동을 간결하게 묘사하는 함수의 이름을 선택해야 한다. 예를 들어 `var()` 함수는 분산을, `median()`는 중앙값을 계산한다. 이름은 중요하다. 기억하지 못하는 이름을 선택하면 나중에 그 이름을 찾는 데 시간을 낭비할 것이다. 함수의 행동에 대해 호도하는 이름을 선택하면(예를 들어 `annuityAmt` 함수를 `annuityRate`으로 명명했다면) 이해하기 매우 어렵게 프로그램을 분석할 것이다

R이 함수 정의문을 실행할 때, 3개의 부분[헤더(Header), 몸체(Body), 그리고 정의대로 실행되는 환경]으로 객체를 생성한다.

함수 정의문의 처음 2항은 헤더를 생성하기 위하여 사용된다. R 함수의 헤더는 입력문, 또는 "인수"를 표현한다. 예를 들어 위에 있는 `Eratosthenes` 함수의 헤더는 `function()`이며, 이 함수는 sieve의 상한을 명시하는 하나의 인수를 취한다는 것을 말해준다. `annuityAmt` 함수에 대한 헤더는 `function(n, R, i)`이며, n, R, 그리고 i, 3개의 인수를 취한다는 것을 말해 준다. 함수는 인수의 수를 얼마든지 원하는 만큼 취할 수 있다.

함수 사용자의 부담을 덜어주기 위하여 일부 인수를 기본값으로 지정할 수 있다. 사용자가 인수 값을 명시하지 않으면 기본값이 사용될 것이다. 예를 들어 사용자가 R과 i를 명시하지 않고 `annuityAmt(24)`를 호출했을 때, $R=1$ 그리고 $i=0.01$처럼 행동하도록 헤더를 다음과 같이 입력할 수 있다.

```
annuityAmt <- function(n, R = 1, i = 0.01)
```

함수의 2번째 부분은 몸통이며, 단일 서술문이거나 또는 중괄호로 에워싸진 일련의 서술문이다. 여기에 함수가 어떤 계산을 수행할 것인지를 명시한다. 본래의 Eratosthenes 함수 예제에서 몸통은 다음과 같다.

```
{
   if (n >= 2) {
      sieve <- seq(2, n)
      primes <- c()
      for (i in seq(2, n)) {
         if (any(sieve == i)) {
            primes <- c(primes, i)
            sieve <- c(sieve[(sieve %% i) != 0], i)
         }
      }
      return(primes)
   } else {
      stop("Input value of n should be at least 2.")
   }
}
```

함수 몸통의 일정한 위치에 함수의 출력값을 지정하는 return(primes) 같은 서술문이 대부분 존재한다.(R에서 모든 함수는 하나의 값만 출력하며, 일부 다른 프로그램 언어에서 함수는 아무것도 출력하지 않을 수도 있고, 복수의 값을 출력할 수도 있다.) `return()` 서술문이 없다면 실행된 마지막 서술문의 값이 반환된다. annuityAmt 함수는 이런 방식으로 결괏값을 반환한다.

함수의 3번째 부분(함수의 환경)은 가장 구체적이지 않기 때문에 이해하기 가장 어렵다. 여기서 충분하게 설명하지는 않지만, 다음과 같은 순환정의(Circular definition)에 국한할 것이다. 환경은 함수가 정의되는 환경에 대한 참조이다.

이 말이 의미하는 바는 다음과 같다. 함수에서 2가지 매우 다른 유형의 객체들을 활용했다. n, sieve, primes, 그리고 i 모두 Eratosthenes 함수 내에서 지역적으로 정의되었다. 객체들이 의미하는 것에 있어서는 한치의 모호함도 없다. 그러나 seq, c, any, return, 그리고 stop이 함께 정의되지 않았더라도, 이들은 Aratosthenes 함수가 정의되는 R 환경의 일부분이다.(이들은 모두 함수이며, 지역변수들은 그렇지 않다. 흔히 있는 일이지만, 결코 필요한 것은 아니다.)

정말 흥미로운 것은 Eratosthenes 함수 내에서 새로운 함수를 정의할 수 있다는 것이다. Eratosthenes 함수의 환경은 n, sieve, primes, 그리고 i를 포함할 것이다. 예를 들어 소수값의 배수를 명확하게 소거하고 싶으면 noMultiples로 부르는 작은 함수에 그 동작을 포함시킴으로써 가능하다.

```
Eratosthenes <- function(n) {
   # (에라토스테네스의 체에 근거해서) n까지 모든 소수를 반환하라.
   if (n >= 2) {

      noMultiples <- function(j) sieve[(sieve %% j) != 0]

      sieve <- seq(2, n)
      primes <- c()
      for (i in seq(2, n)) {
         if (any(sieve == i)) {
            primes <- c(primes, i)
            sieve <- c(sieve[(sieve %% i) != 0], i)
         }
      }
      return(primes)
   } else {
      stop("Input value of n should be at least 2.")
   }
}
```

noMultiples 함수는 헤더에 j를 정의되었기 때문에, j는 지역변수가 되며, 그 환경에서 sieve를 찾는다.

[연습문제]

1. 객체 var, cos, median, read.table, 그리고 dump 모두가 함수라는 것을 확인하라.[4]

4 함수명 다음에 괄호를 사용해서, 즉 `var()`, `cos()` 등으로 함수를 언급하는 것이 편리하다. 여기서는 애매함을 피하기 위하여 그렇게 하지 않았다. `var` 객체를 의미하는가, 아니면 `var()`를 호출해서 반환된 결과를 의미하는가?

2. Ng씨가 어느 정도의 돈(예, P)을 복리 이율이 $i.r$인 은행에 예금한다고 가정하자. n 이자전환기간 동안 은행에 돈을 놔두면 누적된 금액은 다음과 같다.

$$P(1+i.r)^n.$$

(a) 이 금액을 계산하는 `compound.interest()`라는 이름의 R 함수를 작성하라. 단, 함수는 3개의 인수를 포함해야 한다.

(b) 가끔 하나의 이자전환기간은 한 달이다. 이 경우 $1000을 예금하고 월 이율이 1%이면, 30개월 말에 Ng 씨는 은행에 얼마의 돈을 보유하게 되는가?

3. 이분법 알고리즘을 사용해서 사용자-제공 함수의 해를 계산하는 함수를 작성하라.

4.2.2 함수의 효력이 미치는 범위

변수의 "범위(Scope)"는 변수가 인식되는 장소를 말한다. 예를 들어 함수 내에서 정의된 변수는 지역 범위를 갖기 때문에 함수 내에서만 인식된다. 같은 이름의 변수가 다른 함수 안에서 생성될 수 있지만, 충돌의 위험은 없다.

예제 4.13

이 예제에서 두 함수 모두 지역변수 x를 갖는 f와 g를 생성한다. f함수가 호출하는 g함수는 f함수의 변수 x에 영향을 주지 않고, x의 인스턴스를 수정한다.

```
f <- function() {
    x <- 1
    g( )        # g는 지역변수 x에 영향을 주지 않을 것이다.
    return(x)
}
g <- function() {
    x <- 2    # 이는 f 함수의 지역변수 x가 아니라, g 함수의 지역변수 x를 변경한다.
}
f()
[1] 1
```

R에서 범위는 함수 정의문에 의해 제어된다. 콘솔창에서 정의된 변수는 어떤 사용자-정의 함수에서도 알아볼 수 있는 전역변수이다. 함수에서 정의된 변수는 해당 함수에서 그리

고 함수 내에서 정의된 함수에서 알아볼 수 있다. 함수를 작성하는 동안 변숫값을 변경시키는 프로그램의 일부 다른 부분에 대해 걱정할 필요가 없기 때문에, 전역변수가 아닌 지역변수를 이용하면 프로그래밍에 엄청난 도움을 준다. 작성한 코드로부터 변숫값을 예측할 수 있으며, 일단 변숫값을 바로 잡으면, 확실하게 변수를 신뢰할 수 있다.

함수 인수는 기본값을 가질 수 있다고 언급한 적이 있다. 실제로 기본값은 함수의 모든 지역변수를 참고할 수 있다. 이런 작업이 가능한 이유는 처음 사용될 때까지 인수는 평가되지 않기 때문이다. 그 시점에서 기본값이 존재하는가를 확인할 필요가 있다. 인수가 사용되지 않으면 기본값은 평가되지 않을 것이다.

패키지는 ["명칭 공간(Namespace)"으로 알려진] 자체적인 범위를 가지며, 이 책에서 명칭 공간에 대한 내용은 여기서 다루지 않을 것이다.

4.2.3 다중 객체 반환

R 함수는 언제나 단일 객체를 반환하는 것을 4.2.1절에서 보았다. 그러나 가끔 하나 이상의 객체를 반환하고 싶을 때가 있다. 여기서 요령은 `list()` 또는 벡터로 객체들을 반환하는 것이다.

예제 4.14

예를 들어 `annuityAmt()` 함수는 단순히 n년 말에 연금액을 계산한다. 그렇지만 연금액의 $(1+i)^{-n}$인 현재가치도 알고 싶다. 다음 함수는 두 가지 모두를 반환한다.

```
annuityValues <- function(n, R, i) {
     amount <- R*((1 + i)^n - 1) / i
     PV <- amount * (1 + i)^(-n)
     list(amount = amount, PV = PV)
}
annuityValues(10, 400, 0.05)
$amount
[1] 5031.157

$PV
[1] 3088.694
```

4.2.4 S3 클래스를 이용한 인쇄 제어

annuityValues 예제에서 보여준 결과는 보기에 그다지 만족스럽지 못했다. 무미건조하게 결괏값 목록을 반환하는 대신 `cat()`와 `print()` 함수를 이용해서 더욱 멋있게 결과를 나타낼 수 있다. 그렇지만 이런 함수는 다른 계산과정에서 유용하지 않을 수 있으며, 일부 함수는 결과를 인쇄하지 않고, 결과에 추가적인 계산을 하고 싶을 수 있다.

이런 문제에 대한 일반적인 해결책은 반환값의 유형을 선언하고, R에게 취향에 맞는 인쇄 방식을 전달하는 것이다. 이는 객체지향 프로그래밍 같은 것이다. 실제로 그렇게 인쇄하는 몇 가지 방식이 있으며, 자세한 설명은 이 책의 범위를 벗어나므로 다루지 않지만, 이 절에서 가장 단순한 방식 중 하나인 S3 방식(S3 method)을 논의할 것이다.

값을 갖는 것 이외에 R에서 객체는 명명된 속성(attributes)을 갖는다. S3 클래스는 (가장 간단한 경우에) 객체의 클래스를 포함하는 `class`로 명명된 문자열이다.

예제 4.15

다음 코드를 이용해서 연금액에 클래스를 할당할 수 있다.

```
values <- annuityValues(10, 400, 0.05)
class(values) <- "annuity"
```

이 코드를 이용하려면 하나 이상의 방식을 정의할 필요가 있으며, 다음과 같이 `print` 방식을 정의한다.

```
print.annuity <- function(x, ...) {
cat("An annuity object with present value", x$PV, "and final value",
      x$amount, "\n")
      invisible(x)
}
values
        ## 현재가치 3099.694 그리고 최종값 5031.157을 갖는 annuity 객체
values$PV
[1] 3088.694
```

> 코드 이해하기

S3 시스템에 `print()` 같은 "총칭 함수(Generic function)" 그리고 `print.annuity()` 같은 "방식(Method)"이 있다. 관례상 인쇄 방식은 총칭 함수 이름, 마침표, 그 다음에 클래스 이

름으로 명명된다. R이 값을 인쇄할 때 values 객체는 "annuity" 클래스에 속하며, annuity 클래스의 인쇄 방식, `print.annuity()`을 호출하는 것을 알 수 있다. 목록으로부터 PV 요소를 추출할 때 더 이상 "annuity" 객체를 갖지 않으며, PV 요소를 숫자로 인쇄한다.

`print` 방식의 인수는 총칭 함수와 호환되어야 하며, 일반적으로 `print.classname(x, ...)`은 좋은 선택이다.

관례상 `print` 방식은 인쇄되는 값을 반환해야 하지만, 또 다시 인쇄하지 않는 방법으로 코드를 작성해야 하며, 그렇지 않으면 무한 루프에 들어갈 수 있다. `invisible()` 함수는 연금액이 인쇄되지 않도록 결과를 표시한다.

4.3 함수형 반복문

4.1절의 내용은 흐름 제어에 관한 것이었다. `for()`, `while()`, 그리고 `repeat()` 루프는 반복 과정에서 융통성을 높인다. 이 절에서 반대 방향으로 반복 단계를 묘사하는 `replicate()` 함수를 설명할 것이다.

약간의 차이는 있지만 `replicate()` 함수는 어느 정도 `for()` 루프와 비슷하다. 우선 한 가지 차이점은 문법이 함수 호출처럼 보인다는 것이다.

```
replicate(n, { statements })
```

이는 서술문을 n번 실행하라는 코드이다. 또 다른 차이점은 `replicate()` 함수는 각 반복 단계의 계산 결과를 반환하는 반면, `for()` 루프는 각 단계의 값들을 반환하지 않는다. 각 단계에서 값이 벡터이면, 이 함수는 행렬을 반환한다.

```
replicate(5, 1:3)
     [,1] [,2] [,3] [,4] [,5]
[1,]    1    1    1    1    1
[2,]    2    2    2    2    2
[3,]    3    3    3    3    3
```

마지막으로, 서술문을 평가하는 범위에 차이가 있다. `for()` 루프 내에서 변경한 내용은 전역범위를 갖지만, 함수가 몸체(body)를 파악하는 것처럼 `replicate()` 함수는 지역 범위에서 서술문을 파악한다. 따라서 다음 RANDU 알고리즘을 실행하면 결과가 반복적으로 출력될 것이다.

```
x <- 123
replicate(10, {
  x <- (65539*x) %% (2^31)
  x / (2^31)
})
[1] 0.003753834 0.003753834 0.003753834 0.003753834 0.003753834
[6] 0.003753834 0.003753834 0.003753834 0.003753834 0.003753834
```

무작위 프로세스 시뮬레이션(simulations of random processes)에서 이런 성질들이 매우 편리하다는 것을 보여주는 예제를 5장에서 다룰 것이다.

4.4 Rstudio 프로그래밍 팁

4.4.1 편집기에서 코드를 편집하라

코드를 작성할 때 가끔 오류를 범한다. R 콘솔창에서 위쪽 화살표 키를 사용해서 이전 명령을 탐색하고, 수정한 다음 재실행하는 작업을 쉽게 할 수 있다. 그러나 이런 방식의 프로그래밍을 강하게 권장하지 않는다.

훨씬 더 좋은 방법은 편집기에서 명령문을 작성하고, 거기서 명령을 실행시키는 것이다. 명령문이 잘못되었다면 편집기에서 수정하고 다시 실행한다. 이런 방식은 모든 오류를 포함하는 콘솔 기록(Console history)으로 끝나기보다는 장황한 계산을 정확하게 수행하는 스크립트를 추구한다. 모든 명령문이 편집기에 있다면 처음부터 시작해서 여러 명령문을 재실행하기가 훨씬 쉽다.

4.4.2 주석에는 "#" 기호를 사용하라

제목과 설명 같은 주석을 R 함수와 스크립트에 삽입시키는 가장 간단한 방법은 # 기호를 사용하는 것이다. R은 # 문자부터 줄 끝까지 모든 글을 무시한다.

작성자와 다른 사용자들이 나중에 함수의 목적을 파악할 수 있도록, 제목과 간단한 설명을 생성하는 모든 함수에 추가하는 것이 좋은 습관이다. 고작 몇 주 또는 몇 달 전에 생성한 함수의 목적을 얼마나 쉽게 잊는지 놀랄 것이다.

때때로 특정 줄의 코드가 하는 일을 설명하는 것도 유용하다. 그런 설명은 애매한 명령이 사용되었을 때 특히 유용하다.

RStudio로 작업할 때, "Code" 메뉴는 작업을 쉽게 하도록 몇 가지 목록을 제공한다. "Code | Comment/Uncomment lines"를 사용해서 명령줄에 주석 표지자(#)를 추가(또는 제거)할 수 있다. 한 줄에 주석 내용이 너무 많은(또는 너무 적은) 공간을 차지할 때, "Code | Reflow Comment"을 사용하면, 보다 간격이 균일한 명령줄을 얻을 수 있다.

4.4.3 깔끔하게 코딩하라

처음으로 프로그래밍할 때, 유일한 목표는 프로그래밍을 작동시키는 것이라고 생각하기 쉽다. 프로그램을 몇 번 테스트한 후에 예상된 결과를 얻었다면, 프로그래밍을 마친 것이다. 4.6.1절에서 프로그래밍 테스트를 시키는 방법에 대해 논할 것이다. 그러나 더욱 중요한 것은 알기 쉽게 쓰고 깔끔하게 정돈한 코드가 "확실하게" 실행되는 프로그램을 작성하는 것이다. 이 절에서 코드를 정돈하기 위한 몇 가지 팁을 소개할 것이다.

1. 길이가 긴 표현을 이해하기 쉽도록 공백 넣기와 줄 바꿈(Spacing and line breaks)을 사용하라.

일반적으로 대부분의 연산자 주위에 공백을 두고, 길이가 긴 표현을 여러 줄로 나누는 것이 좋은 생각이다. 예를 들어 다음 표현은 혼란스러울 정도로 비슷하지만 전혀 다르다.

```
x1<-a+b+c
y12< -a+b+c
```

첫 번째 표현은 a+b+c 값을 x1으로 할당한 반면, 두 번째 표현은 y12와 -a+b+c의 크기를 비교한다. 할당 연산자, 비교 연산자, 그리고 덧셈 연산자(그러나 마이너스 부호는 아님) 주위에 공백을 추가하면 읽기 더 쉬울 것이다.

```
x1 <-  a+b+c
y12 < -a+b+c
```

x1 다음에 두 칸의 공백을 추가해서, 차이점을 발견하기 쉽도록 오른쪽에 매우 유사한 표현들을 반듯하게 맞추었다. 이렇게 나타내면 차이점이 쉽게 눈에 띄며, 의도한 것이 아니라면, 고치기 쉬울 것이다.

2. 프로그램의 논리적 구조에 따라 들여쓰기하라.

4.1과 4.2 절에서 흐름 제어와 함수를 서술했으며, 두 방법 모두 논리적으로 프로그램을 체계화한 것이다. 이런 기법들은 프로그램을 더욱 쉽게 이해하도록 도움을 주지만, R에서 이런 기법이 작동하는 방식을 파악하지 못하면 엄청난 혼란의 원인이 될 수 있다. 그래서 들여쓰기와 관련한 다음 내용을 추천한다. 블록이 시작된 줄까지 동일하게 들여 써서, 명령줄 끝에 여는 중괄호 "{"를 배치하고, 명령 줄 처음에 닫는 중괄호 "}"를 배치한다. 블록 안에 줄들을 일정하게, 예를 들어 둘 또는 네 칸의 공백만큼 들여 써라. 예를 들어 4.2절에서 몸통에 `if` 조건문과 `for` 반복문을 포함하는 복소함수(Complex function) Eratosthenes를 정의했다. 추가된 각각의 중첩 수준을 나타내기 위하여 네 칸의 공백으로 들여 썼으며, 그래서 함수의 몸통이 시작하고 끝나는 지점과 각 흐름 제어문의 범위가 명확해졌다. 닫는 중괄호를 명령줄의 끝에 배치하면, `else` 서술문이 나타나기 전에 `if` 조건문이 끝날 때, 추가적으로 R에서 오류를 방지하는 바람직한 효과를 낳는다.

3. 유익한 정보를 주면서도 일관된 형식의 변수 이름을 사용하라.

일단 길이가 긴 프로그램을 작성하면, 변수들이 하는 일을 기억하기 어렵다. 수학적 표현은 (아마 다른 서체, 또는 강조, 위첨자, 또는 아래첨자가 포함된) 변수로 단일 문자를 사용하지만, 프로그래밍에서는 그런 표현이 통하지 않는다. 프로그래밍에서 함수 이름은 일반적으로 문자에 어떤 수정 없이 단일 서체에 한정된다. 이런 제약은 함수명으로 긴 이름, 예를 들어 r_1 대신 wheelRadius을 사용하도록 유도한다. 둘 이상의 단어를 포함하는 일관된 유형의 이름을 채택하는 것도 중요하다. 우리는 wheelRadius에서처럼 첫 문자는 소문자로 지정하고 변수의 의미가 세분화되는 내용을 대문자로 덧붙이는 Camel 법을 선호하지만, 다른 사람들은 wheel_Radius처럼 분리자 사용을 고집한다. 불행하게도 R 함수의 이름은 이런 측면에서 일관성이 없으며, 그래서 한마디로 추천할 수는 없지만 자체적인 프로그램 안에서는 일관성을 갖도록 노력해야 한다.

[연습문제]

1. 10!, 50!, 100!, 그리고 1000!을 계산하라.

2. (a) factorial() 함수를 이용해서 다음 이항계수(Binomial coefficient)를 계산하는 함수를 생성하라.

$$\binom{n}{m}$$

(b) $\binom{4}{2}$, $\binom{50}{20}$, 그리고 $\binom{5000}{2000}$ 계산하라.

(c) 변수의 모든 요소를 합하기 위하여 sum() 함수를 사용할 수 있으며, log()와 exp() 함수는 해당 변수의 모든 요소에 자연로그와 지수를 취한다. 이 함수들을 이용해서 이항계수를 계산하는 향상된 함수를 생성하라.

(d) 향상된 버전을 이용해서 $\binom{4}{2}$, $\binom{50}{20}$, 그리고 $\binom{5000}{2000}$ 계산하라.

3. compound.interest() 함수를 생성했던 4.2.1절의 예제 2번을 참고하라. 때때로 이율은 매달 복리로 계산된 명목 이율로 인용된다. 월 이율을 얻기 위하여 연간 명목 이율은 단순히 12로 나눈다. 더욱 일반적으로 일 년에 m개의 이자전환기간이 있다면, 연간 명목 이율을 m으로 나누어 책정한 전환기간에 대한 실효 이율을 얻는다.(예를 들어 매일 복리로 계산된다면 명목 연이율은 365로 나눈다.)

연간 명목 이율 j와 연간 이자전환기간의 수 m이 인수의 일부분이 되도록 compound.interest() 함수를 고쳐라. 실효 이율 $i.r$은 함수의 몸체에서 j/m으로 할당된다.(인수 목록에서 $i.r$을 제거할 수도 있다.)

4. 새로운 compound.interest() 함수를 이용해서 12%의 연이율과 매일 복리로 계산하여, $1000로부터 축적된 액수를 계산하라. 이 액수와 매달 또는 매년 단위로 복리가 계산될 때 축적된 액수와 비교하라.

5. Wu 부인은 주택을 담보로 대출받기를 희망한다고 가정하자. 그녀는 정기적으로 지불해야 할 금액이 얼마인지를 알고 싶어한다. P는 초기 담보 대출금, $i.r$은 실효 이율, 그리

고 n은 담보대출 기간일 때, 정기 지불액 R은 다음과 같이 주어진다.

$$R = \frac{Pi.r}{1-(1+i.r)^{-n}}$$

(a) 이 공식을 적용해서 `mortgage.payment()`로 불리는 함수를 작성하라.

(b) 초기 대출금은 $100,000, 이율은 1%, 그리고 이자전환기간의 수가 300일 때, Wu 부인의 월 지불액을 계산하라.

6. `annuityAmt()` 함수를 이용해서, 정기 지불액이 $400이고 0.01부터 0.01씩 증가해서 0.20까지 벡터의 이율일 때, 10년 후에 축적된 금액을 계산하라.

4.5 프로그래밍 지침

문제 해결을 위한 컴퓨터 프로그램 작성은 보통 다음 일련의 단계들로 축소될 수 있다.

1. 문제를 이해한다.
2. 문제 해결을 개략적으로 파악한다.
3. 개략적으로 파악한 내용을 세부적으로 실행한다.
4. 검토: 프로그램은 작동하는가?
   결과에 만족하는가?
   그렇다면, 프로그래밍 성공!
   그렇지 않다면, 2단계로 돌아간다.

예제 4.16

정수열 벡터를 오름차순으로 정렬하는 프로그램을 작성하려고 한다.

1. 문제 이해

프로그래밍 문제를 이해하는 좋은 방법은 구체적인 실례를 시도해 보는 것이다. 때때로 단순한 경우를 고려해 보는 것도 필요하지만, 너무 하찮게 만들지 않도록 주의하라. 문제를 분류하기 위하여, 요소 3, 5, 24, 6, 2, 4, 13, 1로 이루어진 벡터 정렬을 고려해 볼 수 있다.

다음 명령을 수행할 수 있는 sort()라고 부르는 함수를 작성할 것이다.

```
x <- c(3, 5, 24, ..., 1)
sort(x)
```

결과는 오름차순의 수열, 1, 2, 3, 4, 5, 6, 13, 24가 되어야 한다.

2. 개략적 파악

제일 먼저 가장 작은 값의 위치를 파악하고, 따로 떼어 놓는다. 그리고 매번 남아있는 숫자 중 가장 작은 숫자를 떼어 두면서, 같은 과정을 반복한다.

대체 발상: 벡터의 처음부터 시작해서 끝까지 인속된 값 쌍을 검토한다. 오름차순에서 벗어나면, 해당하는 값 쌍을 교환한다.

확인해 보면 이 대체 아이디어 방법이 효과가 없다는 것을 알게 될 것이다. 예를 들어 2, 1, 4, 3, 0에 이 발상을 시도해 보라. 끝까지 해보면 1, 2, 3, 0, 4가 될 것이다.

이 대체 발상을 검토하는 과정에서, 가장 큰 값은 언제나 새로운 벡터의 끝에 위치한다는 것을 알 수 있다. (언제나 이런 상황이 일어나는 것을 스스로 증명할 수 있는가?) 이 발상은 벡터의 처음부터 시작해서 모든 이웃하는 값 쌍을 검토한 다음에, 마지막 값을 제외한 모든 값에 대하여 이 과정을 반복함으로써 정수열 벡터를 정렬할 수 있다는 것 등을 의미한다.

3. 세부적 실행

실행 단계에서 구체적으로 코딩 문제를 다룰 필요가 있다. 이 정렬 문제에서 제기되는 한 가지 문제는 "어떻게 x[i]와 x[i+1]를 서로 교환하는가?" 하는 것이다.

다음은 x[3]과 x[4]의 값을 교환하는 방법이다.

```
save <- x[3]
x[3] <- x[4]
x[4] <- save
```

x[3] 값을 임시로 다른 변수로 저장하기 전에 x[3] 값을 x[4] 값으로 겹쳐 쓰지 말아야 한다는 것을 명심하라. 그렇지 않으면 x[3] 값을 x[4] 값으로 할당할 수 없게 된다.

이제 코드를 쓸 수 있다.

```
sort <- function(x) {
        # x는 초기 입력 벡터이며, 수정되어 출력될 것이다.
        # first가 last와 비교된다.
    for(last in length(x):2) {
        for(first in 1:(last - 1)) {
            if(x[first] > x[first + 1]) {      # 값 쌍을 교환한다.
                save <- x[first]
                x[first] <- x[first + 1]
                x[first + 1] <- save
            }
        }
    }
    return (x)
}
```

4. 검토

명백하게 버그를 식별하기 위하여 언제나 간단한 예제에 코드를 검토하는 것으로 시작하라.

```
sort(c(2, 1))
[1] 1 2
sort(c(2, 24, 3, 4, 5, 13, 6, 1))
[1] 1 2 3 4 5 6 13 24
```

그 밖에 몇 가지 수치형 벡터에 코드를 시도해 보라. 입력 벡터의 길이가 1일 때 출력은 무엇일까?

```
sort(1)
Error in if (x[first] > x[first + 1]) {: missing value where TRUE/FALSE
needed
```

여기에서 문제는 length(x) == 1일 때, last 값은 전혀 값이 없는 것이 아니라 1:2를 취할 것이다. 이 결과를 함수의 시작 부분에서 특별한 경우로 처리해서 고칠 수 있기 때문에, 함수를 다시 설계할 필요가 없다.

```
sort <- function(x) {
        # x는 초기 입력 벡터이며, 수정되어 출력될 것이다.
        # first가 last와 비교된다.

        if (length(x) < 2) return (x)
       # last는 비교되는 마지막 요소이다.

    for(last in length(x):2) {
        for(first in 1:(last - 1)) {
            if(x[first] > x[first + 1]) {       # 값 쌍을 교환한다.
                save <- x[first]
                x[first] <- x[first + 1]
                x[first + 1] <- save
            }
        }
    }
    return (x)
}
```

새로 고친 함수를 확인하면 다음과 같다.

```
sort(1)
[1]  1
```

성공! (아니면 적어도 그렇게 되기를 바란다. 빠뜨린 것은 없는가?)

4.5.1 하향식 코드 설계

프로그램을 세부적으로 실행하는 것은 벅찬 업무처럼 보일 수 있다. 프로그래밍을 다루기 쉽게 만드는 비결은 문제가 해결되는 방법을 파악할 수 있도록 더 작은 조각으로 분해하는 것이다. 그렇게 하는 한 가지 전략은 "하향식 코드 설계(Top-down design)"로 알려진다. 하향식 코드 설계는 세부사항을 채우기 전에 개요를 작성하는 것과 유사하다.

1. 작은 수(1-5)의 단계들로 전체 프로그램을 작성하라.
2. 각 단계를 여러 단계로 확장시켜라.
3. 프로그램이 완성될 때까지 계속하라.

예제 4.17

예제 4.16에서 묘사된 정렬 알고리즘은 "버블정렬(Bubble sort)"로 알려져 있다. 버블정렬은 프로그램하기 쉬우며, x 벡터가 짧을 때 효율적이지만 길이가 긴 벡터의 경우 보다 효율적인 방법을 사용할 수 있다. 이 중 하나는 "합병정렬(Merge sort)"로 알려져 있다.

합병정렬의 기본적인 발상은 벡터를 두 부분으로 나누고, 각각 반쪽을 정렬한 다음, 두 반쪽을 합병하는 것이다. 합병 중에 정렬된 각각 반쪽의 첫 요소들을 비교해서 전체적으로 가장 작은 값을 결정하기만 하면 된다. 가장 작은 값을 제거하면, 두 번째 값이 남아있는 중에서 가장 작은 값이 되면서, 두 부분을 하나의 정렬된 벡터로 합칠 수 있도록 진행할 수 있다.

그러면 초기에 어떻게 각각의 반쪽을 정렬할 수 있을까? 버블정렬을 사용할 수 있지만 더욱 세련된 절차는 각각의 반쪽에 합병정렬을 사용하는 것이다. 이는 순환(Recursion) 개념이다. 아래에 쓴 `mergesort()` 함수는 자기 자신을 호출할 수 있다. 변수의 범위지정 때문에 호출될 때마다 모든 지역변수의 복사본들이 새로 생성될 것이며, 다른 호출은 서로 방해하지 않을 것이다.

› 코드 이해하기

자세하게 프로그래밍을 설계하기 전에, 때때로 알고리즘의 기본 개념을 이해한다는 것을 확인하기 위하여 적은 숫자를 포함하는 예제를 고려할 가치가 있다. 예를 들어 x가 [8, 6, 7, 4]라고 하고, 정렬된 결과를 r로 구축하려고 한다. 그러면 합병정렬은 다음과 같이 진행할 것이다.

1. x를 두 부분으로 나눈다: y <- [8, 6], z <- [7, 4]
2. y와 z를 정렬한다: y <- [6, 8,], z <- [4, 7]
3. y와 z를 병합한다:
   (a) y_1=6과 z_1=4를 비교한다: r_1 <- 4; z_1을 제거한다; 이제 z는 [7]이다.
   (b) y_1=6과 z_1=7를 비교한다: r_2 <- 6; y_1을 제거한다; 이제 y는 [8]이다.
   (c) y_1=8과 z_1=7를 비교한다: r_3 <- 7; z_1을 제거한다; 이제 z는 텅 비었다.
   (d) 남아있는 y값을 r에 첨부한다; r_4 <- 8.
4. r=[4, 6, 7, 8]을 반환한다.

› 코드로 번역하기

코드로 번역하는 과정을 프로그램이 작동할 때까지 프로그램을 단계별로 다듬는 과정으로 생각하면 도움이 된다.

일반적 서술문으로 시작하고, 점진적으로 각 부분을 확장한다. 이중 주석 표시기 ##를 사용해서 여전히 확장이 필요하다는 내용을 표시할 것이다. 실제로 필요하다고 판단하지 않을 수도 있지만, 텍스트 내용을 참고할 수 있도록 주석문에 번호를 붙일 것이다. 확장시킨 다음에 제자리에 설명을 남겨두기 위하여 일반 주석 표시기로 변경할 것이다.

첫 번째 설명 구절로 사용할 수 있는, 한 가지 목표만으로 시작하자.

```
## 1. 벡터를 정렬하기 위하여 합병 정렬을 사용하라.
```

순차적으로 자세한 내용을 추가하면서 이전 단계들을 천천히 확장시킬 것이다. 단순하게 단계 1을 확장시키는 이유는 mergesort로 명명한 함수가 진행할 벡터 x를 입력해야 한다는 인식에서 나온다. 어떻게든 이 벡터는 정렬될 것이며, 결국 출력이 반환될 것이다.

```
# 1. 벡터를 정렬하기 위하여 합병정렬을 사용하라.
mergesort <- function (x) {
     ## 2: x 벡터를 result로 정렬하라.
     return (result)
}
```

합병정렬 알고리즘이 진행되는 방법을 주시하면서, 이제 2 단계를 확장시킨다.

```
# 1. 벡터를 정렬하기 위하여 합병정렬을 사용하라.
mergesort <- function (x) {
     # 2:    x 벡터를 result로 정렬하라.
     ## 2.1: x 벡터를 반쪽으로 나누어라.
     ## 2.2: 각 반쪽을 정렬하라.
     ## 2.3: 정렬된 두 부분을 정렬된 result으로 합병하라.
     return (result)
}
```

위에 있는 각 하위 단계들을 확장해야 한다. 우선 2.1 단계를 확장시키면 다음과 같다.

```
# 2.1: x 벡터를 반쪽으로 나누어라.
len <- length(x)
x1 <- x[1:(len %/% 2)]
x2 <- x[(len %/% 2 + 1):len]
```

"극단적인" 경우를 조심하라. 일반적으로 하나 이상의 요소를 포함하는 벡터를 정렬하기를 기대하지만, 생성하려는 정렬 함수는 단일 요소를 정렬하는 단순 문제를 처리할 수 있어야 한다. 위 코드는 len 〈 2를 제대로 처리하지 못한다.

2.1 단계를 고쳐서 다시 시도해야 한다. 해결책은 간단하다. x 벡터의 길이가 0 또는 1이면 함수는 단순히 x를 반환해야 한다. 그렇지 않으면 x를 나누고 위와 같이 정렬한다. 이는 2.1 단계 밖에 있는 코드에 영향을 미치므로 형태를 바로 잡을 필요가 있다. 다음은 새로 고친 2.1 단계가 반영된 형태이다.

```
# 1. 벡터를 정렬하기 위하여 합병 정렬을 사용하라.
mergesort <- function (x) {
        # 정렬할 필요가 없는 벡터인지 확인하라.
      len <- length(x)
      if (len < 2) result <- x
      else {
            # 2: x 벡터를 result로 정렬하라.
            # 2.1: x 벡터를 반쪽으로 나누어라.
            y <- x[1:(len %/% 2)]
            z <- x[(len %/% 2 + 1):len]
            ## 2.2: y와 z를 정렬하라.
            ## 2.3: y와 z를 result로 합병하라.
      }
      return (result)
}
```

아직 작성하지는 않았더라도, mergesort() 함수를 활용할 수 있으므로, 2.2 단계는 확장하기 매우 쉽다. 이 지점에서 코드를 실행하지 않고, 코드를 설계하고 있다는 것이 핵심 발상이다. 코드 설계는 결국 성공할 것이라고 확신해야 하며, 노력의 결실을 맛볼 수 있을 것이다. 그래서 2.2 단계는 다음과 같게 된다.

```
 # 2.2: y와 z를 정렬하라.
y <- mergesort(y)
z <- mergesort(z)
```

2.3 단계는 조금 더 복잡하므로 천천히 진행하자. result 벡터가 필요할 것이라는 것을 알

고 있지만 코딩하기 전에 나머지 과정을 설명하자. 2.2 단계와 2.3 단계를 확장한 함수 전체를 여기서 다시 생각해 보자.

```
# 1. 벡터를 정렬하기 위하여 합병정렬을 사용하라.
mergesort <- function (x) {
      # 정렬할 필요가 없는 벡터인지 확인하라.
      len <- length(x)
      if (len < 2) result <- x
      else {
         # 2: x를 result으로 정렬하라.
         # 2.1: 벡터 x를 반으로 나누어라.
         y <- x[1:(len %/% 2)]
         z <- x[(len %/% 2 + 1):len]
         # 2.2: y와 z를 정렬하라.
         y <- mergesort(y)
         z <- mergesort(z)
         # 2.3: y와 z를 정렬된 result로 합병하라.
         result <- c()
         ## 2.3.1: 양쪽 더미에 일부 요소가 남아있는 경우
         ## 2.3.2:          크기가 가장 작은 첫 요소를 끝에 두어라.
         ## 2.3.3:          y 또는 z에서 가장 작은 첫 요소를 제거하라.
         ## 2.3.4: 남은 요소들을 result의 끝에 두어라.
       }
       return(result)
}
```

마지막 단계는 확장하기 쉽다. 두 단계 모두 y[1]과 z[1] 중 가장 작은 값에 의존하므로, 2.3.2와 2.3.3 단계는 뒤엉키게 된다.

```
# 1. 벡터를 정렬하기 위하여 합병 정렬을 사용하라.
mergesort <- function (x) {
    # 정렬할 필요가 없는 벡터인지 확인하라.
    len <- length(x)
    if (len < 2) result <- x
    else {
        # 2: x를 result으로 정렬하라.
        # 2.1: 벡터 x를 반으로 나누어라.
        y <- x[1:(len %/% 2)]
        z <- x[(len %/% 2 + 1):len]
        # 2.2: y와 z를 정렬하라.
        y <- mergesort(y)
        z <- mergesort(z)
        # 2.3: y와 z를 result로 합병하라.
        result <- c()
        # 2.3.1: 양쪽 더미에 일부 요소가 남아있는 경우
        while (min(length(y), length(z)) > 0) {
            # 2.3.2:            크기가 가장 작은 첫 요소를 끝에 두어라.
            # 2.3.3:            y 또는 z에서 가장 작은 첫 요소를 제거하라.
            if (y[1] < z[1]) {
                result <- c(result, y[1])
                y <- y[-1]
            } else {
                result <- c(result, z[1])
                z <- z[-1]
            }
        }
        # 2.3.4: 남은 요소들을 result의 끝에 두어라.
        if (length(y) > 0)
            result <- c(result, y)
        else
            result <- c(result, z)
    }
    return(result)
}
```

[연습문제]

1. TRUE로 지정될 때 내림차순으로 정렬시키는 (decreasing으로 부르는) 논리형 인수(Logical argument)를 취할 수 있도록, 이 절에서 설명한 합병정렬 함수를 수정하라.

2. 다음 방정식 계의 해는 Newton 법의 형태를 이용하여 수치적으로 구할 수 있다.

$$f(x,y)=0,$$
$$g(x,y)=0$$

초기 추정치를 각각 x_0와 y_0으로 할당하라. 그리고 $n=1,2,\ldots$에 대하여 다음 반복 과정을 수행하라.

$$x_n=x_{n-1}-(g_{y,n-1}f_{n-1}-f_{y,n-1}g_{n-1})/d_{n-1},$$
$$y_n=y_{n-1}-(f_{x,n-1}g_{n-1}-g_{x,n-1}f_{n-1})/d_{n-1},$$

여기서,

$$f_{x,n-1}=\frac{\partial f}{\partial x}(x_{n-1},y_{n-1}),$$
$$f_{y,n-1}=\frac{\partial f}{\partial y}(x_{n-1},y_{n-1}),$$
$$g_{x,n-1}=\frac{\partial g}{\partial x}(x_{n-1},y_{n-1}),$$
$$g_{y,n-1}=\frac{\partial g}{\partial y}(x_{n-1},y_{n-1}),$$
$$f_{n-1}=f(x_{n-1},y_{n-1}),$$
$$g_{n-1}=g(x_{n-1},y_{n-1}),$$
$$d_{n-1}=f_{x,n-1}g_{y,n-1}-f_{y,n-1}-g_{x,n-1}$$

반복 과정은 함수값이 충분히 0에 가까울 때 종료된다.

(a) 이 반복 과정을 수행하는 함수를 작성하라.

(b) 함수를 다음 방정식 계에 적용하라.

$$x+y=0,$$
$$x^2+2y^2-2=0$$

수치적 결과를 검토하는 차원에서, 해석적으로 이 방정식 계의 두 개의 해를 구하라.

4.6 디버깅과 유지관리

컴퓨터 오류를 버그라고 부른다. 프로그램에서 이런 오류들을 제거하는 방법을 디버깅으로 부른다. 디버깅은 어려우며, 여기서 하나의 목표는 버그를 포함하지 않는 프로그램을 작성하는 것이지만 때때로 실수를 하게 된다.

자체 프로그램을 작성할 때, 다음 다섯 단계를 따르면 버그를 발견하고 해결하는 데 도움이 된다는 것을 알았다.

1. 버그는 존재한다는 것을 인정하라.
2. 버그를 재현해보라.
3. 버그의 원인을 확인하라.
4. 오류를 해결하고 시험하라.
5. 유사한 오류를 찾아라.

이를 하나씩 차례로 설명할 것이다.

4.6.1 버그가 존재한다는 것을 인정하라

때때로 프로그램이 작동하지 않으면 버그가 있다고 인식하기 쉽다. 그러나 프로그램이 작동하는 것처럼 보이지만 출력이 올바르지 않거나, 일부 입력에 대해서 프로그램이 작동하지만 다른 입력에 대해서는 작동하지 않는 경우들이 있다. 이런 유형의 오류를 유발하는 버그는 식별하기 매우 어렵다.

보다 쉽게 버그를 확인하는 몇 가지 전략이 있다. 제일 먼저, 이전 절의 충고를 따르고, 프로그램을 단순하면서도 독단적으로 행동할 수 있는 함수들로 구분하라. 입력과 출력을 기록하라. 함수 내에서 입력 내용이 입력에 대한 가정을 따르는지 검토하고, 출력이 기대와 일치하는지 한눈에 파악할 수 있도록 입력 내용을 검토하라.

일부 상황에서 함수를 두 가지 형식으로 작성하는 것도 가치가 있을 수 있다. 실제로 사용하기엔 실행 속도가 너무 느릴 수 있지만 확실하게 작동하는 한 가지 표현 형식이 있으며, 실행 속도는 빠르지만 확신하기 어려운 또 다른 표현 형식이 있다. 모든 상황에서 두 가지 표현 모두가 같은 결과를 출력하는지 검토하라.

특정한 입력에 대해서만 오류가 발생할 때, 경험으로 미루어 이런 오류를 합법적 그리고 불법적 입력 경계에 있는 상황에서 발생하는 예외 사례(Edge case)로 부른다. 그런 오류를 검토하라! 예를 들어 길이가 0이거나, 크기가 매우 크거나, 또는 매우 작은 값 등의 벡터를 시도할 때 어떤 일이 일어나는지 검토하라.

4.6.2 버그를 재현해보라

버그를 해결하기 전에 문제가 발생하는 위치를 파악할 필요가 있다. 버그가 유발되는 방식을 이해하면 훨씬 쉽게 그 위치를 파악할 수 있다. 예측할 수 없게 나타나는 버그는 몹시 해결하기 어렵다. 희소식은 대부분 컴퓨터에 대해서 버그는 예측 가능하다는 사실이다. 즉 컴퓨터에서 입력 내용을 같게 하면 같은 출력이 얻어진다. 필수적으로 입력해야 할 내용이 무엇인지를 밝혀내는 것이 어렵다.

예를 들어 프로그래밍하면서 흔히 저지르는 실수는 변수명의 철자를 잘못 기입하는 것이다. 보통 이런 경우에 즉시 오류 메시지가 나타나지만, 뜻하지 않게 실제로 존재하지 않는 변수를 선택할 때가 있다. 그러면 아마 틀린 답을 얻을 것이며, 관련이 없는 어떤 변숫값에 의존하기 때문에 무작위로 보이는 답을 얻기도 한다.

이런 유형의 문제를 추적하는 비결은 오류가 재현되도록 최선을 다하는 것이다. 할 수 있는 한 프로그래밍을 간소화하라. 새로운 R 세션을 시작하고, 오류를 재현할 수 있는지 확인하라. 일단 오류를 재현할 수 있으면 결국 오류를 색출할 수 있을 것이다.

```
sqrt(var)
Error in sqrt(var): non-numeric argument to mathematical function
```

var은 sqrt가 처리할 수 있는 수치형 벡터가 아닌, 함수이다.

```
mean("x")
Warning in mean.default("x"): argument is not numeric or logical:
returning NA
[1] NA
```

이는 문자형 변수의 평균을 구할 수 없다는 경고이다. 아마도 mean(x)을 썼어야 했다.

```
mean(X)
Error in mean(X): object 'X' not found
```

X로 명명된 변수가 할당되지 않았다. 변수명의 철자를 잘못 썼는가? x와 X는 다른 변수명이라는 것을 기억하라.

```
library(mass)
Error in library(mass): there is no package called 'mass'
```

이는 철자 입력 오류일 수 있거나 (MASS라는 패키지가 있다), 아마도 패키지를 설치한 사실을 잊었을 수 있다.

```
if (x == NA) print ("NA")
Error in if (x == NA) print ("NA"): missing value where TRUE/FALSE needed
```

x == NA는 NA로 할당되지만, if 조건문은 TRUE 또는 FALSE를 필요로 한다. NA를 검토하려면 is.na(x)를 사용하라.

```
if (1:10 > 5) print ("bigger")
warning in if (1:10 > 5) print ("bigger"): the condition has length > 1
and only the first element will be used
```

이는 if 조건문이 단일 테스트 값만을 원하지만, 1:10은 10개의 값으로 할당된다는 경고이다.

그림 4.3 몇 가지 흔한 오류와 경고 그리고 원인

어떤 프로그램은 임의적 시뮬레이션(Random simulation)을 수행하며, 프로그래밍 초기에 난수값을 시드(Seed)로 설정함으로써 시뮬레이션을 재현시킬 수 있다(5.2 절 참고).

4.6.3 버그의 원인을 파악하라

버그가 존재한다는 것을 확신할 때 다음 단계는 그 원인을 파악하는 것이다. 오류로 프로그램이 멈추면 오류 메시지를 읽어라. 할 수 있는 한 메시지를 이해하도록 노력하라. R에는 각기 다른 수천 가지 오류 메시지가 있으며, 그들 모두를 나열할 공간은 없지만, 그림 4.3은 일부 흔한 오류와 경고 메시지를 보여준다. 찾으려는 에러가 거기에 없으면, 무엇을 의미하는지 추측해 보거나, 메시지에 포함된 정확한 단어를 온라인에서 탐색해보거나 누군가에게 도움을 청하라.

R에서 `traceback()` 함수를 이용하면 오류 메시지에 대한 추가적인 정보를 얻을 수 있다. 오류가 발생할 때, R은 활성 함수(Active function)의 현재 스택(Current stack)에 대한 정보를 저장하고, `traceback()` 함수는 스택 목록을 출력한다.

예제 4.18

다음 코드는 함수값을 평균으로 나눈 다음, 변수의 표준편차로서 변동 계수(coefficient of variation)를 계산한다. 그러나 이 함수를 검토하면 다음과 같이 에러를 범한다.

```
cv <- function(x) {
    sd(x / mean(x))
}
xl <- rnorm(10)
cv(x1)
Error in is.data.frame(x): object 'x1' not found
```

오류 메시지는 사용되지 않은, `is.data.frame()` 함수를 언급하고 있다. 이 함수를 어디에서 호출하는지를 확인하기 위하여, `traceback()` 함수를 사용한다.

```
traceback()
4: cv(x1)
3: sd(x/mean(x))
2: var(if (is.vector(x)) x else as.double(x), na.rm = na.rm)
1: is.data.frame(x)
```

cv() 함수는 표준편차 함수 sd()를 호출하고, sd() 함수는 var()를, 그리고 is.data.frame() 함수를 호출한다는 것을 보여준다. 그러나 x1이 언급된 유일한 장소는 원래의 호출에 포함되는 것에 유의하고, 더 세밀히 x1을 살펴볼 필요가 있다. 자세히 살펴보면 원래 변수는 xl로 명명되었으며 ("숫자 1"이 아닌, "알파벳 L"), 그것이 오류의 원인이라는 것을 발견할 수 있다.

---

traceback() 함수는 오류가 발생하고 있는 장소를 보여주지만, 그 이유는 보여주지 않는다. 더욱이 어떠한 오류 메시지도 유발하지 않는 버그들도 많으며, 그저 프로그램이 틀린 답을 주고 있다는 것을 나타낼 뿐이다.

무엇이 잘못되고 있는지 어떻게 알아낼까?

사전에 적절한 계획을 세우면, 이 단계는 어느 정도 쉬워질 수 있다. 여기서 4.6.1절의 제안이 도움이 될 수 있다. 의미 있는 이름으로 변수를 할당했다면, 코드 내용이 타당하지 않을 때를 확인할 수 있다. 예를 들어 다음과 같이 변숫값을 출력함으로써 변수에 포함된 내용을 확인할 수 있다.

```
cat("In myfunction, x=", x, "\n")
```

이 코드는 메시지가 나오는 위치를 확인시키면서, x값을 출력할 것이다. 코드 끝에 "\n"는 R에게 인쇄한 후에 다음 줄로 이동하라고 알려준다. 출력 서식을 설정하기 위하여 cat()보다 print()를 사용하고 싶을 수도 있겠지만, print() 함수는 한 번에 한 가지만 인쇄할 수 있기 때문에, 다음과 같이 사용할 가능성이 높다는 것을 기억하라.

```
cat("In myfunction, x=\n")
print(x)
```

함수에서 변숫값을 검토하는 보다 유연한 방법은 4.6.6절에서 논의되는 RStudio 디버깅 기능을 사용하는 것이다.

규모가 적은 함수에서 발생하는 문제점을 이해하는 또 다른 좋은 방법은 수작업으로 함수를 시뮬레이션해 보는 것이다. R이 행동하리라고 생각하는 것처럼 행동하고, 함수가 진행될 때의 모든 변숫값을 받아 적어라. 위에 서술한 기법과 결합하여 R에 대한 잘못된 견해를 식별할 수도 있다. 시뮬레이션이 실제 R과 다른 결과를 출력한다면 버그의 가능한 원인을 확인할 수 있다. 즉 R은 예상한 대로 행동하지 않는다. 이 결과는 십중팔구 아직 R을 충분히 알고 있지 못하기 때문이지만, 실제로 R에서 버그를 발견할 가능성이 있다.

4.6.4 오류를 해결하고 시험하라

일단 프로그램에서 버그를 확인하면 버그를 해결해야 한다. 다른 문제를 일으키지 않는 방법으로 버그를 고쳐 보고, 그 결과를 테스트하라! 예외 사례와 오류를 재현하는 방법, 그리고 생각할 수 있는 모든 내용들을 종합적으로 테스트해야 한다.

4.6.5 유사한 오류를 찾아라

버그를 발견하고 해결했을 때, 어떤 유형의 오류를 범했는지 확인할 수 있다. 한 번 실수했으면 두 번 실수할 가능성이 있으므로, 프로그램의 나머지 부분에 걸쳐 유사한 오류를 찾아볼 만한다.

4.6.6 Rstudio 통합개발 환경에서 디버깅하기

RStudio 작업 환경은 디버깅할 때 오류의 원인을 이해하기 위한 몇 가지 매우 유용한 기능을 제공한다. 예를 들어 RStudio 편집기에서 예제 4.1.8을 입력하고 실행했다면, 마우스를 한 번만 클릭하면 역추적하는 기회가 제공될 것이다(그림 4.4). 역추적 항목의 순서와 번호가 다른 반면, 정보는 같다는 사실이 오류를 발견하기에 충분할 수 있다. 그렇지 않으면 작업환경 우측 상단에 있는 "환경창(Environment pane)"을 참고할 수 있다. 이 창은 xl이 실제로 존재하는 것을 보여준다.

환경창이 여전히 문제점에 대한 힌트로서 충분치 않다면, `cv()` 함수 이내에 중단점(Breakpoint)을 지정하고, 변수의 상태를 조사할 수 있다. 마우스를 코드 편집기의 줄번호 "4"의 왼쪽으로 클릭함으로써 이런 작업을 해보라. 빨간 작은 "정지 신호(Stop sign)"가 나타날 것이다. 중단점을 활성화하기 위하여 코드 편집기의 우측 상단에 "소스(Source)"을 클릭하라. 그러면 전체 파일이 다시 실행되지만, 중단점으로 설정된 4번째 줄에서 실행이 멈출 것이다. 환경창은 함수 내 지역 변숫값을 보여줄 것이다. 이 경우 x는 x1 값을 갖는다는 것을 말해준다(그림 4.5). 현시점에서 오타가 있었음을 알아차려야 한다.

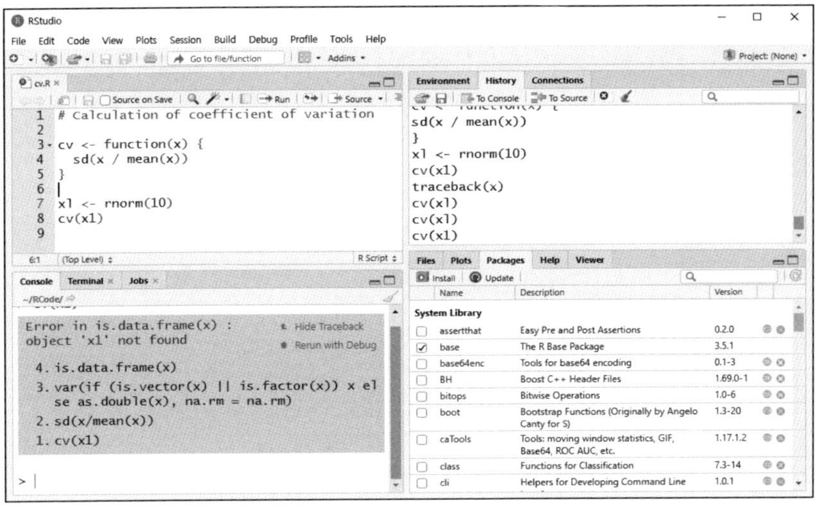

그림 4.4 RStudio에서 예제 4.18의 역추적

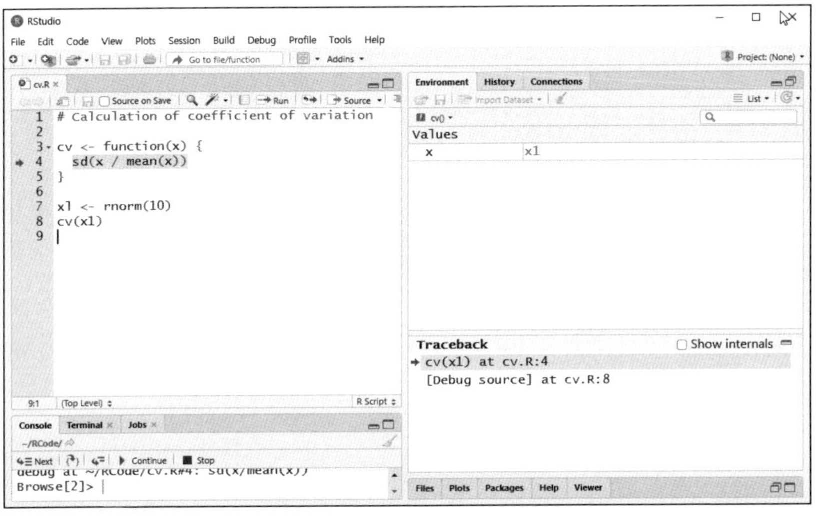

그림 4.5 RStudio에서 예제 4.18의 명령줄 4에 중단점 설정

훨씬 더 복잡한 디버깅 상황에서, 콘솔창(Console pane) 상단에 보이는 controls을 활용할 수도 있다. Next를 클릭해서 코드 한 줄을 실행하거나, 다른 controls을 사용해서 함수로 들어가서 현재 함수를 종료하고 정상적으로 실행을 재개하거나 디버깅을 멈출 수 있다. 실험해 보라!

4.6.7 RGui 콘솔에서 디버깅하기

RStudio를 사용하고 있지 않다면, 다른 디버깅 기능을 사용할 수 있는데, 그냥 조금 덜 편리할 뿐이다. RStudio 코드 편집기에서 중단점을 설정하는 대신에, R은 `browser()` 함수를 호출할 수 있게 해준다. 이는 함수값이 계산되는 환경에서, 실행되고 있는 함수를 잠시 정지시키거나, 지역변수를 조사(또는 변경!)하거나, 이외에 다른 R 명령을 실행하게 해준다.

다음과 같이 디버거 명령을 실행할 수도 있다.

n – "next"; 함수에 걸쳐서 한 단계씩, 다음 줄의 코드를 실행하라.

s – "step into"; 함수 호출을 시작하라.

f – "finish"; 현재 함수를 끝내라.

c – "continue"; 함수를 계속 디버깅하게 하라.

Q – 디버거를 중지하라.

또 다른 방법으로, `debug()` 함수를 사용하면 디버깅 브라우저 화면으로 들어갈 수 있다. `debug(f)`를 사용해서 디버깅할 때 `f`를 표시하면, 함수에 들어가면서 디버깅 브라우저가 호출될 것이다. `undebug()` 함수를 사용해서 디버깅을 꺼라. 또 다른 방법으로 `debugonce()`를 사용해서 함수를 표시하면, 디버깅은 첫 번째 호출 이후에 꺼질 것이다.

[연습문제]

1. 예제 4.17에서 작성된 `mergesort()` 함수를 고려해 보자. RStudio의 `debug()` 함수 또는 디버깅 기능을 이용해서, `mergesort(c(3, 5, 4, 2))`를 실행하고 다른 계산이 완료되기 전에 변수 x값과 그리고 정렬되기 바로 직전에 y와 z값을 확인하라.

2. 예제 4.18에서 작성된 `cv()` 함수를 고려해 보자. RStudio의 `debug()` 함수 또는 디버깅 기능을 이용해서, `mergesort(c(-3, 10, 7))`를 실행하면, NaN가 반환되는 이유를 설명하라. 보다 합리적이고 바람직한 값이 반환되도록 함수를 수정하라.

4.7 효율적인 프로그래밍

컴퓨터 코드를 생성할 때, 심지어 오늘날 빠른 컴퓨터에서도 원했던 것보다 실행 속도가 느린 것을 느낄 때가 있다. 그러나 용기를 가져라. 프로그램의 실행 속도를 높이는 방법들이 항상 존재한다. 이런 과정을 최적화(Optimization)라고 부른다. 이 절에서는 R 코드를 고쳐서 프로그램을 더 빨리 실행하는 몇 가지 수작업 최적화(Hand optimization)의 예를 보여줄 것이다. (R에서 사용할 수 없으나, 일부의 다른 플랫폼은 할 수 있는) 자동 최적화(Automatic optimization), 또는 프로그램을 더 빠르게 실행하기 위하여 새로 구입한 컴퓨터로 플랫폼을 바꾸는 하드웨어 최적화(Hardware optimization)는 다른 가능성이다.

최적화는 언제나 일종의 균형을 요구한다. 수작업 최적화는 시간 소모적일 수 있으며, 최적화된 코드는 이해하기 더 어려워서, 오류는 발견되지 않고 슬쩍 통과할 수 있다. 아마도 나중에 디버그하면 더 어려울 수 있으므로, 최적화를 시도하기 이전에 코드가 올바르다는 것을 항상 확인해야 한다. 최적화가 가치가 있을지 판단해야 한다.

4.7.1 최적화 코드 사용법을 배워라

효율적으로 코드를 작성하기 위하여 작업하고 있는 플랫폼을 이해할 필요가 있다. 예를 들어 R은 벡터로 작업하도록 설계되었다. 벡터 전체에 대한 연산은 언제나 한 번에 요소 하나씩 작업하는 것보다 매우 빠르다. 예를 들어 다음과 같이 두 벡터를 더할 수 있다.

```
X <- rnorm(100000)              # Xi ~ N(0, 1) i=1, ..., 100,000
Y <- rnorm(100000)              # Yi ~ N(0, 1) i=1, ..., 100,000
Z <- c()
for (i in 1:100000) {
   Z <- c(Z, X[i] + Y[i])       # 약 25초 걸린다.
}
```

하지만 여기서 R 코드는 매우 비효율적이다. 제일 먼저 벡터 Z를 100,000번 재분배하였다. 사전에 Z의 길이를 알기 때문에 코드를 수정하면 한 번에 벡터를 분배할 수 있다.

```
Z <- rep(NA, 100000)
for (i in 1:100000) {
   Z <- X[i] + Y[i]           # 약 0.15초 걸린다.
}
```

단순히 재분배를 피함으로써 약 170배만큼 속도를 향상시킬 수 있다.

R에서 보다 자연스럽게 이런 계산을 하는 방법은 완전히 벡터화하는 것이다.

```
   Z <- X + Y                 # 약 0.001초 걸린다.
```

완전히 벡터화된 계산은 150배, 즉 본래 반복문 코드보다 25,000배 더 빠르다. 본래 코드를 실행하는 데 1년이 걸리면 실현 불가능한 해결책과 실현 가능한 해결책에 차이를 두면서, 최적화 코드는 약 20분이 걸릴 것이다.

그러나 예제에서 본래 코드를 실행하는 데 25초 걸리며, 첫 번째 최적화된 형식은 백분의 일 초 걸린다. 굉장한 비율이지만 25초밖에 절약하지 못했다. 이 경우에 개선된 코드는 본래 코드보다 보다 분명하고 명백하기 때문에 노력할 만한 가치가 있었다고 생각한다. 그러나 최적화에 많은 시간을 소비해야 하며, 그리고 나중에 살펴보았을 때 이해하지 못하는 애매한 코드가 된다면, 최적화할 만한 가치가 있었던 노력이라고 판단하기 어렵다.

4.7.2 효율적 알고리즘을 사용하라

예제 4.19

스프레드시트에서 등급을 기록하는 문제를 생각해 보자. 어떤 학급이 여러 차례 시험을 치렀다. 각각 성명과 등급이 매겨진 n 차례 시험이 있다. 학급 명부 스프레드시트에 등급을 기록하려고 한다.

매우 속도가 느린 알고리즘

1. 성명과 등급이 매겨진 스프레드시트에서 첫 번째 학생 이름을 읽는다.
2. 무작위로 n개 시험 중 하나를 선택한다.
3. 이름이 일치하면, 등급을 기록하고, 다음 학생으로 넘어간다.
4. 그렇지 않으면, 선택한 시험을 제자리에 갖다 두고, 무작위로 다른 시험을 선택한다.
5. 모든 등급이 기록될 때까지 반복한다.

이 알고리즘이 얼마나 나쁜가? 이 질문에 대한 한 가지 대답은 처음으로 등급을 기록(Matching grader)할 때까지 예상 시간을 결정하는 것이다.

n번의 시험이 있기 때문에, 정확하게 이름이 일치될 확률은 $1/n$이다. 처음으로 이름이 일치하기까지의 추첨 수는 매개변수 n을 갖는 기하 확률 변수이다. 확률 변수의 예상값은 n으로 알려진다. 두 번째 학생으로 가면, 찾아야 할 시험이 하나 적기 때문에, 예상값은 n-1이 될 것이다. 전반적으로 모든 등급을 완전히 기록하는 데 걸리는 예상 시간은 $\sum_{i=1}^{n} i = n(n-1)/2$에 하나를 선택하고 검토하는 시간을 곱한 양이다.

약간 빠른 알고리즘

1. 첫 번째 시험을 수행한다.
2. 일치하는 이름을 찾을 때까지 스프레드시트의 모든 이름을 탐색하고, 등급을 기록한다.
3. 각 학생에 대해 반복한다.

각 시험에 대하여 이 알고리즘은 평균적으로 목록의 이름 반을 탐색해야 하므로, 전체 시간은 하나의 이름을 탐색하는 시간을 곱한 값 $n^2/2$에, 시험 더미에서 하나의 시험을 선택하는 시간 n을 더한 값이 된다. 전부 $n^2/2+n=n(n+2)/2$ 단계지만, 각 단계는 위의 단계보다 빠르기 때문에 아마도 이 알고리즘이 더 빠를 것이다.

훨씬 빠른 알고리즘

1. 우선 스프레드시트의 이름을 알파벳순으로 정렬한다.
2. 첫 번째 시험을 수행한다.
3. 도움이 되는 알파벳 정렬을 이용해서, 스프레드시트의 이름을 찾는다.
4. 각 학생에 대해 반복한다.

이등분법(Bisection technique)을 이용해서 정렬된 목록을 조사하는 것이 더 빠르기 때문에 이 알고리즘은 훨씬 빠르다. 가운데 이름(Middle names)을 조사한 다음, 현재 시험의 어떤 절반의 가운데 이름이 정렬되는지 등을 확인하는 것이다. 시험마다 이름을 찾을 때까지 비교하는 데 약 $\log_2 n$의 비교 시간이 걸리므로, 전체적으로 $n\log_2 n$ 시간이 걸린다. 중간에서 큰 크기의 학급에 대하여 이 알고리즘은 이전 알고리즘의 $n^2/2$ 검색 시간보다 훨씬 우수하다. 100명의 학급에 대하여 5,000번의 동작과 700 미만의 반복 단계의 차이가 있다.

더 나아가서 등급을 기록하기 전에 학급을 정렬할 수 있다. 학급과 등급 목록의 순서는 같으므로, n개의 단계만 실행하면 점수기록을 마칠 수 있다. 그러나 단지 컴퓨터에게 이름 정렬을 요청하는 대신에 물리적 정렬을 요구하기 때문에, 시험점수 정렬은 아마도 스프레드시트에서 이름을 정렬하는 것보다 훨씬 더 느리다. 그래서 이 방법은 위의 알고리즘보다 더 느릴 것처럼 보인다. 다른 한편으로, 시험 정렬은 시험점수를 정렬된 순서로 남겨두므로, (예를 들어 특정 학생의 시험점수를 찾는) 시험에 대한 향후 작업속도는 더 빠를 것이다. 지금의 추가적인 투자가 나중에 절약된 시간에서 성과를 거둘지에 대해 판단해야 할 것이다.

4.7.3 프로그램 실행 시간을 측정하라

최적화는 어려운 작업이므로, 필요하지 않을 때는 최적화하기가 싫다. 많은 경우에 최적화로부터 기대할 수 있는 시간 절약보다 프로그램을 최적화하는 데 시간이 더 걸린다. 최적화를 시작하기 전에 절약할 수 있는 시간에 대한 상한값으로써 프로그램 실행에 걸리는 시간을 측정해야 한다.

R에서 system.time() 함수는 방정식의 해를 구하는 데 걸리는 실행 시간을 측정한다. 예를 들어 다음 코드는 위에서 보고된 시간을 측정하는 방법을 보여준다.[5]

```
X <- rnorm(100000)
Y <- rnorm(100000)
Z <- c()
system.time({
   for (i in 1:100000){
       Z <- c(Z, X[i] + Y[i])
   }
})
     user   system elapsed
   28.675    1.540  30.348
Z <- rep(NA, 100000)
system.time({
   for (i in 1:100000){
      Z[i] <- X[i] + Y[i]
   }
})
     user   system elapsed
    0.151    0.002    0.153
system.time(Z <- X + Y)
     user   system elapsed
        0        0       0
```

"사용자(User)" 시간은 특정 작업에 할애된 시간이며, "시스템(System)" 시간은 시스템이 다른 작업을 실행하는 데 걸리는 시간이며, 그리고 "경과(Elapsed)" 시간은 우리가 시계로 보는 시간이다. microbenchmark 패키지는 매우 짧은 시간을 측정하도록 몇 번이고 자동적으로 동작을 반복한다. 예를 들어

5 여기서 언급하는 시간은 이전의 시간과 다르다. 컴퓨터에서 일어나는 다른 활동들이 결과에 영향을 미치기 때문에, 이는 전형적이다.

```
library(microbenchmark)
microbenchmark(Z <- X + Y)

Unit: microseconds
expr            min       lq       mean    median       uq        max   neval
Z <- X + Y  98.627  115.762  310.9959 148.1575  178.802  3099.206    100
```

프로그램의 어떤 특정 부분이 최적화하기 제일 좋은 대상인지를 측정할 수도 있다. 컴퓨팅에서 유명한 경험 법칙은 90/10 법칙이며, 이 법칙에 의하면 90%의 프로그램 실행시간은 10%의 코드에서 나온다. 10% 느린 코드를 병목(Bottlenecks)이라 부른다. 병목현상을 식별하고 최적화할 수 있다면, 90%의 프로그램을 쳐다보지도 않고 상당한 속도 향상을 얻을 수 있다는 것은 당연한 결과이다.

많은 소프트웨어 플랫폼은 프로그램의 병목현상을 찾는 데 도움을 주는 프로파일러(Profiler)를 제공한다. 다양한 유형의 프로파일러가 있지만, 일반적으로 프로파일러는 실행되는 동안 프로그램을 감시하고 실행시간이 소비되는 위치를 알린다. R에서 `Rprof()` 함수가 프로파일러를 통제하지만, 자세한 내용은 여기서 다루지 않을 것이다.

4.7.4 다른 컴파일 언어를 사용해보라

사랑하는 만큼, R이 사용할 수 있는 유일한 컴퓨팅 플랫폼이 아니며, 모든 작업에 가장 적합한 도구가 아니라는 것을 인정한다. 원시 속도만 고려한다면, C, C++, 또는 Fortran같은 컴파일러형 언어를 사용하는 것이 훨씬 더 낫다. R 자체는 C와 Fortran으로 쓰여지며, 벡터에 대한 동작이 빠르게 진행되는 이유가 된다. 즉 R에서 대부분 작업은 컴파일된 코드로 실행된다.

추천하는 프로그래밍 방식은 대부분 작업을 R에서 하는 것이다. 받아들일 수 있는 속도를 얻지 못하는 경우, 병목현상을 확인하고, 컴파일러형 언어로 번역하는 것을 고려하라. R은 다른 언어 코드로 연결하기 위하여 광범위한 지원을 제공한다. 불행하게도 이 말은 또 한 번 여기서 다루지 않는, 일정 수준의 기술적 세부사항을 요구한다.

4.7.5 신중히 최적화하라

언어의 코드로 유명한 컴퓨터 과학자 Donald Knuth는 "프로그래밍에서 시기상조의 최적화는 모든 (또는 적어도 대부분) 악의 뿌리이다"라고 말한 적이 있다. 최적화는 어렵고 언제나 권장되는 것은 아니라고 강조한 바 있다. 효율적인 코드작성을 위한 조언으로 이 장을 마칠 것이다.

1. 올바르게 하라.
2. 충분히 빠르게 하라.
3. 올바르게 되었는지 확인하라.

4장 실전문제

1. 예제 4.2에서 언급한 것처럼 RANDU 알고리즘은 예측 가능한 세 쌍둥이 값을 생성한다. 다음을 시도해서 그 결과를 확인하라. 우선 RANDU 알고리즘을 이용해서 3,000,000개의 값을 생성하라. 결괏값들을 소수점 이하 세 자리까지 반올림한 다음, 첫 번째 열에는 첫 번째 값을, 두 번째 열에는 두 번째 값을, 그리고 세 번째 열에는 세 번째 값을 넣는 방식으로, 전체 벡터 값에 대해 반복해서 3개의 열을 갖는 행렬을 만든다. 그리고 x를 0.1로 설정하고 첫 번째 열이 x와 같은 행렬의 부집합 행을 찾는다. 두 번째 열 대 세 번째 열을 도시한다. 일련의 9개의 그래프로 x=0.1, 0.2, ... , 0.9에 대해 이 작업을 반복한다. 놀랄 만한 패턴이 얻어져야 한다.

2. 다음 다항식의 해를 구할 수 있는 함수를 작성하라.

$$P(x)=c_n x^{n-1}+c_{n-1}x^{n-2}+\ \cdots\ +c_2 x+c_1.$$

작성된 함수는 변수로 x와 다항식 계수 벡터를 포함해야 하며, 임의의 x값에서 다항식의 값을 반환해야 한다. 작성된 함수의 이름을 `directpoly()`으로 명명하라.

3. 이전 문제를 참고하라. 중간에서 큰 값의 n에 대하여, 호너의 법칙(Horner's rule)을 이용하면, x에서 다항식의 값을 보다 효과적으로 구할 수 있다.

(a) c_n을 a_n으로 놓는다.

(b) $i = n-1, \ldots, 1$에 대하여, $a_i = a_{i+1}x + c_i$으로 놓는다.

(c) a_1을 반환한다. (이는 계산된 $P(x)$ 값이다.)

변수 x와 다항식 계수 벡터를 포함하며, x에서 계산된 다항식의 값을 반환하는 `hornorpoly()` 함수를 작성하라. x 벡터에 대하여 작성한 함수가 타당한 벡터 값을 반환하는지 확인하라.

4. 이전의 두 문제에서 사용된 알고리즘을 비교해 보자.

(a) 특별히 다음 코드를 시도하라.

```
system.time(directpoly(x = seq(-10, 10, length = 5000000),
                       c(1, -2, 2, 3, 4, 6, 7)))
system.time(horner(x = seq(-10, 10, length = 5000000),
                   c(1, -2, 2, 3, 4, 6, 7)))
```

(b) 다항식의 계수가 적어지면, 어떻게 비교가 될까? 다음 식을 시도해 보라.

$$P(x) = 2x^2 + 17x - 3$$

5. 초기값 2.9을 사용해서 (소수점 이하 7자리의 정확도 이내까지) 다음 함수의 해를 구하는 Newton 법에 필요한 시간을 구하라.

(a) $(x-3)e^{-x}$

(b) $(x^2-6x+9)e^{-x}$

6. 이등분법 알고리즘과 초기 구간 [2.1, 3.1]을 이용해서, 이전 문제를 반복하라.

7. 버블정렬(예제 4.16 참조)과 합병정렬(예제 4.17 참조)의 실행 시간을 비교하라. 길이가 10, 1000, 10000, 100000인 벡터에 대해 실행 시간을 비교하라. `rnorm()` 함수를 이용해서 이 목적에 맞는 벡터를 생성할 수 있다.

8. 이 연습문제는 (3장에서 간략하게 다루었던) `grid` 패키지의 그래픽적 편집 능력을 경험하게 해준다. 삼각형을 그리는 데 필요한 정보를 가지고 그래픽 객체(grob)를 생성하려면, 다음 코드를 실행하라.

```
b1 <- sqrt(1/cos(36*pi/180)^2-1)/2
b2 <- sin(72*pi/180)/(2*(1+cos(72*pi/180))) - (1-sin(72*pi/180))/2
triangle <- polygonGrob(c(0,.5,1), c(b2,b2+b1,b2),
     name = "triangle", gp = gpar(fill = "yellow", col = 0))
grid.draw(triangle)    # 이 명령이 실행되기까지 아무것도 나타나지 않는다.
```

다음으로, 별 모양의 인상을 주기 위하여, 회전시킨 3개의 삼각형 복사본을 그린다.

```
for (i in 0:2) {
pushViewport(vp=viewport(angle=72*i))
grid.draw(triangle)
upViewport()
}
```

5장

시뮬레이션

통계 대부분은 통계변수의 기댓값을 구할 수 있는지 그리고 분포의 변위치(Quantile)를 찾을 수 있는지에 의존한다. 예를 들면 다음과 같다.[1]

- 가설검정에서 귀무가설(Null hypothesis)이 참이라고 가정했을 때, 표본의 p-값은 적어도 현재 다루고 있는 표본만큼 극단적인 관측치가 나올 확률로 정의된다. 이는 표본이 덜 극단적일 때 0으로, 그렇지 않을 때 1로 정의되는 확률 변수의 기댓값이다.
- 모집단의 매개변수의 편의추정량(Biased estimator)은 추정량의 기댓값으로부터 추정되고 있는 참값을 뺀 값으로 정의된다.
- 신뢰구간은 추축량(Pivotal quantity) 분포의 변위치, 예를 들어 $(\bar{X}-\mu)/(s/\sqrt{n})$에 기준한다.

단순한 경우 이런 양들을 분석적으로 구하거나, 대표본근사법(large sample approximations)을 사용하기도 한다. 그러나 그렇지 않은 경우 확률 변수를 근사하기 위하여 컴퓨터-기반 근사법이 필요하다.

이 장에서 Monte Carlo 시뮬레이션을 소개할 것이며, 이 소개에 난수(또는 좀 더 적당하게 의사 난수(Pseudorandom number) 생성의 기본 개념이 포함될 것이다. 그리고 일부의 공통확률분포(Common probability distribution)로부터 확률 변수를 시뮬레이션하는 방법을 다룰 것이다. 그런 다음에 시뮬레이션을 이용해서 자연 과정(Natural process)을 모형화하거나 적분을 평가할 수 있는 놀라운 방법들을 보여줄 것이다. 기각 샘플링(Rejection sampling)과 중요도 샘플링(Importance sampling) 그리고 이 장의 마지막 주제인 마르코프 연쇄(Markov chain)를 통하여

1 통계 변수와 그 성질을 파악하려면 부록을 참고하라.

더욱 향상된 시뮬레이션 방법에는 어떤 것인지 힌트를 줄 것이다.

5.1 몬테카를로 시뮬레이션

확률 변수의 속성을 근사하는 가장 일반적인 컴퓨터-기반 방법은 몬테카를로법(Monte Carlo method)이다.

몬테카를로법을 이용하여 평균 $\mu=E(X)$을 근사하기 위하여, m개의 독립 및 동일 분산된(IID, Independent and Identically Distributed) X의 복사본, 즉 $X_1, \ldots, X_m$을 생성하고, $E(X)$의 추정값으로 표본 평균 $\bar{X}=(1/m)\sum X_i$을 사용한다. 큰 값의 m에 대하여, $\bar{X}$는 $E(X)$를 우수하게 근사한다.[2]

더욱이 m이 크면 표본 평균 $\bar{X}$의 분포는 평균 μ과 분산 σ^2/m을 갖는 정상분포로 충분히 표현할 수 있다.[3] 여기서 σ^2는 표본 분산 $s^2=[1/(m-1)]\sum(X_i-\bar{X})^2$으로 근사될 수 있는 분산 $Var(X)$이다. 분산은 평균 μ에 대한 대략의 신뢰구간(Confidence interval)을 구축할 수 있게 해준다. 예를 들어 $\bar{X}\pm 1.96s/\sqrt{m}$는 약 95% 정도의 μ을 포함할 것이다.

이 장의 나머지 부분에서는 컴퓨터를 이용하여 확률 변수 생성을 시뮬레이션하는 방법을 설명할 것이다. 마치 무작위적인 것처럼 다뤄지는 숫자들을 발생시키는 결정론적 방법(deterministic method)을 설명할 것이다. 이 과정에서 2명의 참가자를 떠올리면 도움이 된다. 커튼 뒤에 숨어있는 프로그래머는 알고리즘이 결정론적이며 예측 가능한 것으로 알고 있지만, 무작위로 숫자를 사용하는 사람들은 난수 계산에 사용되는 메커니즘을 알지 못하기 때문에, 그런 사용자들에게 숫자들은 무작위적이고 예측 불가능한 것처럼 보인다. 실제로 양쪽 참가자들은 같은 사람일 수 있다. 이런 책략과 실제로 예측 불가능한 순수 난수를 구별하기 위하여, 이 장의 나머지 부분에서 이런 모의 난수를 의사 난수(Pseudorandom numbers)로 부를 것이다.

5.2 의사 난수 생성

의사 난수 생성 메커니즘을 간략하게 탐구하면서 시뮬레이션에 대한 논의를 시작하기로

2 큰 수의 법칙(Law of large numbers)을 따른다.

3 중심 극한 정리(Central limit theorem)

한다. 특히 [0, 1] 구간에서 독립 균등 확률 변수(independent uniform random variables)를 시뮬레이션하는 가장 단순한 방법 중 한 가지를 설명할 것이다.

승산식 합동(Multiplicative congruential) 난수 발생기(Random number generator)는 [0, 1] 구간에서 독립 균등 난수와 비슷해 보이는 의사 난수열, $u_0, u_1, u_2, \ldots,$을 생성한다.

표본 크기 m을 큰 정수 놓고, b를 m보다 작은 또 다른 정수로 놓자. 때때로 m의 제곱근과 가깝게 b값을 선택한다. 다른 값의 b와 m은 특성(Quality)을 달리하는 의사 난수 발생기를 생기게 한다. 우수한 매개 변숫값을 선택하는 다양한 기준이 존재하지만, 결과로 얻어진 발생기를 테스트해서 사리에 맞는 결과를 공급한다고 확인하는 것이 항상 중요하다.

우선 1과 m 사이에 정수 x_0을 선택한다. 종자값(seed)으로 부르는 x_0 값을 선택하는 전략을 논의하기로 하자.

일단 종자값이 선택되면 발생기는 다음과 같이 진행한다.

$$x_1 = bx_0 (\text{mod } m)$$
$$u_1 = x_1/m.$$

0과 1 사이에 특정 값으로 선택된 u_1은 첫 번째 의사 난수가 된다. 그런 다음에 두 번째 의사 난수가 같은 방법으로 얻어진다.

$$x_2 = bx_1 (\text{mod } m)$$
$$u_2 = x_2/m.$$

u_2는 또 다른 의사 난수이다. m과 b가 적절하게 선택되고, 사용자에게 노출되지 않고, u_1 값만 주어진 것을 고려하면, u_2값을 예측하기 어렵다. 다른 말로 실제로 대부분 u_2는 거의 u_1과 무관하다. 다음 일반화된 공식에 따라 방법은 계속된다.

$$x_n = bx_{n-1} (\text{mod } m),$$
$$u_n = x_n/m.$$

이 방법은 전적으로 결정론적인 숫자들을 생성하지만, 위의 공식을 모르는 관찰자에게, 적어도 단기적으로는, 숫자들이 무작위적이며 예측 불가능한 것처럼 보인다.

예제 5.1

$m=7$과 $b=3$로 취하고, $x_0=2$로 선택한다. 그러면,

$$x_1=3\times2(\text{mod}\,7)=6,\ u_1=0.857,$$
$$x_2=3\times6(\text{mod}\,7)=4,\ u_1=0.571,$$
$$x_3=3\times4(\text{mod}\,7)=5,\ u_1=0.714,$$
$$x_4=3\times5(\text{mod}\,7)=1,\ u_1=0.143,$$
$$x_5=3\times1(\text{mod}\,7)=3,\ u_1=0.429,$$
$$x_6=3\times3(\text{mod}\,7)=2,\ u_1=0.286.$$

순환과정은 $x_7=x_1$으로 설정하고 x_i는 같은 정수열을 거치면서 순환할 것이 분명해야 하므로, 이에 해당하는 배열 u_i도 순환적일 것이다. 어떤 관찰자는 u_1로부터 u_2를 쉽게 예측할 수 없을지 모르지만, 0보다 큰 모든 i에 대하여 $u_{i+6}=u_i$이기 때문에, 더 긴 배열은 예측하기 아주 쉽다. 예측 불가능한 정수열을 생성하려면, 어떤 관찰자라도 전체 순환을 볼 수 없도록 길이가 매우 큰 수열을 순환시키는 것이 바람직하다. 순환 길이는 m보다 클 수 없으므로, m은 보통 매우 크게 설정된다.

순환 길이가 실제로 m인지 확신하기 위하여 b와 m을 선택할 때 주의를 기울여야 한다. 예를 들어 $b=171$ 그리고 $m=29241$일 때 어떻게 되는지 유의하라. $x_0=3$으로 시작하면,

$$x_1=171\times3=513,$$
$$x_2=171\times513\ (\text{mod}\,29241)=0.$$

남아있는 모든 x_n 값은 0이 될 것이다. 이런 유형의 문제를 피하려면 b로 나눌 수 없는 m을 선택해야 한다. 따라서 m의 소수값이 선호될 것이다. 다음 예제는 조금 더 우수한 발생기를 보여준다.

예제 5.2

다음 코드는 초기 종자값 $x_0=27218$인 승산식 합동 발생기에 근거해서 50개의 의사 난수를 만들어 낸다.

$x_n = 171x_{n-1}$ (mod 30269),

$u_n = x_n/30269$,

```
random.number <- numeric(50)        # 의사 난수 출력을 저장
random.seed <- 27218
for (j in 1:50) {
   random.seed <- (171 * random.seed) %% 30269
   random.number[j] <- random.seed / 30269
}
```

random.number 벡터에 저장된 결과는 다음과 같다. 벡터 성분들은 0과 1 사이에 있다는 것에 주목하라. 벡터 성분들은 의사 난수들, $u_0, u_1, \ldots, u_{50}$이다.

```
random.number
 [1] 0.76385080 0.61848756 0.76137302 0.19478675 0.30853348 0.75922561
 [7] 0.82757937 0.51607255 0.24840596 0.47741914 0.63867323 0.21312234
[13] 0.44391952 0.91023820 0.65073177 0.27513297 0.04773861 0.16330239
[19] 0.92470845 0.12514454 0.39971588 0.35141564 0.09207440 0.74472232
[25] 0.34751726 0.42545178 0.75225478 0.63556774 0.68208398 0.63636063
[31] 0.81766824 0.82126929 0.43704780 0.73517460 0.71485678 0.24051009
[37] 0.12722587 0.75562457 0.21180085 0.21794575 0.26872378 0.95176583
[43] 0.75195745 0.58472364 0.98774324 0.90409330 0.59995375 0.59209092
[49] 0.24754700 0.33053619
```

`runif()` 함수로 자동으로 의사 난수를 생성하기 위하여, (비록 다른 공식을 사용하고, 길이가 매우 긴 순환이기는 하지만) 비슷한 유형의 연산이 R에서 내부적으로 사용된다.

문법

```
runif(n, min = a, max = b)
```

이 명령을 실행하면 $[a,b]$ 구간에 n개의 균등 의사 난수(pseudorandom uniform numbers)가 만들어진다. 기본값은 $a=0$와 $b=1$이며, 종자값은 내부적으로 선택된다.

예제 5.3

[0,1] 구간에 5개의 균등 의사 난수와 [-3,-1] 구간에 10개의 균등 의사 난수를 만들어 내라.

```
runif(5)
[1] 0.9502223 0.3357378 0.1330718 0.4901114 0.0607455
runif(10, min = -3, max = -1)
[1] -2.284105 -2.545768 -2.199852 -1.126908 -1.324746 -2.744848
[7] -1.549739 -1.445740 -2.834744 -1.372574
```

위 코드를 실행하면, 출력에 보이는 값보다 거의 확실하게 다른 결과를 얻을 것이다. 그 이유는 사용하는 선발 종자값(starting seed)이 이전에 코드를 실행할 때 선택된 값과 다르기 때문이다.

선발 종자 x_0값을 선택하는 2가지 다른 전략이 있다. 예측 불가능한 수열을 만드는 것이 목적이라면 무작위 값이 바람직하다. 예를 들어 컴퓨터는 하루의 현재 시간을 가장 가까운 밀리초(천분의 1초, Millisecond) 단위로 결정한 다음, 시시각각으로 밀리세컨드 단위의 시간으로 선발 종자값을 배정한다. 예측 가능성을 방지하기 위하여, 위 공식을 사용해서 갱신한 후에 이런 외적 무작위배정(External randomization)은 오직 한 번만 해야 한다. 예를 들어 모든 u_i를 발생시키기 전에 위와 같이 컴퓨터 시계가 사용되었다면, 빠른 컴퓨터에서는 서로 1밀리초 이내에 생성된 같은 값들이 길게 배열될 것이다.

x_0를 선택하는 두 번째 전략은 고정된 비무작위값, 예를 들어 $x_0=1$을 사용하는 것이다. 이 전략은 일련의 u_i 값을 예측하게 하며 반복할 수 있게 해주며, 난수를 사용하는 프로그램을 디버깅할 때 또는 반복성이 요구되는 또 다른 상황에서 유용할 수 있다. R에서 이 전략을 이용하는 방법은 `set.seed()` 함수를 사용하는 것이다.

예를 들면,

```
set.seed(32789)          # 이 책과 동일한 결과를 출력하도록 이 코드를 사용한다.
runif(5)
[1] 0.3575211 0.3537589 0.2672321 0.9969302 0.1317401
```

[연습문제]

1. 초기 종자값 x_0=17218과 다음 공식을 이용해서 20개의 의사 난수를 발생시켜라.

$$x_n=172x_{n-1}(\text{mod } 30307)$$

2. b=171, m=32767, 그리고 선발 종자 x_0=2018를 갖는 승산식 합동 발생기를 이용해서 20개의 의사 난수를 발생시켜라.

3. `set.seed(32078)`과 함께 `runif()` 함수를 이용해서, 다음에 주어진 분포로부터 10개의 의사 난수를 발생시켜라.
   (a) 균등 (0, 1) 분포
   (b) 균등 (3. 7) 분포
   (c) 균등 (-2. 2) 분포

4. `runif()` 함수를 이용해서 U 벡터로 할당한 100개의 균등 의사 난수 변량(Uniform pseudorandom variates)를 발생시켜라. `set.seed(19908)` 함수를 사용하라.
   (a) U 벡터 성분의 평균, 분산, 표준편차를 계산하라.
   (b) 결과를 참값의 평균, 분산, 표준편차와 비교하라.
   (c) 0.6보다 작은 U 값의 비율을 계산하고, 균등 확률 변수 U가 0.6보다 작은 확률과 비교하라.
   (d) $1/(U+1)$의 기댓값을 추정하라.
   (e) U 값과 $1/(U+1)$ 값의 히스토그램을 구축하라.

5. [3.7, 5.8] 구간에서 균등하게 분포된 확률 변수에 대한 10,000번의 독립 관찰을 시뮬레이션하라.
   (a) 균등 확률 변수의 평균, 분산, 표준편차를 추정하고, 추정값과 참값을 비교하라.
   (b) 균등 확률 변수가 0.4 이상인 확률을 추정하고, 참값의 확률과 비교하라.

6. `runif()` 함수를 이용해서 10000개의 균등 (0, 1) 확률 변숫값, U_1을 시뮬레이션하고, 또 다른 10000개의 균등 (0, 1) 확률 변숫값, U_2를 시뮬레이션하라. 이 벡터들을 각각 U_1

과 U_2로 할당하라. U_1과 U_2의 값들은 거의 독립적이기 때문에, U_1과 U_2을 독립적 균등 (0, 1) 확률 변수로 간주할 수 있다.

(a) $E[U_1+U_2]$를 추정하라. 그 결과를 참값 그리고 $E[U_1]+E[U_2]$의 추정값과 비교하라.

(b) $Var(U_1+U_2)$과 $Var(U_1)+Var(U_2)$를 추정하라. 두 결과가 같은가? 참값에 대해서는 같아야 하는가?

(c) $P[U_1+U_2 \leq 1.5]$를 추정하라.

(d) $P[\sqrt{U_1}+\sqrt{U_2} \leq 1.5]$를 추정하라.

7. U_1, U_2, 그리고 U_3를 [0,1] 구간에서 독립적 균등 확률 변수로 가정하라. 시뮬레이션을 이용해서 다음 양을 추정하라.

(a) $E[U_1+U_2+U_3]$

(b) $Var(U_1+U_2+U_3)$과 $Var(U_1)+Var(U_2)+Var(U_2)$

(c) $E[\sqrt{U_1+U_2+U_3}\,]$

(d) $P(\sqrt{U_1}+\sqrt{U_2}+\sqrt{U_3} \geq 0.8)$

8. `runif()` 함수와 함께 `round()` 함수를 이용해서, 1부터 10까지 값을 갖는 1000개의 의사 무작위 정수(Pseudorandom integers)를 발생시키고, discreteunif 벡터로 저장하라. `table()` 함수를 이용해서 각 값의 관찰 빈도가 기대했던 값과 가까운지를 확인하라. 가깝지 않으면, 어떻게 방법을 수정해야 하는가?

9. `sample()` 함수는 일련의 값으로부터 단일 무작위 표본을 얻게 해준다. 예를 들어 `sample(c(3,5,7), size=2, replace=FALSE)` 명령어는 {3,5,7} 집합으로부터 [비복원(Without replacement)으로] 추출되는 2개의 값으로 구성된 벡터를 산출한다. `sample()` 함수를 이용해서 1부터 100까지 50개의 의사 무작위 정수를 발생시켜라.

(a) 비복원으로 추출되는 표본(비복원 추출)

(b) 복원으로 추출되는 표본(복원 추출)

10. 다음 코드는 2개의 균등 확률 변수(U_1과 U_2)의 합(X)과 차(Y)를 시뮬레이션한다. 그런 다음에 X 대 Y 산점도(Scatter plot)가 그려지고 X와 Y 사이의 상관관계가 추정된다.

```
U2 <- runif(1000)
U1 <- runif(1000)
X <- U1 + U2
Y <- U1 - U2
plot(Y ~ X)
cor(X,Y)                              # 표본의 상관관계 계산
```

상관관계는 두 확률 변수 사이의 선형 의존(Linear dependence)의 정도를 나타낸다. 0에 가까운 값은 그런 의존도가 거의 없음을 시사하며, -1 또는 1에 가까운 값은 선형 관계가 존재한다는 것을 의미한다.

위에 있는 코드를 실행하고 출력을 이용해서 다음 질문에 대답하라.

(a) X와 Y는 일차종속이라고 생각하는가?

(b) X와 Y는 확률론적으로 독립이라고 생각하는가? (이 질문에 답하려면, 주의 깊게 산점도를 보라.)

(c) U_1과 U_2는 일차종속이라고 생각하는가?

(d) U_1과 U_2는 확률론적으로 독립이라고 생각하는가? (이 질문에 답하려면, 적절한 그래프를 작성하라.)

5.3 다른 확률 변수 시뮬레이션

5.3.1 베르누이 확률 변수

베르누이 시행(Bernoulli trial)은 2가지 가능한 결과만 보여주는 실험이다. 예를 들어 백열전구는 작동하거나 작동하지 않는, 두 가지 가능성밖에 없다. 각 결과("작동함" 또는 "작동 불능")마다 확률을 가지며, 이같은 두 가지 확률의 합은 1이어야 한다.

예제 5.4

5가지 선택 문항을 갖는 객관식 시험 문제의 정답을 추측으로 답을 적은 학생이 있다고 하자. 이 학생이 문제의 정답을 정확하게 맞출 확률은 0.2이며 부정확하게 맞출 확률은 0.8이다. (정답을 추측한 결과는 정확 또는 부정확, 2가지만 가능하다.)

그 학생이 20문제로 구성된 객관식 시험을 얼마나 잘 치르는지 알고 싶다고 하자. 시뮬레

이션하면 아이디어를 얻을 수 있다.

각각의 문제는 성공 확률 0.2(=1/5)인 독립 베르누이 시행에 부합한다. 독립 균등 난수(Independent uniform random number)를 생성함으로써 각 문제에 대한 학생의 정확도를 시뮬레이션할 수 있다. 난수 값이 0.2보다 작으면 학생이 문제를 정확하게 추측했다고 말하며, 그렇지 않으면 문제를 부정확하게 추측했다고 말한다.

균등 확률 변수가 0.2보다 작을 개연성은 정확히 0.2이며, 반면에 균등 확률 변수가 0.2를 초과하는 개연성은 학생이 문제를 부정확하게 추측하는 확률과 정확하게 같은 0.8이기 때문에, 이 시뮬레이션은 효과가 있을 것이다. 따라서 균등 난수 발생기는 학생 흉내를 내고 있다. R은 이런 시뮬레이션을 다음과 같이 수행할 수 있다.

```
set.seed(23207)        # 이 책과 동일한 결과를 출력하도록 이 코드를 사용한다.
guesses <- runif(20)
correct.answers <- (guesses < 0.2)
correct.answers
 [1] FALSE FALSE FALSE FALSE  TRUE  TRUE  TRUE FALSE TRUE TRUE FALSE
[12] FALSE FALSE FALSE FALSE FALSE FALSE FALSE FALSE TRUE
```

correct.answers는 학생의 추측을 시뮬레이션한 결과를 포함하는 논리형 벡터이다. TRUE는 정확한 추측에 해당하고, FALSE는 부정확한 추측에 해당한다. 정확히 추측한 전체 수를 다음과 같이 계산할 수 있다.

```
table(correct.answers)
correct.answers
FALSE  TRUE
   14     6
```

시뮬레이션한 학생의 점수는 6/20이다.

앞선 예제에서 "0"과 "1" 값을 베르누이 시행으로부터 얻은 결과와 결부시킬 수 있었으며, 이로부터 베르누이 확률 변수(Bernoulli random variable)를 정의한다. 1 값을 갖는 확률 변수는 확률 p 그리고 0 값을 갖는 확률 변수는 확률 $1-p$로 결부시킨다.

베르누이 확률 변수의 기댓값은 p이며, 이론 분산(Theoretical variance)은 $p(1-p)$이다. 위 예제에서 그 학생은 정확하게 20%를 추측하기 기대했지만, 여기서 시뮬레이션한 학생은 약간 운이 좋아 30% 점수를 얻었다.

[연습문제]

1. n개의 문제로 구성된 진위형 시험을 치르는 학생이 추측한 결과를 시뮬레이션하는 R 함수를 작성하라.
   (a) R 함수를 작성해서 10문제 시험에 답을 추측한 한 학생을 시뮬레이션하고, 이 학생이 맞춘 정답의 수를 계산하라.
   (b) 100문제 시험을 추측한 학생이 맞춘 정답의 수를 시뮬레이션하는 R 함수를 작성하라.

2. 100명의 학급이 20문제 진위형 시험을 치르며, 학급의 모든 학생은 정답을 추측한다고 하자.
   (a) 시뮬레이션해서 점수의 평균 편차와 평균 점수를 추정하라.
   (b) 30% 이상의 점수를 얻는 학생의 비율을 추정하라.

3. 각각의 백열전구가 0.99의 작동 확률을 갖는, 500개의 백열전구를 시뮬레이션하는 R 함수를 작성하라. 시뮬레이션을 이용해서, 작동하면 1이며 작동하지 않으면 0인 확률 변수 X의 기댓값과 분산을 추정하라. 이론값은 얼마인가?

4. $n=25$그리고 $p=0.4$인 이항 확률 변수(Binomial random variable)를 시뮬레이션하는 R 함수를 작성하라. (이는 25개의 독립 베르누이 확률 변수(p)의 합이다.) 100개의 이런 이항 확률 변수를 생성해서, 이항확률 변수의 평균과 분산을 추정하라. (이론값 (10, 6)과 비교하라.)

5.3.2 이항 확률 변수

각각의 p 확률을 갖는 m개의 독립 베르누이 확률 변수의 합을 X로 놓는다. X를 이항확률 변수로 부르며, m번의 베르누이 시행에서 "성공(Successes)" 횟수를 나타낸다.

이항 확률 변수는 $\{0,1,2,\ldots,m\}$ 집합에서 값을 취할 수 있다. 이들 중 어떤 값을 갖더라도 이항 확률 변수 X의 확률은 이항분포(Binomial distribution)의 지배를 받는다.

$$P(X=x)=\binom{m}{x}p^x(1-p)^{m-x},\ x=0,1,2,\ \ldots\ ,m$$

이런 확률은 `dbinom()` 함수를 이용해서 구할 수 있다.

문법

```
dbinom(x, size, prob)
```

여기서 size와 prob는 각각 이항 매개변수 m과 p이며, x는 "성공"의 수를 의미한다. 함수로부터 얻어지는 출력은 $P(X=x)$ 값이다.

예제 5.5

동전을 6번 던져서 앞면이 4번 나올 확률을 계산하라.

```
dbinom(x = 4, size = 6, prob = 0.5)
[1] 0.234375
```

따라서 X가 $m=6$ 그리고 $p=0.5$인 이항 확률 변수일 때, $P(X=x)=0.234$이다.

$P(X \leq x)$ 형태의 누적확률은 `pbinom()` 함수를 이용해서 계산될 수 있으며, 이 함수는 `dbinom()`과 동일한 매개변수를 취한다. 예를 들어 동전을 6번 던져서 앞면이 나오는 횟수가 X인 경우, $P(X \leq 4)$를 다음과 같이 계산할 수 있다.

```
pbinom(4, 6, 0.5)
[1] 0.890625
```

`qbinom()` 함수는 이항분포의 변위치(Quantile)를 계산한다. (위에 정의한) X 분포의 89번째 백분위수(Percentile)는 다음과 같이 계산된다.

```
qbinom(0.89, 6, 0.5)
[1] 4
```

이항 확률 변수의 기댓값(또는 평균)은 mp이며 분산은 $mp(1-p)$이다.

`rbinom()` 함수는 이항 의사 난수를 발생시키기 위하여 사용한다.

문법

```
rbinom(n, size, prob)
```

여기서 size와 prob는 이항 매개변수이며, n은 발생된 변량의 수이다.

예제 5.6

기계설비가 생산하는 온수기 침적관의 10%가 결함이 있으며, 시간마다 15개의 침적관이 생산된다고 가정하자. 각 침적관은 모든 다른 관에 독립적이다. 한 시간 기준으로 4개 이상의 결함이 있는 관이 생산될 때 이 공정은 통제 불능으로 판단된다. 24시간 동안 시간마다 기계설비가 생산하는 결함이 있는 침적관의 수를 시뮬레이션하고, 시뮬레이션이 실행되는 어떤 시점에서 어떠한 공정이 통제 불능으로 판단되어야 하는지 결정하라.

매시간 15개의 관이 생산되고 각 침적관은 다른 관의 상태와 상관없이, 결함이 있을 0.1 확률을 갖기 때문에, 1시간에 생산된 결함이 있는 관의 수는 $m=15$와 $p=0.1$인 이항 통계 변수이다. 24시간 동안 매시간 생산되는 결함이 있는 관의 수를 시뮬레이션하려면, 24개의 이항 난수를 발생시켜야 한다. 그런 다음에 결함이 있는 관의 수가 5개를 초과하는 모든 경우를 파악한다. 그런 시뮬레이션을 실행한 결과 중 하나는 다음과 같다.

```
defectives <- rbinom(24, 15, 0.1)
defectives
[1] 0 1 1 0 1 1 2 5 0 0 1 1 3 3 0 2 2 0 1 0 1 1 4 2
any(defectives > 5)
[1] FALSE
```

[연습문제]

1. 어떤 생산 시설의 불량률이 0.15라고 가정하자. 시간마다 25개의 제품이 생산된다고 가정하고, 24시간 동안 매시간 발생하는 불량품의 수를 시뮬레이션하라. 불량품의 수가 5개를 초과하는지 확인하라. $p=0.2$ 그리고 $p=0.25$으로 가정하고 이 과정을 반복하라.

2. 매개변수 20과 0.3을 갖는 10,000개의 이항 의사 난수를 시뮬레이션하고, 결과를 binsim 이름의 벡터로 할당하라. X를 이항 확률 변수 (2, 0.3)으로 놓는다. 모의 수(Simulated numbers)를 이용해서 다음을 추정하라.

(a) P(X≤5)

(b) P(X=5)

(c) $E[X]$

(d) $Var(X)$

(e) X의 95번째 백분위수. (`quantile()` 함수를 사용할 수 있다.)

(f) X의 99번째 백분위수.

(g) X의 99.999번째 백분위수.

각각의 경우에 대해 추정값을 참값과 비교하라. 정확하게 극량(Extreme quantities)을 추정하려면 무엇이 필요한가?

3. 시뮬레이션을 이용해서 매개변수 $m=18$와 $p=0.76$을 갖는 이항 통계 변수의 평균과 분산을 추정하고, 이론값과 비교하라.

4. 소위 반전 방법(Inversion method)을 이용해서 이항 통계 변수를 시뮬레이션하기 위하여 고안된 다음 함수를 생각해 보자.

```
ranbin <- function(n, size, prob) {
    cumpois <- pbinom(0:(size - 1), size, prob)
    singlenumber <- function() {
        x <- runif(1)
        N <- sum(x > cumpois)
        N
    }
    replicate(n, singlenumber())
}
```

(a) 신중하게 이 함수를 공부하고 문서화하라.[4] 특히 `singlenumber()` 함수가 무엇에 쓰

4 `replicate()` 함수는 n개의 결과를 벡터로 할당하면서, 반복적으로 `singlenumber()`를 호출하게 해준다. 보다 자세한 내용은 `help(replicate)`을 참고하라.

는지에 주목하라.

(b) `ranbin()` 함수를 이용해서 크기 매개변수 10과 확률 매개변수 0.4를 갖는 이항 분포로부터 길이가 1000, 10000, 그리고 100000인 벡터를 시뮬레이션하라. `system.time()` 함수를 이용해서 이 시뮬레이션의 실행시간과 `rbinom()` 함수가 사용될 때 상응하는 실행시간과 비교하라.

5. 다음 함수는 상응하는 독립 베르누이 확률 변수를 더해서 이항 의사 난수를 시뮬레이션한다.

```
ranbin2 <- function(n, size, prob) {
    singlenumber <- function(size, prob) {
        x <- runif(size)
        N <- sum(x > prob)
        N
    }
    replicate(n, singlenumber(size, prob))
}
```

(a) 조심스럽게 이 함수를 공부하고, 관련 문서를 작성하라. 특히 `singlenumber()` 함수가 무엇에 쓰는지에 주목하라.

(b) `ranbin2()` 함수를 이용해서 크기 매개변수 10과 확률 매개변수 0.4를 갖는 이항 분포로부터 길이가 1000, 10,000, 그리고 100,000인 벡터를 시뮬레이션하라. `system.time()` 함수를 이용해서 이 시뮬레이션의 실행 시간과 `rbinom()` 함수가 사용될 때 상응하는 실행 시간과 비교하라. 이전 연습에서 생성된 `ranbin()` 함수로부터 얻은 실행 시간과 비교하라.

6. 이전 연습문제에서 발생기는 각각의 이항 수(binomial number)를 위하여 균등 의사 난수의 매개변수 `size`가 필요했다. 다음 발생기는 이전 연습문제와 같은 원리에 근거하지만, 각각의 이항 수를 발생시키려면 균등 의사 난수 하나만 필요하다.

```
ranbin3 <- function(n, size, prob) {
    singlenumber <- function(size, prob) {
        k <- 0
        U <- runif(1)
        X <- numeric(size)
        while (k < size) {
            k <- k + 1
            if (U <= prob) {
               X[k] <- 1
               U <- U / prob
            } else {
               X[k] <- 0
               U <- (U - prob)/(1 - prob)
            }
        }
        return(sum(X))
      }
      replicate(n, singlenumber(size, prob))
}
```

(a) `ranbin3()` 함수를 이용해서 다음과 같은 매개변수를 갖는 이항분포로부터 100개의 의사 난수를 발생시켜라.

(i) size=30 그리고 prob=0.4.

(ii) size=500 그리고 prob=0.7.

(b) $U<p$을 고려하면, U/p의 조건분포는 무엇인가?

(c) $U>p$을 고려하면, $(U-p)/(1-p)$의 조건분포는 무엇인가?

(d) 위 질문의 정답을 이용해서 `ranbin3()` 함수에 관한 설명서를 작성하라.

7. X가 매개변수 $m=18$와 $p=0.76$을 갖는 이항 확률 변수일 때, 중심극한정리(Central limit theorem)의 한가지 형태는 다음과 같이 나타낼 수 있다.

$$Z=\frac{X-mp}{\sqrt{mp(1-p)}}$$

여기서 Z는 개략적으로 표준 정규분포이며, m이 증가함에 따라 근사 결과가 향상된다.

다음 코드는 {1,2, … ,100} 집합의 m값에 대하여 다수의 Z 값을 시뮬레이션하고 각각의 경우에 정규 QQ 그래프를 그린다.

```
for (m in 1:100) {
   z <- (rbinom(20000, size = m, prob = 0.4) - m * 0.4) /
        sqrt(m * 0.4 * 0.6)
   qqnorm(z, ylim = c(-4, 4), main = paste("QQ-plot, m = ", m))
   qqline(z) }
```

(a) 코드를 실행하고 m이 증가함에 따라 어떻게 Z 분포가 변하는지 관찰하라.

(b) 각각 P=0.3, 0.2, 0.1, 0.05인 경우에 대하여 유사한 변화를 파악할 수 있도록 코드를 수정하라. QQ 그래프에서 거의 직선 형태를 구현하려면 m은 얼마나 커야 하는가? 모든 경우에 m=100은 충분히 큰 값인가?

5.3.3 포아송 확률 변수

포아송 분포는 매개변수 n과 p_n을 갖는 일련의 이항 분포의 극한이며, 여기서 n은 무한대까지 증가하며 p_n은 0까지 감소하지만, 기댓값(또는 평균) np_n은 상수 λ로 수렴한다. 분산 $np_n(1-p_n)$는 동일한 상수로 수렴한다. 따라서 포아송 확률 변수의 평균과 분산은 모두 λ와 같으며, 가끔 이 매개변수를 사건 발생률(Rate)로 부른다.

포아송 확률 변수는 여러 가지 방법으로 발생하며, 종종 조잡한 가산 데이터 모형(Crude model for count data)으로 사용된다. 가산 데이터의 예로 어떤 지역에서 한 해에 발생하는 지진 횟수, 또는 주어진 시간에 은행원에게 도착하는 사람 수를 들 수 있다. 0 또는 1로 가산되는, 시간(Time period)을 n개의 독립 구간으로 나누는 것으로부터 극한이 생겨난다. 포아송 확률 변수는 가산된 전체수가 된다.

포아송 확률 변수 X가 가질 수 있는 값은 음이 아닌 정수 {0,1,2, …}이며, 이 중에서 어떤 값을 취할 때의 확률은 다음과 같다.

$$P(X=x)=\frac{e^{-x}\lambda^{x}}{x!},\ x=0,1,2,\ \dots$$

이 확률은 `dpois()` 함수를 이용해서 구할 수 있다.

문법

```
dpois(x, lambda)
```

여기서 lambda는 포아송 발생률 매개변수(Rate parameter)이며, x는 포아송 사건 발생수이다. 이 함수로부터 얻어지는 결과는 $P(X=x)$이다.

예제 5.7

포아송 모형에 따르면, 분당 평균 도착하는 사람 수가 0.5인 현금자동인출기에 앞으로 1분 안에 3사람이 도착할 확률은 다음 코드로부터 구할 수 있다.

```
dpois(x = 3, lambda = 0.5)
[1] 0.01253606
```

그러므로 X가 평균 0.5인 포아송 확률 변수일 때, $P(X=3)=0.0126$이다.

$P(X \leq x)$ 형태의 누적확률(Cumulative probability)은 `ppois()` 함수를 이용해서 구할 수 있으며, 포아송 변위치(Quantile)는 `qpois()` 함수를 이용해서 계산할 수 있다.

`rpois()` 함수를 이용해서 포아송 난수를 발생시킬 수 있다.

문법

```
rpois(n, lamda)
```

여기서 매개변수 n은 생성된 변량의 수이며, lamda는 위와 같은 사건 발생률이다.

예제 5.8

한 해 3.7 평균 발생률로 교차로에서 교통사고가 발생한다고 가정하자. 포아송 모형으로 추정하고, 10년 동안 매년 교통사고 수를 시뮬레이션하라.

```
rpois(10, 3.7)
[1] 6  7  2  3  5  7  6  2  4  4
```

포아송 과정

포아송 과정은 일정 시간 동안 발생하는 사건 수를 수집하는 단순한 모형이다. 포아송 과정을 연상하는 한 가지 방법은 선 또는 평면(필요하면, 더 높은 차원)에서 무작위로 점들을 수집한다고 생각하는 것이다.

동질적 포아송 과정(Homogeneous Poisson process)은 다음 특성을 갖는다.

1. 집합에서 점들의 수 분포는 집합 크기에 비례하는 발생률을 갖는 포아송이다.
2. 겹치지 않는 집합에서 점들의 수는 서로 독립적이다.

특히 λ 발생률을 갖는 포아송 과정에 대하여 $[0, T]$ 구간에 있는 점의 평균 수가 λT인 포아송 분포이다. 이를 시뮬레이션하는 한 가지 방법은 다음과 같다.

1. 매개변수 λT를 갖는 포아송 의사 난수로 N개를 발생시킨다.
2. $[0, T]$ 구간에서 N개의 독립적 균등 의사 난수(Independent uniform pseudorandom numbers)를 발생시킨다.

예제 5.9

[0,10] 구간에서 1.5의 발생률을 갖는 동질적 포아송 과정의 점들을 시뮬레이션하라.

```
N <- rpois(1, 1.5 * 10)
P <- runif(N, max = 10)
sort(P)

[1] 0.0321442 0.1173187 0.2542297 2.4376206 3.9358325 4.0503778
[7] 4.5093112 5.2883388 7.4392293 8.4700712 8.7615109 8.8157830
[13] 9.3580064
```

[연습문제]

1. 매년 사건 발생 수를 포아송 모형으로 추정하고, 매년 평균 사건 발생률이 2.8일 때 15년 동안 매년 사건 수를 시뮬레이션하라.

2. 차량당 평균 결함률이 1.2인, 20대의 스포츠카 외부에 표면 결함 수를 시뮬레이션하라.

3. 10,000개의 포아송 의사 난수를 시뮬레이션해서, 평균 발생률이 7.2인 포아송 확률 변수의 평균과 분산을 추정하라. 결과를 이론값과 비교하라.

4. 결과를 각각 $P5$, $P10$, $P15$, $P20$으로 할당한 평균이 5, 10, 15, 20인 10,000개의 의사 난수 포아송 변량(Pseudorandom Poisson variates) 벡터를 시뮬레이션하라.
   (a) X가 비율 $\lambda=5, 10, 15$, 그리고 20인 포아송일 때, $E[\sqrt{X}]$와 $Var[\sqrt{X}]$를 추정하라.
   (b) X가 포아송 확률 변수일 때, X의 분산은 X의 평균과 함께 증가하는 것에 유의하면서, 평균과 분산 사이의 관계에 X의 제곱근을 취하는 효과는 무엇인가? (통계학자는 때때로 "분산을 안정화"하기 위하여 가산 데이터에 제곱근을 취하는데, 이는 무엇을 의미하는지 이해하는가?)

5. [4,5] 구간에 놓이는 1.5 발생률의 포아송 과정으로부터 얻어진 점들의 수의 분포는 다음 시뮬레이션에 의해 평균 1.5를 갖는 포아송이라는 주장의 합리성을 검토하는 시뮬레이션 실험을 구축하라. 우선 [0,10] 구간에서 많은 수의 포아송 과정 실현을 시뮬레이션하라. 그리고 각각의 실현에 대해 [4,5]에 속한 점의 수를 가산하라. QQ 그래프를 이용해서 한 벌의 셈 값과 시뮬레이션된 포아송 값을 비교하라. 아래에 제공한 코드를 실행시키고 그 결과 그래프를 확인하라.

```
poissonproc <- function() {
    N <- rpois(1, 1.5 * 10)
    P <- runif(N, max = 10)
    return(sum( 4 <= P & P <= 5 ))
}
counts <- replicate(10000, poissonproc())
qqplot(counts, rpois(10000, 1.5))
abline(0, 1)                   # 점들은 적절하게 이 선 가까이에 놓인다.
```

6. 한 가지 형태의 중심 극한 정리에 의하면, X가 λ 변수를 갖는 변수 포아송 확률 변수일 때 다음과 같이 나타낼 수 있다.

$$Z = \frac{X - \lambda}{\sqrt{\lambda}}$$

여기서 Z는 개략적으로 표준 정규 분포이며, λ가 커질수록 근사 결과는 향상된다.
다음 코드는 {1,3,…,99} 집합의 λ 값에 대하여 다수의 Z값을 시뮬레이션하고, 각 경우에 대하여 정규 QQ 그래프를 그려라.

```
for (m in seq(1, 120, 2)) {
    z <- (rpois(20000, lambda = m)- m) / sqrt(m)
    qqnorm(z, ylim = c(-4, 4), main = "QQ-plot")
    qqline(z)
    mtext(bquote(lambda == .(m)), 3)
        # 이 명령은 수학적과 수치적 표기법이 혼합된 부제목을 생성한다.
}
```

(a) 코드를 실행하고 λ가 커질수록 어떻게 Z 분포가 변하는지 관찰하라.
(b) QQ 그래프에서 거의 직선 형태를 구현하려면 λ값은 얼마나 커야 하는가?

7. [0,2] 구간에서 평균 발생률 2.5의 포아송 과정을 10,000번 구현하는 시뮬레이션하라.
(a) 각 경우 소구간 [0,1]과 [1,2]에서 점의 수를 세라.
(b) (a)에서 얻은 셈이 발생률 2.5의 포아송 분포로 타당하게 근사되는가?
(c) 유효적절한 분산그래프를 이용해서, [0,1] 구간의 점의 수는 [1,2] 구간의 점의 수와 독립적이라고 추정하는 것이 타당한지 판단하라. 유용한 분산 그래프를 얻으려면 `jitter()` 함수를 이용해야 한다.

8. 비가 내리기 시작하는 시간은 포아송 과정으로 개략적으로 모형화될 수 있다. 예를 들어 Winnipeg 국제 공항에 7월과 8월 동안 비가 내리기 시작하는 시간은 발생률 0.023mm/hr의 포아송 과정으로 아주 잘 모형화된다. 이 모형을 이용해서 두 달동안 Winnipeg 국제 공항에 비가 시작하는 시간을 시뮬레이션하라. 이 위치에서 비가 시작하는 시간을 파악하는 모형으로서 포아송 과정이 실패할 수 있는 적어도 한 가지 방법을 확인하라.

9. 포아송 과정은 1보다 큰 차원에서 정의될 수 있다. 묘목이 관찰된 위치(점)와 "완전 무작위" 과정으로부터 얻은 나무의 위치(점)을 비교할 때 생태학 같은 분야에 그런 모형이 사용된다. 2차원 동질적 포아송 과정에서, 어떤 지역의 점의 분포는 그 면적에 비례하는 발생률을 갖는 포아송 과정이며, 겹치지 않는 지역의 점의 분포는 서로 독립적이다. 다음 코드를 이용해서 $[0,10]\times[0,10]$ 평방미터에서 단위 면적당 $\lambda=2$의 발생률을 갖는 점들의 2차원 포아송 과정을 그려라.

```
lambda <- 2
regionlength <- 10
regionwidth <- 10
N <- rpois(1, lambda*regionlength*regionwidth)
U1 <- runif(N, min=0, max=regionwidth)
U2 <- runif(N, min=0, max=regionlength)
```

점들의 공간적 위치를 나타내기 위하여, 여느 때와 마찬가지로, `plot()` 함수를 사용할 수 있다.

```
plot(U1, U2)
```

단위 면적당 $\lambda=4$의 발생률을 갖는 포아송 과정이 되도록 코드를 수정하고, 그 결과를 그려서 $\lambda=2$인 경우의 점들의 수와 비교하라.

10. 이전 연습문제를 참고하면서 평방미터당 0.25의 발생률로 15 평방미터 지역에서 나무 묘목이 관찰된다고 가정하자. 묘목 위치는 동질적 포아송 과정을 따른다는 가정하에, 단일 실현(Single realization)을 시뮬레이션하고, 결과로 초래된 점의 패턴을 그려라. 나무 묘목 모형으로서 포아송 과정이 갖는 문제점을 적어도 한 가지 밝혀라.

5.3.4 지수 확률 변수

지수 확률 변수는 기계 또는 전자 부품의 고장 시간, 또는 은행원이 고객에게 서비스를 마칠 때까지 걸리는 시간에 대하여 단순한 모형으로 사용된다. 지수분포는 λ로 표시되는, 일정한 고장률로 특징지어진다.

T는 $\lambda>0$ 비율의 지수분포를 가지며, 모든 음이 아닌 t에 대하여 다음 식이 성립한다.

$$P(T \leq t) = 1 - e^{-\lambda t}$$

pexp() 함수를 사용하면, 이 함수를 구할 수 있다.

문법

```
pexp(q, rate)
```

이 명령으로부터 얻는 출력은 $P(T \leq q)$ 값이며, 여기서 T는 사건발생률 rate을 갖는 지수 확률 변수이다.

예제 5.10

은행원의 서비스 시간은 분당 발생률 3의 지수 확률 변수로 모형화될 수 있다고 가정하자. 그러면 어떤 고객이 앞으로 1분 안에 서비스를 받을 확률은 다음과 같다.

```
pexp(1, rate = 3)
[1] 0.9502129
```

그러므로 X가 발생률 3을 갖는 지수 확률 변수일 때, $P(X \leq 1) = 0.95$이다.

분포 함수의 우변을 t에 관하여 미분하면, 지수 확률 밀도 함수(Exponential probability density function)가 얻어진다.

$$f(t) = \lambda e^{-\lambda t}$$

dexp() 함수를 사용해서 이 값을 구할 수 있으며, pexp() 함수와 같은 변수를 취한다. qexp() 함수는 지수 분포의 변위치를 구하는 데 사용될 수 있다.

지수 확률 변수의 기댓값은 $1/\lambda$이며, 분산은 $1/\lambda^2$이다.

지수 의사 난수 변량(Exponential pseudorandom variates)을 시뮬레이션하는 단순한 방법은 반전 방법(Inversion method)에 근거를 두고 있다. 지수 확률 변수 $F(x) = 1 - e^{-\lambda t}$에 대하여, $F^{-1}(x) = -[log(1-U)]/\lambda$ 이다. 그러므로 모든 $x \in (0,1)$에 대하여 다음 식이 성립된다.

$$P(F(T) \le x) = P(T \le F^{-1}(x)) = F(F^{-1}(x)) = x$$

따라서 $F(T)$는 (0,1) 구간에 대한 균등 확률 변수(Uniform random variable)이다. 균등 의사 난수 변량(Uniform pseudorandom variates)을 발생시키는 방법을 알기 때문에, 역변환 $F^{-1}(x)$을 적용해서 지수 변량을 얻을 수 있다.

즉, [0,1] 구간에 균등 의사 확률 변수 U를 발생시키고 다음과 같이 설정한다.

$$1 - e^{-\lambda T} = U$$

T에 대해 풀면, 다음 결과가 얻어진다.

$$T = -\frac{\log(1-U)}{\lambda}$$

여기서 T는 발생률 λ을 갖는 지수분포이다.

R 함수 rexp()를 이용하면 n개의 지수 난수 변량을 발생시킬 수 있다.

문법

```
rexp(n, rate)
```

예제 5.11

어떤 은행의 은행원 한 명이 10명의 줄 선 고객들을 대하고 있다. 각 고객이 서비스를 받는데 걸리는 시간은 분당 발생률 3을 갖는 지수분포이다. 10명의 고객에 대하여 서비스 시간을 (분으로) 시뮬레이션하라.

```
servicetimes <- rexp(10, rate = 3)
servicetimes
[1] 0.25415279 0.79177402 0.24280817 0.07887371 0.10738250 0.16583246
[7] 0.83294959 0.09676131 0.16938459 0.53317718
```

10명의 고객 모두가 서비스를 받을 때까지 전체 시간이 약 3분 16초로 시뮬레이션되었다.

```
sum(servicetimes)
[1] 3.273096
```

포아송 과정을 시뮬레이션하는 또 다른 방법

연이은 발생률 λ를 갖는 동질적 포아송 과정의 점들은 평균 $1/\lambda$의 독립 지수 분포 확률 변수로 구분된다. 이는 연이은 포아송 과정을 시뮬레이션하는 또 다른 간단한 방법으로 이어진다.

예제 5.12

0부터 시작해서, 발생률 1.5를 갖는 포아송 과정의 처음 25개 점들을 시뮬레이션하라.

```
X <- rexp(25, rate = 1.5)
cumsum(X)
[1]   1.406436  1.608897  1.800167  3.044730  3.160853  3.640911
[7]   4.827413  5.229759  6.542869  6.596817  7.305832  8.134470
[13] 10.704220 11.412163 11.515945 11.642972 12.277173 12.505261
[19] 15.205137 15.548352 16.727192 17.381278 17.678511 18.457350
[25] 18.658113
```

[연습문제]

1. 발생률이 3인 50,000개의 지수 확률 변수를 시뮬레이션하라.
   (a) 1보다 작은 수들의 비율을 구하라. 이 비율을 발생률 3의 지수 확률 변수가 1보다 작게 될 확률과 비교하라.
   (b) 이 수들의 평균을 구하라. 기댓값과 비교하라.
   (c) 이 표본의 분산을 구하고, 이론값과 비교하라.

2. 특정 유형의 배터리는 기하급수적으로 분포되는 55시간의 평균 수명을 갖는다. 시뮬레이션해서 이런 유형의 배터리에 대한 수명의 평균과 분산을 예측하라. 이론값과 비교하라.

3. 어떤 간단한 전기기구가 독립적 지수 확률 변수로 모형화될 수 있는 고장 시간을 갖는, 두 가지 부품으로 구성된다. 첫 번째 부품은 3개월의 평균 고장 시간을 가지며, 두 번째 부품은 6개월의 평균 고장 시간을 가진다. 부품 중 어느 하나가 고장이 나면 전기기구는 고장이 날 것이다. 시뮬레이션해서 전기기구가 고장이 나는 시간의 평균과 분산을 예측하라.

4. 두 부품 모두 고장이 났을 때 전기 기구가 고장이 난다는 가정하에 이전 질문의 계산을 반복하라.

5. 이 절에서 설명한 방법을 이용해서, 발생률이 2.5인 10,000개의 포아송 과정 구현을 시뮬레이션하라. [0,2] 구간에 점들의 수의 분포가 평균이 5인 포아송 분포에 상당히 근접하는 것을 확인하라.

5.3.5 정규 확률 변수

정규 확률 변수 X는 다음과 같이 주어지는 확률 밀도 함수(Probability density function, pdf)를 갖는다.

$$f(x)=\frac{1}{\sigma\sqrt{2\pi}}e^{-\frac{(x-\mu)^2}{2\sigma^2}}$$

여기서 μ는 X의 기댓값이며, σ^2은 X의 분산을 나타낸다. 표준 정규 확률 변수는 $\mu=0$의 평균과 $\sigma=1$의 표준편차를 갖는다.

정규 밀도 함수는 `dnorm()` 함수를 이용해서 구할 수 있으며, 분포 함수는 `pnorm()` 함수를 이용해서 구할 수 있으며, 그리고 정규 분포의 변위치는 `qnorm()` 함수를 이용해서 구할 수 있다. 예를 들어 2.7의 평균과 3.3의 표준편차를 갖는 정규분포의 95번째 백분위수는 다음과 같이 얻어진다.

```
qnorm (0.95, mean=2.7, sd=3.3)
[1] 8.128027
```

정규 의사 임의 변수(Normal pseudorandom variables)는 R의 `rnorm()` 함수를 이용해서 발생시킬 수 있다.

문법

```
rnorm(n, mean, sd)
```

이 명령은 평균 mean과 표준편차 sd를 갖는 n개의 정규 의사난수 변량(normal pseudorandom variate)을 생성한다.

예제 5.13

다음 코드를 이용해서, -3의 평균과 0.5의 표준편차를 갖는 10개의 독립적인 정규 변량을 시뮬레이션하라.

```
rnorm(10, -3, 0.5)

[1] -3.520803 -3.130006 -2.682143 -2.330936 -3.158297 -3.293808
[7] -3.171530 -2.815075 -2.783860 -2.899138
```

우선 무조건분포(Unconditional distribution)에 따라 시뮬레이션하고, 특정 조건을 만족하지 않는 숫자들을 기각함으로써 특정 조건분포(Conditional distribution)로부터 난수를 시뮬레이션할 수 있다.

예제 5.14

$0<x<3$인 사건에 대해서 조건적인 표준 정규 분포로부터 x를 시뮬레이션하라. 전체 정규 분포를 시뮬레이션한 다음, 0과 3 사이에 놓이는 값들만 인정한다.

다음과 같이 많은 수의 변량을 시뮬레이션할 수 있다.

```
x <- rnorm(100000)              # 표준 정규 분포 시뮬레이션
x <- x[(0 < x) & (x < 3)]       # (0, 3) 바깥쪽의 모든 x값 기각
hist(x, probability=TRUE)       # 시뮬레이션 값을 보여줌.
```

그림 5.1은 (0, 3) 구간에 대하여 히스토그램이 조율된 정규 밀도를 추적하는 것을 보여준다.

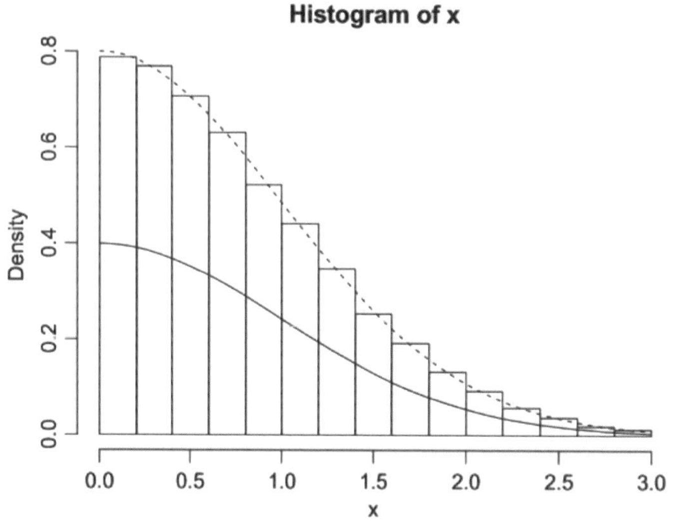

그림 5.1 시뮬레이션 값을 보여주는 히스토그램; 표준 정규 밀도(실선)와 조율된 정규 밀도(점선)

5.3.6 내장 분포 함수

R에는 다양한 표준 분포 함수들이 내장되어 있다. 이 함수들은 일반 명명 규칙을 따른다. rXXXX는 무작위 값을 발생시키며, dXXXX는 밀도 함수 또는 확률 함수를, pXXXX는 누적 분포 함수를, 그리고 qXXXX는 변위치를 발생시킨다. 표 5.1는 다양한 단변량 연속형 분포를 표로 작성하였으며, 표 5.2는 다양한 단변량 이산분포를 표로 작성하였다.

표 5.1 R에 내장된 연속형 분포

이름	rXXXX	매개변수	범위	평균	밀도 커널(Kernel of density)
Beta	rbeta	shape1 $=\alpha$ shape2 $=\beta$	$0<x<1$	$\frac{\alpha}{\alpha+\beta}$	$x^{\alpha-1}(1-x)^{\beta-1}$
Cauthy	rcauthy	location $=l$ scale $=s$	$-\infty<x<\infty$		$\frac{1}{(1+(x-l)/s)^2}$
Chi-square	rchisq	df $=\nu$	$x>0$	ν	$x^{\nu/2-1}e^{-x/2}$
Exponential	rexp	rate $=\lambda$	$x>0$	$1/\lambda$	$\exp(-\lambda x)$
F	rf	df1 $=\nu_1$ df2 $=\nu_2$	$x>0$	$\frac{\nu_2}{\nu_2-2}$	$\frac{x^{\nu_1/2-1}}{(\nu_1 x+\nu_2)^{(\nu_1+\nu_2)/2}}$
Gamma	rgamma	shape $=\alpha$ rate $=\beta$	$x>0$	$\frac{\alpha}{\beta}$	$x^{\alpha-1}e^{-\beta x}$
Logistic	rlogis	location $=m$ scale $=s$	$-\infty<x<\infty$	m	$\frac{\exp((x-m)/s)}{[1+\exp((x-m)/s)]^2}$
Lognormal	rlognorm	meanlog $=\mu$ sdlog $=\sigma$	$x>0$	$e^{\mu+\sigma^2/2}$	$\frac{1}{x}\exp\left(-\frac{(\log x-\mu)^2}{2\sigma^2}\right)$
Normal	rnorm	mean $=\mu$ sd $=\sigma$	$-\infty<x<\infty$	μ	$\exp\left(-\frac{(x-\mu)^2}{2\sigma^2}\right)$
Student's t	rt	df $=\nu$	$-\infty<x<\infty$	0	$(1+x^2/\nu)^{-(n+1)/2}$
Uniform	runif	min $=a$ max $=b$	$a<x<b$	$\frac{a+b}{2}$	1
Weibull	rweibull	shape $=a$ scale $=b$	$x>0$	$b\Gamma(1+1/a)$	$x^{a-1}\exp\left[-\left(\frac{x}{b}\right)^2\right]$

표 5.2 R에 내장된 이산형 분포

이름	rXXXX	매개변수	범위	평균	확률 커널 (Kernel of probability)
Binomial	rbinom	size=n prob=p	x=0,…, n	np	$\binom{n}{x}p^x(1-p)^{n-x}$
Geometric	rgeom	prob=p	x=0, 1,…	$\frac{1-p}{p}$	$(1-p)^x$
Hypergeometric	rhyper	m, n, k	$x=\max(0,k-n),\ldots,\min(m,k)$	$\frac{km}{m+n}$	$\binom{m}{x}\binom{n}{k-x}$
Negative binomial	rnbinom	size=n prob=p	x=0, 1,…	$n\frac{1-p}{p}$	$\binom{x+n-1}{x}(1-p)^x$
Poisson	rpois	lamda= λ	x=0, 1,…	λ	$\frac{\lambda^x}{x!}$

[연습문제]

1. 5.1의 평균과 5.2의 표준편차를 갖는 정규 확률 변수에 대하여 100번의 실현을 시뮬레이션하라. 시뮬레이션된 표본의 평균과 표준편차를 예측하고, 이론값과 비교하라.

2. 표준 정규 확률 변수 Z에 대하여 1,000번의 실현을 시뮬레이션하고, 시뮬레이션된 표본을 사용해서 다음에 주어진 확률을 예측하라. 그리고 이론값과 비교하라.
   (a) $P(Z>2.5)$
   (b) $P(0<Z<1.645)$
   (c) $P(1.2<Z<1.45)$
   (d) $P(-1.2<Z<1.3)$

3. $|X|>2$를 고려하면서, 평균이 3이고 표준편차가 16인 정규 확률 변수의 조건분포로부터 X를 시뮬레이션하라.

4. 하나의 자유도를 갖는 χ^2 확률 변수는 표준 정규 확률 변수의 제곱과 동일한 분포를 갖는다는 사실을 이용해서, χ^2 확률 변수에 대하여 100개의 독립적 실현을 시뮬레이션하고, 평균과 표준편차를 예측하라. (이론값 1과 2과 비교하라.)
5. n개의 자유도를 갖는 χ^2 확률 변수는 n개의 독립적 표준 정규 확률 변수의 제곱과 동일한 분포를 갖는다. 8개의 자유도를 갖는 χ^2 확률 변수를 시뮬레이션하고, 평균과 표준편차를 예측하라. (이론값 8과 16과 비교하라.)

5.4 다변량 난수 생성

통계와 응용 확률에서 대부분 흥미로운 문제들은 단지 하나의 확률 변수만을 포함하지 않으며, 여러 개의 확률 변수들이 관련된다. R은 몇 가지 다변량 분포를 내장하고 있지만, 많은 경우에 사용자들은 자신만의 시뮬레이션을 구축할 필요가 있으며, 이를 실행하기 위한 많은 기법이 있다. 여기서는 하나의 기법, 순차 조건부 생성(Sequential conditional generation)만을 설명할 것이다.

$X=(X_1, X_2, \ldots, X_p)$가 복잡한 p-차원 분포를 갖더라도, X_1은 1-차원 주변분포(Marginal distribution)를 갖는다는 사실이 이 기법의 개념이다. 그래서 X_1만을 시뮬레이션하는 것으로 시작한 다음, X_1이 주어진 조건분포로부터 X_2를, 그리고 X_1과 X_2이 주어진 조건분포로부터 X_3 등을 시뮬레이션한다. 주변 및 조건 분포(Marginal and conditional distributions)를 계산하는 것이 어렵다면, 실현가능하지 않을 수도 있지만 놀라울 정도로 많은 경우에 그렇지 않다.

예제 5.15

금융공학에서 흔히 사용되는 모형에 의하면, $t+1$일 거래가 마감될 때 주가 X_{t+1}는 로그값이 정규 분포를 갖는 값을 곱한, 전일 종가 X_t과 같다. 승수(Multiplier)는 매일 다르다.

어떤 주식이 주당 $100.00로 시작하고, 매일 1%의 가격이 변한다고 가정하자.

앞으로 5일 동안 주가의 결합분포(Joint distribution)는 어떻게 될까? 앞으로 5일 동안 주가가 $100 이상으로 유지될 확률은?

$X_0=100$으로 시작하고, $\exp(Z_t)$를 곱함으로써 이 문제를 시뮬레이션할 수 있다. Z_t의 $t=1,\ldots,5$는 평균이 0이고 표준편차가 $\log(1.01)$인 독립적 정규 확률 변수이다. `replicate()` 반복문을 이용해서 시뮬레이션하면, 1,000개의 시뮬레이션 결과를 얻을 수 있다.

```
X <- numeric(6)
X[1] <- 100
results <- replicate(1000, {
  for (t in 1:5)
    X[t + 1] <- X[t] * exp(rnorm(1, mean = 0, sd = log(1.01)))
  X
} )
str(results)
```

```
num [1:6, 1:1000] 100 101.1 100 98.1 98.1 ...
```

이 문제는 6개의 행과 1000개의 열로 구성된 행렬을 반환했다는 것을 알 수 있다. 얼마나 많은 경우에서 모든 값이 100보다 클까?

```
table(apply(results, 2, function(x) all(x[2:6] > 100)))
```

```
FALSE TRUE
  749  251
```

약 4분의 1의 경우에서 그런 결과가 일어난다는 것을 알았다.

5.5 마르코프 연쇄 시뮬레이션

마르코프 연쇄는 이전의 모든 값에 조건적인 X_{t+1} 분포가 X_t에만 의존하는 확률 변수 X_0, $X_1,\ldots$의 연속이다. 마르코프 연쇄는 내일 주가는 오늘 주가에만 의존하는 주식 시장, 자식의 게놈은 부모의 게놈에만 의존하는 생물학적 시스템, 등등처럼 기억력이 짧은 시스템을 모형화하는 데 흔히 사용된다. X_t가 한정된 수의 상태들 $1,\ldots,n$를 갖는 이산 확률 변수(Discrete random variable)일 때, $n\times n$ 행렬 P로 조건분포(Conditional distribution)를 나타내는 것이 편리하며, 여기서 P_{ij} 원소는, $X_t=i$를 고려하면 $X_{t+1}=j$인 조건부 확률을 유지한다. 확률의 합은 1이므로, 모든 $i=1,\ldots,n$에 대하여 행의 합 $\sum_{j=1}^{n} P_{ij}=1$ 이다.

이전 절에서 설명한 순차 조건부 시뮬레이션 방법(Sequential conditional simulation method)

을 이용하면, R에서 그런 마르코프 연쇄를 시뮬레이션하기 쉽다. X_{t+1} 값은 단순히 다음 코드로부터 얻어진 결과이다.

```
sample(1:n, size = 1, prob = P[X[t], ])
```

마르코프 연쇄는 불변분포(Invariant distribution), 즉 불변분포에서 X_t를 추출하고 행렬 P 행렬을 이용해서 갱신하면, X_{t+1}의 주변분포도 불변분포가 될 수 있도록, $P(X_t=i)=\pi_i$인 분포를 갖는다는 사실이 흥미롭다.(몇몇 P 행렬의 경우 하나 이상의 불변분포가 존재할 수 있지만, 적어도 하나의 불변분포는 항상 존재한다.) 일부 P 행렬의 경우, 어떤 분포로부터 X_0를 추출하더라도 t의 크기가 큰 X_t의 주변분포는 불변분포를 근사한다는 것이 더욱 흥미로운 사실이다. 마르코프 연쇄는 비록 π_i를 직접 계산할 수 없을 때라도 π_i에 가까운 분포로 값을 이끌어내기 위하여, 마르코프 연쇄 몬테카를로(Markov chain Monte Carlo, 또는 MCMC)라 부르는 방법에서 사용된다.

예제 5.16

어떤 질병에 관한 모형을 3가지 상태로 고려해보자. 첫 번째 상태는 정상, 두 번째 상태는 가벼운 질병, 그리고 세 번째 상태는 중병이다. 건강한 사람이 건강을 유지할 확률은 0.99, 가벼운 질병을 성장시킬 확률은 0.1이다. 가벼운 질병이 있는 사람이 치료를 받은 다음 건강해질 확률은 0.5, 가벼운 질병을 유지할 확률은 0.4, 그리고 중병으로 진전될 확률은 0.1이다. 마지막으로 중병이 있는 사람이 그 상태 그대로 있을 확률은 0.75, 가벼운 병으로 나아질 확률은 0.25이다.

이는 다음과 같이 3가지 상태의 마르코프 연쇄를 나타낸다.

$$P=\begin{bmatrix} 0.99 & 0.01 & 0.00 \\ 0.50 & 0.40 & 0.10 \\ 0.00 & 0.25 & 0.75 \end{bmatrix}$$

10,000개의 단계로 두 사람, 건강한 사람과 중병에 걸린 사람을 시뮬레이션할 것이다.

```
P <- matrix(c(0.99, 0.01, 0,
              0.5,  0.4, 0.1,
              0,   0.25, 0.75), 3, 3, byrow = TRUE)
healthy <- numeric(10000)
healthy[1] <- 1
for (t in 1:9999)
  healthy[t + 1] <- sample(1:3, size = 1, prob = P[healthy[t], ])
table(healthy)

healthy
   1    2    3
 9692  218   90

sick <- numeric(10000)
sick[1] <- 3
for (t in 1:9999)
  sick[t + 1] <- sample(1:3, size = 1, prob = P[sick[t], ])
table(sick)

sick
   1   2   3
 9646 216 138
```

두 사람은 10,000 단계를 거치면서 매우 비슷한 분포의 질병 상태를 보이는 것을 알았다. 실제로 질병 상태의 분포는 다른 평균들(6장의 연습문제 1번 참고)이 대략 (0.973, 0.020, 0.008)으로 보여질 수 있는, 마르코프 연쇄 P의 고유불변분포(Unique invariant distribution)에 가깝다.

예제 5.17

L. van Beethoven의 환희의 송가(Ode to Joy) 선율은 다음과 같이 컴퓨터에 연주되는 악보를 표현하는 표준 형식, "Lilypond" 형식(Format)으로 나타낼 수 있다.

```
\score {
  {
\tempo 4 = 120
e'4 e'4 f'4 g'4 g'4 f'4 e'4 d'4 c'4 c'4 d'4 e'4 e'4. d'8 d'2 e'4 e'4 f'4 g'4
g'4 f'4 e'4 d'4 c'4 c'4 d'4 e'4 d'4. c'8 c'2 d'4 d'4 e'4 c'4 d'4 e'8 f'8 e'4
g'4 d'4 e'8 f'8 e'4 d'4 c'4 d'4 g2 e'4 e'4 f'4 g'4 g'4 f'4 e'4 d'4 c'4 c'4
d'4 e'4 d'4. c'8 c'2
}
\layout{}
\midi{}
}
```

실제 악보는 4번째 줄에서 시작한다. 각각의 음표는 두 부분, 즉 음높이를 나타내는 문자 그리고 지속시간을 나타내는 숫자로 이루어진 기호로 표현된다. 구두점은 음높이와 지속시간을 수정한다. 이 파일을 표준 악보 표기법 또는 대부분 컴퓨터에서 재생할 수 있는 "MIDI" 파일로 변환시킬 수 있다. 집필하는 시점에 `http://lilybin.com` 웹사이트에 변환시킬 수 있는 온라인 도구를 사용할 수 있었다.

R을 이용해서 동일한 기호들을 무작위로 샘플링함으로써 Ode to Joy의 몇 가지 특징으로 악보를 만들 수 있다. 제일 먼저 코드를 ide.ly 파일로 저장한 다음 음표마다 하나의 기호로, 기호들을 문자형 벡터로 읽는다.

```
notes <- scan("ode.ly", skip = 3, nlines = 4, what = character())
```

무작위로 음표를 샘플링하고, 그 결과를 다음 코드를 사용하는 파일로 쓸 수 있다.

```
random <- sample(notes, 63, replace = TRUE)

writeLilypond <- function(notes, filename = "") {
  cat(c("\\score{\n {\n \\tempo 4 = 120",
       paste("" , strwrap(paste(notes, collapse = ""))),
       " }\n \\layout{}\n \\midi{}\n}"),
      sep = "\n", file = filename)
}

writeLilypond(random, filename = "indep.txt")
```

이 코드는 듣기 좋은 소리를 만들지만, 베토벤과는 아주 닮지 않는다. 마르코프 연쇄를 원본과 비슷한 전이확률(Transition probability)로 샘플링하면 원본에 더욱 비슷하게 만들 수 있다. 그러나 예를 들어 음표 선정을, 단지 하나가 아닌 2개의 이전 음표에 의존하는 원래 주파수와 일치하게 만드는 특징들을 더 많이 유지하는 것이 좋을 것 같다. 말하자면, Y_{t-1}과 Y_{t-2} 모두에 의존하는 음표 Y_t의 분포를 원한다.

마르코프 연쇄가 있으면 이런 작업들을 수행할 수 있다. $Z_t=(Y_{t-1}, Y_t)$으로 정의한다. 그러면 Z_t는 쉽게 Y_t를 추출할 수 있는 마르코프 연쇄이다. Y_t가 n개의 이전 관측들에 의존하도록 이 과정을 일반화시킬 수 있다.

이런 식으로 어떤 과정을 시뮬레이션할 때 한 가지 현실적인 문제는 Y_t가 m개의 상태를 가지면, Z_t는 m^n개의 상태를 갖는 다는 사실이다. 어떤 샘플곡이 14개의 다른 음표를 가지고 있다고 하자. 5개의 연속적인 음표의 분포와 일치시키기를 원하면, Z_t의 $14^5=537824$개의 서로 다른 상태가 필요할 것이며, Z_t의 선이행렬 P는 크기가 너무 커서 다루기 어려울 수 있다. 그러나 행렬 P는 대부분의 원소값이 0으로, "희소(Sparse)"할 것이다. 예를 들어 샘플곡은 일부분이 반복되는 61개의 전이 상태만을 갖는다. 이런 희소행렬(Sparse matrix)을 표현하기는 쉽지만, 여기서는 `matrix()` 함수가 아닌, `list()` 함수를 사용할 것이다. 다음 함수는 원래 데이터의 전이 상태를 센다.

```
countTransitions <- function(notes, n) {
    len <- length(notes)
    # 처음과 끝에 특별한 표시를 한다.
    notes <- c(rep("START", n), notes, "STOP")
    result <- list(n = n)
    # 기호를 세면서, 데이터에 대하여 반복 시행한 다음에 멈춘다.
    for (i in 1:(len+1)) {
      index <- notes[ seq_len(n+1) + i - 1 ]
       # 양수의 결과만 저장하므로, 미리 이런 전이를 보지 못했다면,
       # NULL이 될 것이다; 비어 있는 list()를 삽입한다.

    for (j in seq_len(n)) {
      if (is.null(result[[ index[1:j] ]]))
       result[[ index[1:j] ]] <- list()
    }
    prevcount <- result[[ index ]]
    if (is.null(prevcount))
      result[[ index ]] <- 1
    else
      result[[ index ]] <- result[[ index ]] + 1
    }
    result
}
```

이 코드는 리스트에 음표 분포의 수, n을 기록한 결과를 반환한다. 이 함수를 사용하는 새로운 악보를 생성하기 위하여 이 리스트를 사용할 수 있다.

```
generateTransitions <- function(counts, len, filename = "") {
   # START로 초기화한다.
   n <- counts$n
   len <- len + n
   notes <- rep("START", len)
   i <- n
   while (i < len && notes[i] != "STOP" ) {
      i <- i + 1
      index <- notes[i - n:1]
      distn <- counts[[ index ]]
      notes[i] <- sample(names(distn), 1, prob = distn)
   }
   # 이제 START와 STOP를 중단하고, 결과를 반환한다.
   notes[ !(notes %in% c("START", "STOP")) ]
}
```

여기서 최대 길이를 얻지만, STOP 표시에 이르면, 조기에 멈춘다. n=2인 함수를 사용하면 그림 5.2에 표준 악보 표기법으로 보이는 출력을 생성한다.

```
counts <- countTransitions(notes, 2)
writeLilypond(generateTransitions(counts, 100))

\score {
  {
   \tempo 4 = 120
   e'4 e'4 f'4 g'4 g'4 f'4 e'4 d'4 c'4 c'4 d'4 e'4 c'4 d'4 e'4
   e'4. d'8 d'2 e'4 e'4 f'4 g'4 g'4 f'4 e'4 d'4 c'4 c'4 d'4 e'4
   e'4. d'8 d'2 e'4 e'4 f'4 g'4 g'4 f'4 e'4 d'4 c'4 c'4 d'4 e'4
   d'4. c'8 c'2
  }
  \layout{}
  \midi{}
}
```

그림 5.2 베토벤의 Ode to Joy에 대한 불규칙 변동(Random variation). lilybin.com의 Lilypond이 연출한 악보

이 악보는 잘 기억하지 못하는 음악가가 연주한 Ode to Joy처럼 들린다. 길이가 더 긴 악보로 시작하거나 두 선율의 전이를 혼합하면 좀 더 독창적인 악보를 얻을 수 있을 것이다.

5.6 몬테카를로 적분

$g(x)$는 $[a, b]$ 구간에서 적분 가능한 모든 함수이다.

$$\int_a^b g(x)dx$$

이 식으로 $a<x<b$와 0과 $g(x)$ 사이의 y로 둘러싸인 영역의 면적을 계산한다. (여기서 음의 값은 음수 면적에 가산된다.)

몬테카를로 적분은 이런 적분의 근사값을 얻기 위하여 시뮬레이션을 사용한다. 이 적분은 대수의 법칙(The law of large numbers)에 의존한다. 이 법칙에 의하면 크기가 큰 난수 표본(Large random sample)의 평균은 샘플링되는 분포의 기댓값에 근접하려는 경향이 있다. 적분을 기댓값으로 표현할 수 있으면, 표본 평균으로 적분을 근사할 수 있다.

예를 들어 $U_1, U_2, \ldots, U_n$을 $[a, b]$ 구간에서 독립적 균등 확률 변수라고 하자. 이 변수들은 그 구간에서 $f(u)=1/(b-a)$의 밀도를 갖는다. 그러면

$$E[g(U_i)]=\int_a^b g(u)\frac{1}{b-a}du,$$

따라서 원래의 적분 $\int_a^b g(x)dx$는 $b-a$에 $g(U_i)$의 표본 평균을 곱한 값으로 근사될 수 있다.

예제 5.18

원래의 적분 $\int_0^1 x^4 dx$를 근사하기 위하여, 다음 코드를 사용하라.

```
u <- runif(100000)
mean(u^4)

[1]  0.2005908
```

이 경우 쉽게 계산될 수 있는, 참값 0.2와 비교하라.

예제 5.19

원래의 적분 $\int_2^5 \sin(x) dx$ 를 근사하기 위하여, 다음 코드를 사용하라.

```
u <- runif(100000, min = 2, max = 5)
mean(sin(u))*(5-2)

[1]  -0.6851379
```

참값은 -0.700으로 보여질 수 있다.

다중적분(Multiple integration)

$V_1,\ V_2,\dots,\ V_n$를 [0, 1] 구간에서 다른 세트의 독립적 균등 확률 변수라고 하고, $g(x,\ y)$는 이제 두 변수 x와 y의 적분 가능한 함수라고 가정하자. 대수의 법칙에 의하면, 확률 1을 가질 때 다음 식으로 표현할 수 있다.

$$\lim_{n\to\infty}\sum_{i=1}^{n} g(U_i,\ V_i)/n = \int_0^1\int_0^1 g(x,\ y)\,dx\,dy$$

따라서 적분 $\int_0^1\int_0^1 g(x,\ y)\,dx\,dy$를 각각에 대한 $g(U_i,\ V_i)$를 계산한 다음 평균을 취하는, 두 세트의 독립적 균등 의사 난수 변량을 발생시켜서 근사할 수 있다.

예제 5.20

다음 코드를 이용해서 적분 $\int_3^{10}\int_1^7 \sin(x-y)dx\,dy$ 를 근사하라.

```
U <- runif(100000, min = 1, max = 7)
V <- runif(100000, min = 3, max = 10)
mean(sin(U - V))*42

[1]  0.07989664
```

$42=(7-1)(10-3)$ 인자는 $f(u,\ v)=1/42$인 U와 V의 결합 밀도(Joint density)를 보상한다.

균등밀도(Uniform density)는 결코 몬테카를로 적분에서 사용되는 유일한 밀도가 아니다. X의 밀도가 $f(x)$이면, $E[g(X)/f(X)]=\int[g(x)/f(x)]f(x)dx=\int g(x)dx$이므로, 후자를 $g(X)/f(X)$의 표본 평균만큼 근사할 수 있다.

예제 5.21

적분 $\int_1^\infty \exp(-x^2)dx$를 근사하기 위하여, $\int_0^\infty \exp[-(x+1)^2]dx$ 으로 쓰고, X의 지수분포를 사용하라.

```
X <- rexp(100000)
mean( exp( -(X + 1)^2 ) / dexp(X) )

[1]  0.140112
```

이 적분의 참값은 0.1394이다.

몬테카를로 적분이 항상 성공적이지는 않다. 때때로 $g(x)/f(x)$ 비율이 매우 다양해서 표본 평균이 수렴하지 않는 경우가 있다. 이 비율이 대체로 일정하도록 $f(x)$를 선택하고, $g(x)/f(x)$이 제멋대로 커지는 상황을 피하려고 노력하라.

[연습문제]

1. 몬테카를로 적분을 이용해서 다음 적분을 근사하라. 알 수 있다면 참값과 비교하라.

$$\int_0^1 x\,dx \quad \int_1^3 x^2\,dx \quad \int_0^\pi \sin(x)\,dx \quad \int_1^\pi e^x\,dx \quad \int_0^\infty e^{-x}\,dx$$

$$\int_0^\infty e^{-x^3}\,dx \quad \int_0^3 \sin(e^x)\,dx \quad \int_0^1 \frac{1}{\sqrt{2\pi}}e^{-x^2/2}\,dx$$

$$\int_0^2 \frac{1}{\sqrt{2\pi}}e^{-x^2/2}\,dx \quad \int_0^3 \frac{1}{\sqrt{2\pi}}e^{-x^2/2}\,dx$$

2. 몬테카를로 적분을 이용해서 다음 이중적분을 근사하라.

$$\int_0^1\int_0^1 \cos(x-y)\,dx\,dy \qquad \int_0^1\int_0^1 e^{-(x+y)^2}(x+y)^2\,dx\,dy$$

$$\int_0^3\int_0^1 \cos(x-y)\,dx\,dy \qquad \int_0^5\int_0^2 e^{-(x+y)^2}(x+y)^2\,dx\,dy$$

5.7 고급 시뮬레이션 방법

지금까지 설명한 시뮬레이션 방법은 특별한 유형의 확률 밀도 또는 분포에만 동작할 것이다. 범용 시뮬레이션 방법을 사용해서 매우 다양한 분포에서 의사 난수 표본을 얻어낼 수 있다.

예제 5.22

X는 n개의 미지수를 갖는 이항(n, p) 확률 변수지만, 여기에서 p값은 정확하게 알려지지 않는다고 가정하자. 그 값은 0.7에 가깝다. 데이터 값 $X=x$으로 주어질 때, p를 예측하려고 한다.

p의 최우추정량(Maximum likelihood estimator) $\hat{p}=x/n$이지만 이는 사전지식(Prior knowledge), 즉 p값은 실제로 거의 0.7에 가깝다는 사실을 무시한다.

사전지식, 예를 들어 $p \sim N(0.7, \sigma=0.1)$을 밀도로 전환하면, $X=x$가 주어질 때 베이스 정리(Bayes' theorem)는 p의 조건 분포(conditional density)를 계산할 수 있게 해준다.

$$f(p\,|\,X=x) \propto \exp\left(\frac{-(p-0.7)^2}{2(0.1)^2}\right) p^x(1-p)^{n-x},\ 0<p<1,$$

이 식을 1로 통합되는 표준 밀도로 만드는 상수를 고치는 것은 매우 어렵지만, 예를 들어 몬테카를로 적분을 이용하는 수치 근사법은 가능하다.

이 절 나머지의 목표는 위 예제처럼 밀도로부터 의사 난수(Pseudorandom numbers)를 발생시키기 위하여 사용될 수 있는 시뮬레이션 방법을 제시하는 것이다. 두 가지 방법이 주로 사용된다.

- 기각 샘플링(Rejection sampling)
- 중요도 샘플링(Importance sampling)

5.7.1 기각 샘플링

기각 샘플링 개념은 조건분포에서 표본을 추출하기 위하여 5.3.5절에서 사용되었다. 편의분포(Convenient distribution)로부터 표본을 추출한 다음, 목표분포(Target distribution)를 얻기 위하여 부표본을 선택한다. 연속적인 2개의 예제를 사용해서, 일변량 밀도(Univariate density) 또는 확률 함수 $g(x)$에서 무작위 표본을 추출하기 위하여 기각 샘플링을 사용하는 방법을 보여줄 것이다.

첫 번째 예제는 가장 단순한 형태의 기각 샘플링을 보여준다.

예제 5.23

삼각 밀도 함수(Triangular density function)로부터 의사 난수 변량(Pseudorandom variates)을 시뮬레이션하라.

$$g(x) = \begin{cases} 1-|1-x|, & 0 \le x < 2, \\ 0, & \text{otherwise.} \end{cases}$$

밀도함수 그래프가 그림 5.3의 좌측 패널에 보인다. 밀도 아래 삼각형 영역에서 균등하게 점들을 그릴 수 있다면, x-좌표는 밀도 $g(x)$로 분포될 것이다.

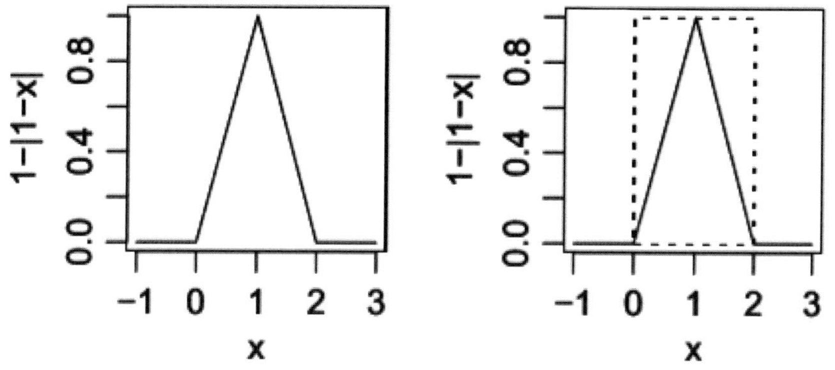

그림 5.3 오른쪽 패널에 점선의 직사각형과 함께, (0, 2) 구간에 대한 삼각 밀도함수 그래프

이 그림의 우측 패널은 밀도가 0이 아닌 위치에 있는 그래프는 전적으로 높이 1과 넓이 2의 직사각형에 포함된다는 것을 보여준다. 직사각형에 균등하게 분포된 점들의 부집합은 삼각밀도 아래 삼각형 영역에 균등하게 분포될 것이다. 따라서 삼각 밀도에서 값을 시뮬레이션하는 전략은 다음과 같다.

1. 삼각형 영역에 균등하게 분포된 (U_1, U_2) 점을 시뮬레이션한다.
2. (U_1, U_2) 점이 삼각영역 안에 위치한다면, U_1을 의사 난수 변량으로 받아들인다. 그렇지 않으면, 이를 기각하고 1단계로 돌아간다.

삼각밀도는 직사각형 넓이의 절반을 점유하기 때문에, 삼각분포에서 포함되는 모든 점에 대하여 직사각형으로부터 대략 2개의 균등점(Uniform point)을 표본 추출할 것으로 예상한다. 벡터화된 형태로 진행되는 단계는 다음과 같다.

```
U1 <- runif(100000, max=2)
U2 <- runif(100000)
X <- U1[U2 < (1 - abs(1 - U1))]
```

X 벡터는 삼각분포로부터 대략 50,000개의 시뮬레이션 값을 포함한다.

밀도함수 $g(x)$가 (어쩌면 무한한) 크기가 큰 영역에서 0이 아닐 수 있는 상황을 수용하고, 계산효율의 가능성을 증가시키기 위하여, 더욱 일반적인 형태의 기각 샘플링을 이용할 수 있다. 표본을 추출하는 방법을 알고 모든 x에 대하여 $kg(x) \le f(x)$인 상수 k와 밀도함수 $g(x)$

를 구하라.

그러면 $f(x)$ 아래에 그려진 부집합 점들을 선택함으로써 $kg(x)$ 아래에 있는 점들을 균등하게 그린다.(그림 5.4를 참조하라.)

```
repeat {
    draw X ~ f(X) , U ~ unif(0,1)
    if U * f(X) < k *g(X)
       break
}
output X
```

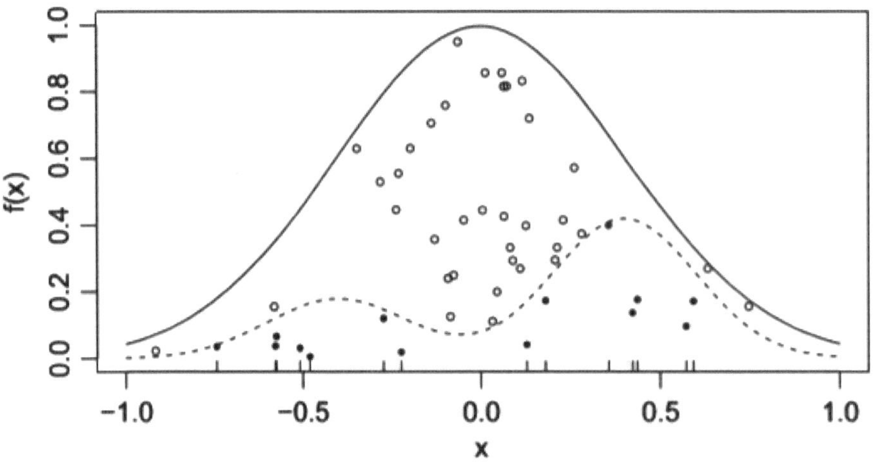

그림 5.4 밀도 $f(x)$(실선)과 $kg(x)$(점선). 점들은 $f(x)$ 아래에서 균등하게 분포되었다. $kg(x)$ 위에 열린 점들은 기각되고, $kg(x)$ 아래에 채워진 점들은 허용된다. 눈금은 X의 출력값을 표시한다.

예제 5.24

$x \geq 0$에 대한 밀도 $g(x)=Ce^{-x^{1.5}}$로부터 시뮬레이션하라. 상수 C는 이 밀도에 대한 미지의 정규화 상수(Normalizing constant)이다. C값을 알지 못하더라도, $0.5e^{-x^{1.5}} \leq e^{-x}$이므로, $k=0.5/C$인 기각 샘플링을 사용할 수 있다.

```
kg <- function(x) 0.5*exp(-(x^1.5))
X <- rexp(100000)
U <- runif(100000)
X <- X[ U*dexp(X) < kg(X) ]        # Uf(X)<kg(X)인 X만을 허용한다.
```

X 벡터는 이제 요구밀도(required density)에서 추출된 많은 수의 의사 난수를 포함한다. 이 숫자들의 히스토그램을 다음과 같이 도시할 수 있다. 이론밀도(Theoretical density)를 덮어씌우기 위하여 히스토그램을 상대빈도(Relative frequency)로 나타내기로 선택하였다. $g(x)$를 밀도함수로 만드는 C값을 알지 못한다는 것이 문제이다. C값을 구하기 위하여 몬테카를로 적분을 사용할 수 있으며, 또는 조금 더 간단하게, 표본 추출된 점들의 비율 k를 받아들이길 기대한다는 사실을 이용할 수 있다. 결과로 얻어지는 그래프는 그림 5.5에 보인다.

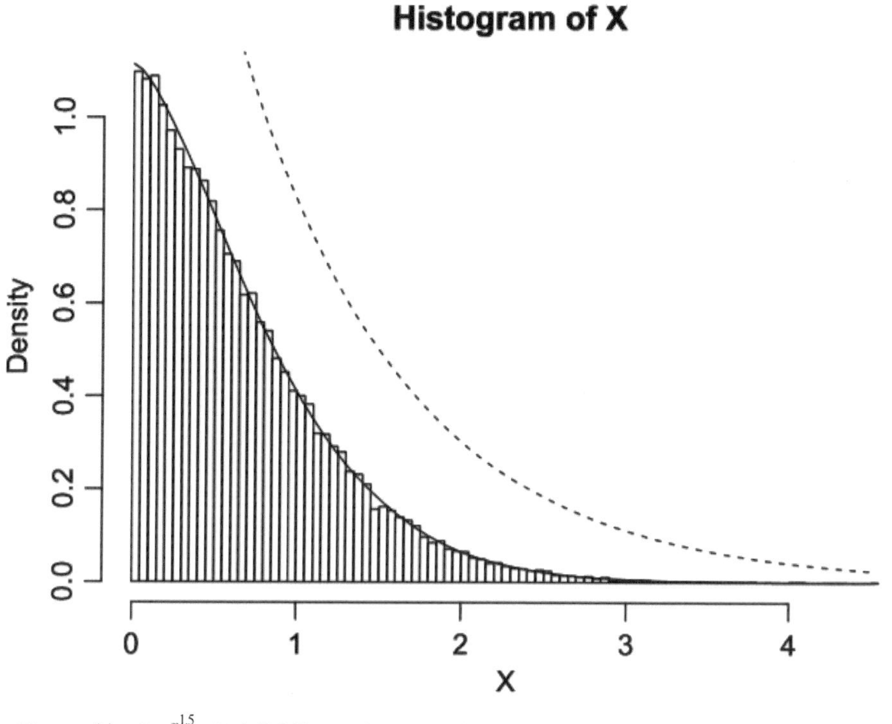

그림 5.5 $g(x)=Ce^{-x^{1.5}}$로부터 추출한 표본의 히스토그램. 근사 밀도함수는 실선으로, $f(x)/k$는 점선으로 보여진다.

5.7.2 중요도 샘플링

가중 평균(Weighted average)은 관측이 개별적으로 가중된 평균이다. 즉, 일반적인 표본 평균 공식 $\bar{x}=(1/n)\sum_{i=1}^{n}x_i$ 대신 가중치 $w1,\ldots,\ w_n$을 병합하고 $\overline{x_w}=(1/n)\sum_{i=1}^{n}w_ix_i/\sum_{i=1}^{n}w_i$를 사용한다. 일반적인 표본 평균은 모든 가중치를 같게 놓은 가중 평균으로 보여질 수 있다.

중요도 샘플링은 목표 밀도함수 $g(x)$에 관하여 가중 평균이 기댓값을 근사하는 방법으로, 표본과 가중치 모두를 무작위로 발생시키는 기법이다. 기각 샘플링에서처럼, 좀 더 편리한 밀도함수 $f(x)$에서 표본을 추출하는 것으로 시작한다.

1. (표본을 추출하는 방법을 알고 있는) 편의 밀도함수(convenient density function) $f(x)$를 선택한다.
2. $f(x)$로부터 $(x_1,\ldots, x_n)$을 표본으로 추출한다.
3. 가중치 $w_i=g(x_i)/f(x_i)$를 계산한다.

이제 w_i으로 가중된 $h(x_i)$의 평균을 이용해서 $X \sim g(x)$인 함수 $h(X)$의 기댓값을 근사한다. 이 작업이 작동하는 이유를 파악하는 한 가지 방법은 w_i이, 기각 샘플링이 x_i를 $g(x)$에서 표본추출된 샘플로 받아들일 확률에 비례한다는 사실을 알아차리는 것이다. x_i가 주어졌을 때 기각 샘플링을 사용하고 있으면, 가중 평균 공식으로 쓰여진 $w_i h_i(x_i)/\sum_{i=1}^{n} w_i$ 분포는 정확하게 추출된 표본으로부터 표본 평균까지의 기대분포가 된다. 기각 샘플링이 작동한다고 알고 있으므로, 중요도 샘플링도 작동해야 한다. 기각된 표본(rejected draws)에서 얻은 정보를 버리는 않는다는 면에서, 중요도 샘플링이 훨씬 더 효율적일 수 있다. 추가적으로, 기각 샘플링에서처럼 상수 k를 찾을 필요가 없다. 가중치 합으로 나누면 자동으로 크기가 적절하게 조정되므로, $g(x_i)$ 또는 $f(x_i)$는 정규화된 분포일 필요는 없다.

반면에 가중 표본으로 작업을 하면 간단한 확률 표본으로 작업하는 것보다 더욱 어렵기 때문에, 많은 경우에 기각 샘플링이 선호될 것이다.

이전 절의 예제를 이어가면서 이런 문제들을 설명할 것이다. `weighted.mean` 함수를 이용해서 이전 절에 밀도함수 $g(x)$의 평균과 분산을 근사할 수 있다.

```
X <- rexp(100000)
W <- g(X)/dexp(X)
mean <- weighted.mean(X, W)
mean

[1] 0.6579574

weighted.mean( (X- mean)^2,W) # 분산 E[ (X - Xbar)^2 ]

[1] 0.3036045
```

[연습문제]

1. runif() 함수와 기각 샘플링 방법을 이용해서, [4, 4] 구간에서 표준 정규 의사 난수를 발생시키는 함수를 작성하라. 실선 전체에서 표준 정규 의사 난수를 발생시킬 수 있도록 함수를 수정할 수 있는가?

2. 다음 함수는 정규 의사 난수를 반환한다.

```
rannorm <- function(n, mean = 0, sd = 1) {
    singlenumber <- function() {
        repeat{ U <- runif(1)
            U2 <- sign(runif(1, min = -1))     # 값은 +1 또는 -1
            Y <- rexp(1) * U2                  # Y는 이중 지수 r.v.
            if (U < dnorm(Y) / exp(-abs(Y))) break
        }
        return(Y)
    }
    replicate(n, singlenumber()) * sd + mean
}
```

(a) 이 함수를 이용해서 평균이 8이며 표준편차가 2인 10,000개의 정규 의사 난수를 발생시켜라.

(b) 이 발생기의 정확도를 확인하는 QQ 그래프를 작성하라.

(c) 함수를 이용해서 [0, 4] 구간에서 표준 정규 밀도 그래프를 작성하라. 기각 방법이 적절하게 시행되었다는 것을 확인하기 위하여, add = TRUE 변수를 사용해서 동일 구간에서 지수 밀도를 중첩시켜라.

3. 각각의 확률 0.2, 0.3, 0.1, 0.15, 0.05, 0.2를 취하는 0, 1, 2, 3, 4, 5의 이산분포를 시뮬레이션하는 다음 2가지 방법을 고려해보자.

첫 번째 방법은 반전 방법(Inversion method)이다.

```
probs <- c(0.2, 0.3, 0.1, 0.15, 0.05, 0.2)
randiscrete1 <- function(n, probs) {
    cumprobs <- cumsum(probs)
    singlenumber <- function() {
       x <- runif(1)
       N <- sum(x > cumprobs)
       N
    }
    replicate(n, singlenumber())
}
```

두 번째 방법은 기각 방법이다.

```
randiscrete2 <- function(n, probs) {
    singlenumber <- function() {
        repeat {
            U <- runif(2, min=c(-0.5, 0), max=c(length(probs) - 0.5,
                     max(probs)))
            if (U[2] < probs[round(U[1]) + 1]) break
        }
       return(round(U[1]))
    }
    replicate(n, singlenumber())
}
```

n=100, 12000, 그리고 10000을 이용해서 두 함수 모두 실행하라. `system.time()` 함수를 사용해서 어떤 방법이 더 빠른지 결정하라.

4. 다음 코드로 정의되는 정수 {0, 1, 2,..., 99} 확률분포를 이용해서 위 연습문제를 반복하라.

```
set.seed(91626)
probs <- runif(100)
probs <- probs / sum(probs)
```

이산분포에 대하여 기각 샘플링 방법이 반전 방법보다 더 선호되는 때는 언제인가?

5. 중요도 샘플링을 사용하는 이항(m, p) 의사 난수의 가중 표본을 발생시키는 함수를 작성하라. 가중 평균과 이론 평균을 비교하라.

5장 실전문제

1. 테니스를 치는 두 사람(Ann과 Bob)을 시뮬레이션하는 함수를 작성하라. (먼저 21점에 도달하는 사람이 이긴다고 가정한다.)
   (a) 각 선수가 성공적으로 공을 치는 확률은 각각 P_{Ann}과 P_{Bob}이라고 가정한다. Ann이 여러 가지 확률값으로 이길 확률을 구하라.
   (b) 서브하는, 공을 치는, 또는 공에 회전을 거는 능력 등의 특성을 추가하라. 상상력을 좀 발휘해 보라.

2. (*Elementary Probability Theory with Stochastic Processes* by K.L.Chung, Springer, 1975에서 발췌함.) 다음 모형은 전염병 연구를 위해 사용되었다. N명의 사람이 있으며, 그중 일부는 독감에 걸려있다. 다음 가정이 사용된다.

- 환자가 건강한 사람을 만났을 때, 후자가 감염될 가능성은 α이다.
- 모든 접촉은 두 사람 간에 이루어진다.
- 쌍으로 이루어진 모든 접촉으로부터 감염될 가능성은 같다.
- 이런 접촉은 시시각각으로 발생한다.

   (a) 다양한 값의 N(예, 10,000)과 α(예, 0.001과 0.01 사이)에 대하여 이 모형을 시뮬레이션하는 함수를 작성하라. 한 개인이 초기에 감염되었다고 가정하고, 이 과정의 기록을 모니터링하라.
   (b) 초기에 한 사람만 감염되었다고 가정하라. 1,000명이 감염될 때까지 예상되는 시간은?
   (c) 이제 감염된 각 사람은 0.01의 가능성의 회복되는 시간을 갖는다는 가정을 추가하라. 이런 새로운 과정의 다양한 기록들을 모니터링하고, 오래된 과정의 기록들과 비교하라.
   (d) 접촉 간의 시간은 5분의 평균을 갖는 지수 확률 변수라는 가정으로 반복하라.
   (e) 접촉 간의 시간은 5분의 평균과 1분의 표준편차를 갖는 정규 확률 변수의 절댓값이라는 가정으로 반복하라.

3. 다음 간단한 자동차 보험 청구 모형을 시뮬레이션하라.

- 포아송 과정에 따라 연간 100회 청구건이 발생한다.

- 각각의 청구는 형상과 비율 매개변수(Shape and rate parameters) 모두 2를 갖는 감마분포(Gamma distribution)를 따르며, 임의의 크기를 갖는다. 이 분포는 평균 1과 분산 1/2를 갖는다. 청구건이 생기자마자 보험회사는 청구금을 지불해야 한다.
- 보험회사는 1년에 걸쳐 균등하게 분산된, 매년 105회의 비율로 보험료를 번다.(즉, t년 동안 받은 총보험료는 $105t$이다.)

다음 내용을 실행하는 R 코드를 작성하라.

(a) 1년 안에 발생하는 모든 청구의 시간과 액수를 시뮬레이션하라. 0부터 시작해서 1년을 통하여 보험회사가 갖는 총금액의 그래프를 그려라. 이 그래프는 보험료가 많아질수록 매끄럽게 증가하고, 각 청구 시간에 급격하게 감소해야 한다.

(b) 시뮬레이션을 1000번 반복하고, 다음 양을 예측하라.

(i) 보험회사가 갖는 예상 최소 금액.

(ii) 보험회사가 갖는 예상 최종 금액.

4. $0<x<2\pi$ 범위에서 $f(x)=(\sin x)^2$라고 하자.

(a) 함수를 그래프로 그려라.

(b) 몬테카를로 적분을 이용해서 $0<x<2\pi$ 범위에서 $f(x)$ 아래 면적을 구하고, 면적의 95% 신뢰구간을 구하라.

(c) 삼각법 또는 미적분학을 이용해서 정확하게 동일한 면적을 구하라. 신뢰구간에 참값이 포함되는가?

(d) $0<x<2\pi$ 구간에서 $f(x)/k$ 밀도함수로부터 무작위 값을 발생시키는 rsin2로 부르는 함수를 작성하라. 여기서 k는 위에서 계산된 면적이다. 함수는 얼마나 많은 표본이 필요한가를 규정하는 하나의 인수를 포함해야 한다. 예를 들어 rsin2(10)은 이 분포로부터 10개의 표본 벡터를 반환할 것이다. 기각 방법을 이용해서 표본을 추출하라. 1,000개의 표본에 근거한 히스토그램을 도시하라.

(e) 위에서 작성한 함수를 이용해서 1,000,000개의 표본을 추출하고, 평균의 95% 신뢰구간을 계산하라.(대칭으로 인하여, 참 평균은 π이어야 한다. 신뢰구간이 참값을 포함했는가?)

5. (a) 예제 5.17의 함수를 수정해서 몇 개의 영어 지문을 이용해서 그 안에 각각의 n-문자열이 발생하는 횟수를 세라.

(b) 지문의 출처(예를 들어 세익스피어의 연극)을 찾고, 거기에 함수를 실행하라.

(c) 전이확률의 마르코프 연쇄를 정의하고, 같은 분포를 이용해서 몇 가지 가성 문자(pseudorandom text)를 시뮬레이션하라.

6. 단순하게 동질적 포아송 과정(Homogeneous Poisson process)을 일반화한 것이 포아송 클러스터 과정(Poisson cluster process)이다. 이 모형에 따르면, 각각이 포아송 분포 점의 수(Poisson distributed number of points)를 갖는, N개의 점이 분포된 포아송 클러스터 과정은 두 단계로 구축된다. 첫 번째 단계에서 동질적 포아송 과정의 N개의 점, 클러스터 중심(cluster centers)이 발생된다. 두 번째 단계에서 평균은 클러스터 중심에 위치하며, 각 방향에 주어진 표준편차를 갖는 이변량 정규분포(Bivariate normal distribution)에 따라서 i번째 클러스터의 $M(i)$ 점들이 발생된다. 이와 비슷한 모형이 오래전에 은하단(clusters of galaxies)에 대해 제안되었다.[5]

다음 코드는 1,000×1,000 영역에서 평균 40개의 점을 갖고, 평균이 15개의 클러스터인 포아송 클러스터 과정을 시뮬레이션한다. 클러스터 반경은 표준편차 20을 갖는 정규분포에 근거한다. 코드를 실행하고, 결과로 얻어지는 점의 패턴을 관찰하라.

```
N <- rpois(1, 15)                  # N 클러스터 중심
U1 <- runif(N, min = 0, max = 1000)
U2 <- runif(N, min = 0, max = 1000)
                                   # (U1, U2)은 클러스터 중심 좌표

M <- rpois(N, 40)                  # 각 클러스터에 있는 점의 수
x <- vector("list", N)             # N개의 구성 요소가 비어 있는 리스트를 생성
y <- vector("list", N)
for (i in 1:N) {
  x[[i]] <- rnorm(M[i], mean = U1[i], sd = 20)
  y[[i]] <- rnorm(M[i], mean = U2[i], sd = 20)
}
clusters <- data.frame(x = unlist(x), y = unlist(y))
plot(clusters)                     # 결과를 시각화
```

구성 요소가 비어 있는 `list()` 객체를 생성하는 데 `vector()` 함수를 사용한 것에 주목한다.

5 Neyman, J. and Scott, E. L. (1952) A theory of the spatial distribution of galaxies. *Astrophysical Journal* 116, 144-163.

(a) 클러스터의 기댓값을 25로 증가시킬 때 어떤 일이 일어나는지 관찰하라.
(b) 표준편차 sd=40 ... sd=5가 되도록 클러스터를 정의하는 정규 확률 변수를 변화시키면 점의 패턴에 어떤 일이 일어나는가?
(c) y 방향보다 x 방향에서 더 작은 표준편차를 이용해서 타원형 클러스터를 실험하라. 결과로 얻어지는 점의 패턴이 기대에 부응하는가?
(d) 위 코드에 있는 `rexp()` 함수를 이용해서 임의의 크기와 모양을 갖는 클러스터를 발생시켜라.

6장

전산 선형 대수학

선형 대수학은 벡터 공간과 그 공간에서 발생하는 선형 연산을 다룬다. 수학에서는 보통 벡터를 숫자들로 구성된 열벡터(Column vectors)로 나타내며, 선형 연산을 행렬로 표현한다. 선형 연산을 벡터에 적용하면 열벡터에 행렬을 곱하는 것이 되며, 연산은 행렬 곱셈(matrix multiplication)으로 구성된다.

선형 대수의 가장 중요한 응용 중 하나는 선형 방정식 시스템의 해를 구하는 것이다. 예를 들어 다음과 같은

$$3x_1-4x_2=6$$
$$x_1+2x_2=-3$$

선형 시스템을 행렬식으로 표현한다.

$$Ax=b$$

여기서

$$A=\begin{bmatrix}3 & -4\\ 1 & 2\end{bmatrix},\ x=\begin{bmatrix}x_1\\ x_2\end{bmatrix},\ b=\begin{bmatrix}6\\ -3\end{bmatrix}$$

그리고 다음과 같이 해를 구한다.

$$x=A^{-1}b=\begin{bmatrix}0.2 & 0.4\\ -0.1 & 0.3\end{bmatrix}\begin{bmatrix}6\\ -3\end{bmatrix}=\begin{bmatrix}0\\ -1.5\end{bmatrix}$$

선형 대수는 선형 회귀(linear regression), 평활(smoothing), 시뮬레이션(simulation) 등의 통계학에서 광범위하게 사용된다. 이 책에서 몇 가지 응용문제를 다루겠지만, 대부분의 응용문

제는 이 책의 범위에 벗어나므로 다뤄지지 않을 것이다.

계산적 관점에서 보면, 선형 대수학에서 다루는 문제들 대부분은 결국 효율적이며 정확하게 선형 방정식 시스템의 해를 구하는 것이다. 계산의 정확성을 판단하기 위하여 행렬의 특성을 이해할 필요가 있으며, 이해하려는 자체로 가치가 있다. 효율성은 가끔 엄격한 수학적 관점과 다르게 문제를 표현하는 것을 의미한다. 예를 들어 아래에서 보겠지만 수학적 해결책 $x=A^{-1}b$를 이용해서 평소처럼 $Ax=b$의 해를 구하지 않을 것이다. 계산상 이 방법은 비효율적이며 정확하지도 않다.

이 장에서 이런 문제에 접근하는 다양한 방법을 제시할 것이며, R 코드로 이를 표현할 것이다. R은 LAPACK[1] 라이브러리의 기본 선형대수 서브루틴(BLAS, Basic Linear Algebra Subroutines)을 통합하였다. 우수하게 검증된 LAPACK는 신뢰도가 높은 라이브러리이며, R은 전산 선형 대수학을 위한 훌륭한 플랫폼이다. 그러나 다른 수치 계산들과 마찬가지로, 신뢰할 만한 결과를 얻으려면 근본적인 이론을 이해하는 것이 필수적이다.

6.1 벡터와 행렬

R에서 수치형 "벡터"와 "행렬" 객체는 수학적 벡터와 행렬과 밀접한 관계가 있다.(R은 벡터와 행렬에 다른 유형의 데이터도 허용하지만, 여기에서 상관할 문제는 아니다.) 벡터의 구별이 중요할 때 R은 하나의 열 또는 행을 포함하는 행렬을 허용하기는 하지만, R은 일반적으로 열벡터와 행벡터 사이에 구별을 두지 않는다.

R에서 수치형 행렬은 직사각형 모양의 숫자 배열로 출력되지만, 내부적으로 차원 특성을 갖는 벡터로 저장된다. 전산 선형 대수를 위해 내부 저장소는 항상 무시될 수 있다.

6.1.1 행렬 객체 구축

행렬은 `matrix()`, `cbind()` 또는 `rbind()` 함수를 이용해서 구축될 수 있다.

1 Anderson, E., Bai, Z., Bischof, C. et al. (1999) *LAPACK Users'Guide*. Third Edition. SIAM. Available on-line at www.netlib.org/lapack/lug/.

문법

```
matrix(data, nrow, ncol)        # 데이터는 nrow*ncol 값의 벡터
cbind(d1, d2, ..., dm)          # d1,..., dm은 벡터(열)
rbind(d1, d2, ..., dn)          # d1,..., dn은 벡터(행)
```

예제 6.1

힐베르트 행렬(Hilbert matrix)은 구축하기 쉽지만 놀라운 성질을 갖기 때문에 수치 선형 대수학에서 가끔 다루어진다.

```
H3 <- matrix(c(1, 1/2, 1/3, 1/2, 1/3, 1/4, 1/3, 1/4, 1/5), nrow = 3)
H3
          [,1]      [,2]      [,3]
[1,] 1.0000000 0.5000000 0.3333333
[2,] 0.5000000 0.3333333 0.2500000
[3,] 0.3333333 0.2500000 0.2000000
```

여기서 H3는 (i, j) 원소가 $1/(i+j-1)$인, 3×3 힐베르트 행렬이다. `data` 변수가 9개의 원소로 구성된 벡터로 할당되었기 때문에, 행렬을 생성하는 명령문에 `ncol` 변수는 필요하지 않다는 것에 주목하라. 즉 3개의 열이 있다면 3개의 행도 있어야 한다는 것은 분명하다.

다음과 같이 행들을 묶어서 행렬을 구축할 수도 있다.

```
1/cbind(seq(1, 3), seq(2, 4), seq(3, 5))

          [,1]      [,2]      [,3]
[1,] 1.0000000 0.5000000 0.3333333
[2,] 0.5000000 0.3333333 0.2500000
[3,] 0.3333333 0.2500000 0.2000000
```

이 예제의 경우, 대칭이기 때문에 `rbind()` 함수를 사용해도 같은 결과를 얻을 것이다.

행렬은 반드시 정사각형일 필요는 없다.

예제 6.2

정사각형이 아닌 간단한 행렬을 몇 가지 고려하자.

```
matrix(seq(1, 12), nrow = 3)

     [,1] [,2] [,3] [,4]
[1,]    1    4    7   10
[2,]    2    5    8   11
[3,]    3    6    9   12
```

그리고

```
x <- seq(1, 3)
x2 <- x^2
X <- cbind(x, x2)
X

     x x2
[1,] 1  1
[2,] 2  4
[3,] 3  9
```

열 이름을 지정하지 않았기 때문에 다르게 출력되겠지만, 위의 행렬 X는 다음과 같이 구축될 수도 있다.

```
X <- matrix(c(1, 2, 3, 1, 4, 9), ncol = 2)
```

[연습문제]

1. `matrix()`, `seq()`, `rep()` 함수를 이용해서 다음 5×5 행켈행렬(Hankel matrix)을 구축하라.

$$A=\begin{bmatrix}1&2&3&4&5\\2&3&4&5&6\\3&4&5&6&7\\4&5&6&7&8\\5&6&7&8&9\end{bmatrix}$$

코드를 동일한 패턴을 갖는 $n\times n$ 차원의 행렬을 구축할 수 있는 함수로 전환하라. 함수를 이용해서 10×10과 12×12 Hankel 행렬을 출력하라.

2. `rbind()` 함수를 이용해서 4×4 행렬에 벡터 [0.1 0.5 0.0 0.4], [0.2 0.3 0.5 1.0], [0.3 0.0 0.5 0.2] 그리고 [0.2 0.3 0.2 0.3]를 넣어라. 결과를 객체 P로 할당하라.

3. `cbind()` 함수를 이용해서 다음과 같은 7×3 행렬을 구축하라.

$$W=\begin{bmatrix}1&2&4\\1&3&7\\1&4&5\\1&5&6\\1&6&7\\1&7&5\\1&8&3\end{bmatrix}$$

6.1.2 행렬의 원소 색인; 열과 행 이름

행렬의 원소를 색인하는 방법은 데이터 프레임(Data frame)에서 사용된 방법과 동일하다. (i, j) 원소는 i번째 행과 j번째 열에 위치한다. 예를 들어 X 행렬의 (3, 2) 원소는 9이다. 다음 명령을 이용하면 이 원소를 색인할 수 있다.

```
X [3, 2]
 x2
  9
```

$X[i,]$를 이용해서 j번째 행을, $X[, j]$를 이용해서 j번째 열을 색인할 수 있다. 예를 들어

```
X [3, ]
  x  x2
  3  9

X [ , 2]
[1] 1  4  9
```

이렇게 하면 결과는 항상 아무런 차원에 대한 정보가 보관되지 않은 벡터가 된다. 결과를 행 또는 열 벡터로 유지하기 원하면, 색인할 때 선택적으로 `drop = FALSE` 인자를 사용할 수 있다.

```
X [3, , drop = FALSE]
        x   x2
[1, ]   3   9

X [ , 2, drop = FALSE]
          x2
[1, ]      1
[2, ]      4
[3, ]      9
```

행렬 X가 보여준 것처럼, 행렬의 행 그리고/또는 열이 개별 이름을 가질 수 있다. 예를 들어

```
colnames(X)
[1]  "x"   "x2"
```

이 예제에서 행렬 X의 열은 이름을 갖지 않는다.

```
rownames(X)
NULL
```

다음 명령을 이용해서 열의 이름을 할당할 수 있다.

```
rownames(X) <-  c("obs1", "obs2", "obs3")
X

        x   x2
obs1    1   1
obs2    2   4
obs3    3   9
```

내부적으로, R은 행렬과 데이터 프레임을 아주 다르게 저장한다. 행렬은 관련된 차원 특성을 갖는 값들로 이루어진 단일 벡터로 저장되며, 데이터 프레임은 열로 구성된 리스트로 저장된다. 이런 점 때문에 $ 추출함수(Extraction function)는 행렬에서 작동하지 않는다. 예를 들어

```
X$x

Error in X$x: $ operator is invalid for atomic vectors
```

그러나 다음 예제처럼 행 또는 열 이름을 사용해서 행 또는 열을 색인할 수 있다.

```
X[ ,  "x"]

obs1  obs2  obs3
   1     2     3
```

[연습문제]

1. 아래에 보이는 확률행렬(Stochastic matrix)을 구축하라.

```
          clear      cloudy
clear       0.8         0.2
cloudy      0.3         0.7
```

확률행렬은 모든 원소값이 음이 아니며 행의 합이 1인 특성을 가지며, 5.5절에 소개된 마르코프 연쇄(Markov chain) 유형의 전이확률(Transition probability)을 나타낸다. 이 예제에서, 일련의 일기예보를 떠올릴 수 있다. 오늘 날씨가 맑고 내일 날씨가 맑을 확률은 0.8이며, 오늘 날씨가 흐리고 내일 날씨가 맑을 확률은 0.3이다. 5.5절의 방법과 이런

전이[2]를 이용해서 한 달 동안의 날씨를 시뮬레이션하라.

2. 다섯 사람의 개인별 cm와 kg 단위로 각각 신장(height)과 체중(weight) 벡터를 구축하라.

```
height <- c(172, 168, 167, 175, 180)
weight <- c(62, 64, 51, 71, 69)
```

이 벡터들을 행렬로 결합하고, 다음 결과를 얻도록 코드를 작성하라.

```
        height    weight
Neil       172        62
Cindy      168        64
Pardeep    167        51
Deepak     175        71
Hao        180        69
```

3. 이전 연습문제를 참고해서, 실제로 Pardeep의 신장은 162cm, Hao의 신장은 실제로 181cm이며 체중은 68kg이다. 이에 맞춰서 행렬을 수정하라.

6.1.3 행렬의 성질

행렬의 차원은 행의 수와 열의 수이다. 예를 들어 다음과 같은 행렬이 있다고 하자.

```
dim(X)
[1]  3  2
```

2×2 행렬 $\begin{bmatrix} a & b \\ c & d \end{bmatrix}$의 행렬식은 $ad-bc$으로 계산된다는 것을 상기하라. 크기가 큰 정방행렬(Square matrix)의 경우 계산은 더 복잡해진다. R에서는 `det()` 함수를 이용해서 행렬식(Determinant)을 구할 수 있다.

```
det(H3)
[1]  0.000462963
```

2 여기서 전이 행렬(Transition matrix)은 실제로 1960년 여름 Winnipeg 국제공항의 날씨 데이터에 근거하고 있다.

대각선 원소는 `diag()` 함수를 이용해서 다음과 같이 구할 수 있다.

```
diag(X)
[1]  1   4

diag(H3)
[1]  1.0000000   0.3333333   0.2000000
```

그러면 다음과 같은 사용자-정의 함수(Home-made function)를 이용해서 trace(대각선 원소값들의 합)을 계산할 수 있다.

```
trace <- function(data) sum(diag(data))
```

이 함수를 예제 6.1에서 구축된 행렬에 적용하면 다음을 얻을 수 있다.

```
trace(X)
[1]  5

trace(H3)
[1]  1.53333
```

`diag()` 함수는 어떤 벡터를 대각선 원소값이 벡터의 입력값과 상응하는 정방대각행렬(Square diagonal matrix)로 변환시키는 데 사용될 수도 있다. 예를 들어

```
diag(diag(H3))

     [,1]          [,2]     [,3]
[1,]    1     0.0000000      0.0
[2,]    0     0.3333333      0.0
[3,]    0     0.0000000      0.2
```

`t()` 함수는 전치행렬(Transpose matrix) X^T 계산에 사용된다.

```
t(X)

       obs1  obs2  obs3
x         1     2     3
x2        1     4     9
```

[연습문제]

1. 몇 가지 행렬 A를 대상으로 실험해서 $\det(A)=\det(A^T)$임을 입증하라.

2. 행렬 A가 다음을 만족하면 교대행렬(Skew-symmetric matrix)이라고 한다.

$$A^T = -A$$

3×3 교대행렬을 구축하고 행렬식이 0임을 확인하라. 그리고 행렬의 대각합(Trace)은 얼마인가?

6.1.4 삼각 행렬

함수 lower.tri()와 upper.tri()는 행렬의 하삼각 부분과 상삼각 부분을 얻는 데 사용될 수 있다. 함수 출력은 합당한 삼각형 원소들을 나타내는 TRUE와 그렇지 않으면 FALSE를 갖는, 논리적 원소들로 구성된 행렬이다.

```
lower.tri(H3)

       [,1]   [,2]   [,3]
[1,]  FALSE  FALSE  FALSE
[2,]   TRUE  FALSE  FALSE
[3,]   TRUE   TRUE  FALSE
```

다음 명령을 이용해서 0이 아닌 원소들이 H3 행렬의 하삼각 원소들과 부합하는 하삼각행렬(Lower triangular matrix)을 얻을 수 있다.

```
Hnew <- H3
Hnew[upper.tri(H3, diag = TRUE)] <- 0
             # diag = TRUE는 모든 대각선 원소들을 Hnew에 포함되게 한다.

          [,1]   [,2]  [,3]
[1,] 0.0000000   0.00     0
[2,] 0.5000000   0.00     0
[3,] 0.3333333   0.25     0
```

[연습문제]

1. H3와 동일하게 (대각선을 포함하며) 상삼각 부분을 갖지만, 대각선 아래는 0인 행렬을 얻어라.

2. 다음 코드로부터 출력을 확인하라. 기대한 것과 일치하는가?

```
Hnew[lower.tri (H3)]
```

3. 6.2절에서 정의된 X에 대하여, X[3, 2]와 X[3, 2, drop=FALSE] 사이에 어떤 차이점을 기대하는가? R을 이용해서 각 표현의 차원을 계산하라.

6.1.5 행렬 연산

행렬에 스칼라 상수를 곱하는 것은 벡터에 상수를 곱하는 것과 같다. 예를 들어 이전 절에서 얻은 X 행렬을 이용해서 다음과 같이 각 원소에 2를 곱할 수 있다.

```
Y <- 2 * X
Y

        x    x2
obs1    2     2
obs2    4     8
obs3    6    18
```

행렬의 원소별 덧셈(Elementwise addition)도 벡터처럼 진행한다. 예를 들어

```
Y + X

        x    x2
obs1    3     3
obs2    6    12
obs3    9    27
```

행렬을 더할 때 언제나 행렬의 차원들이 일치하는지 확인하라. 정확하게 일치하지 않으면 배열에서처럼 오류 메시지가 나타날 것이다.

```
t(Y) + X

Error in t(Y) + X: non-confomrable arrays
```

이 예제에서 Y^T는 2×3 행렬이고 X는 3×2 행렬이다.

$X * Y$ 명령은 원소별 곱셈을 수행한다. 이 명령은 6.2절에서 다룰 일반적인 형태의 행렬 곱셈과 다르다. 예를 들어

```
X * Y

      x   x2
obs1   2    2
obs2   8   32
obs3  18  162
```

다시 한 번, 이런 유형의 곱셈을 작동시키려면 행렬의 차원이 일치되어야 한다.

6.2 행렬의 곱셈과 역행렬

A와 B가 행렬이라면 행렬곱 AB는 2가지 연산 과정을 나타내는 행렬이다. 우선 B를 적용한 다음 A를 결과에 적용한다. 행렬의 곱셈이 적절하게 정의되는 연산이 되려면, 곱셈에 사용되는 행렬들은 규칙을 따라야 한다. 즉 첫 번째 행렬의 열의 수와 두 번째 행렬의 행의 수가 일치해야 한다. 결과로 얻어지는 AB 행렬은 A에서 취한 행의 차원과 B에서 취한 열의 차원을 갖는다.

R에서 이런 형태의 행렬 곱셈은 `%*%` 연산자를 이용해서 수행될 수 있다. 예를 들어

```
t(Y) %*% X

     x   x2
x   28   72
x2  72  196
```

이전 절로부터 `t(Y)`는 3개의 열을 가지며 X는 3개의 행을 갖는다는 것을 알기 때문에,

$Y^T X$ 곱셈을 수행할 수 있다. $t(Y)$는 2개의 행을 가지며 X는 2개의 열을 가지므로, 결과로 얻어진 행렬의 차원은 2×2이다.

Y의 전치행렬을 구하지 못하면, 다음과 같이 적합한 인자들이 아니다(non-conformable arguments)라는 오류가 발생할 것이다.

```
Y %*% X

Error in Y %*% X: 적합한 인자들이 아닙니다.
```

crossprod( ) 함수는 $Y^T X$를 계산하는 좀 더 효율적인 방법이다.

```
crossprod(Y, X)

       x    x2
x     28    72
x2    72   196
```

crossprod( ) 함수의 첫 번째 변수 Y는 자동으로 전치된다. 이 함수가 곱셈하기 전에 새로운 객체 $t(Y)$를 만들어야 하는 $t(Y)\%*\%X$보다 더 효율적인 이유이다. Y 행렬의 크기가 크면, $t(Y)\%*\%X$ 명령은 많은 메모리를 점유하면서, 뚜렷하게 계산 시간을 소모할 것이다. Y^T의 (i, j) 원소는 단순히 Y의 (j, i) 원소이기 때문에, crossprod(Y, X) 함수를 호출하면 직접 Y의 원소를 색인할 수 있다.

[연습문제]

1. 6.1.1절 끝에서 정의된 X 행렬을 이용해서 $1.5X$를 계산하라.

2. crossprod( ) 함수를 이용해서 $X^T X$와 XX^T를 계산하라. 결과로 얻어진 곱의 차원을 확인하라.

3. 두 개의 행렬(A와 B)에 벡터 v의 곱하는 데 걸리는 시간을 비교하는 다음 코드를 생각해 보자.

ABv

```
A <- matrix(rep(1, 1000000), nrow = 1000)    # 숫자 1들로 구성된 행렬
B <- A
v <- rep(1, 1000)                            # 숫자 1들로 구성된 벡터

system.time(A %*% B %*% v)
user system elapsed
0.906 0.005 0.916

system.time((A %*% B) %*% v)
user system elapsed
0.969 0.005 0.984

system.time(A %*% (B %*% v))
user system elapsed
0.003 0.000 0.003
```

(a) ABv, $(AB)v$, 그리고 $A(Bv)$ 사이에 수학적 차이가 있는가?

(b) 3번째 계산이 다른 계산들보다 시간이 적게 걸리는 이유를 설명하라.

(c) 다음 계산을 실행하면서 관찰한 거동을 설명할 수 있는가?

```
A <- matrix(rep(1, 1000000), nrow = 1000)    # 숫자 1들로 구성된 행렬
B <- diag(1000)                # 1,000x1,000 크기의 단위행렬
v <- rep(1, 1000)              # 숫자 1들로 구성된 벡터

system.time(A %*% B %*% v)
system.time((A %*% B) %*% v)
system.time(A %*% (B %*% v))
```

6.2.1 행렬의 역변환

$n \times n$ 정방행렬의 역변환 A^{-1}는 행렬 방정식 $AA^{-1}=I$를 만족시키며, 여기서 I는 $n \times n$ 단위 벡터이다. n개의 미지수를 포함하는 n개의 선형 방정식 시스템으로 생각할 수 있으며, A^{-1}의 열벡터가 해가 된다. 예를 들어 다음과 같은 A 계수행렬이 있다고 하자.

$$A=\begin{bmatrix}3 & -4\\ 1 & 2\end{bmatrix}$$

행렬 방정식은 다음과 같다.

$$\begin{bmatrix}3 & -4\\ 1 & 2\end{bmatrix}\begin{bmatrix}b_{11} & b_{12}\\ b_{21} & b_{22}\end{bmatrix}=\begin{bmatrix}1 & 0\\ 0 & 1\end{bmatrix}$$

이 식은 다음 2개의 방정식에 부합한다.

$$\begin{bmatrix}3 & -4\\ 1 & 2\end{bmatrix}\begin{bmatrix}b_{11}\\ b_{21}\end{bmatrix}=\begin{bmatrix}1\\ 0\end{bmatrix}$$

그리고

$$\begin{bmatrix}3 & -4\\ 1 & 2\end{bmatrix}\begin{bmatrix}b_{12}\\ b_{22}\end{bmatrix}=\begin{bmatrix}0\\ 1\end{bmatrix}$$

컴퓨터를 이용해서, 두 개의 연립 방정식의 해를 구하는 일반적인 접근방식은 A^{-1}을 찾는 것이다.

그러나 이 방법이 언제나 좋은 발상은 아니다. 때때로 A^{-1}을 찾는 이유는 $Ax=b$ 시스템의 해를 $x=A^{-1}b$으로 푸는 것이다. 계산적 관점에서 하나의 시스템에 대한 해로 사용되는 결과를 얻기 위하여, n개의 선형 방정식 시스템을 푸는 것은 이치에 맞지 않는다. 시스템의 해를 구하는 방법을 알고 있다면 그 정보를 이용해서 직접 $Ax=b$를 풀어야 한다. 더군다나 결과에 접근하면서 더 많은 반올림 오차가 발생할 기회를 제공하는 연산이 더 많이 관여되기 때문에, A^{-1} 이용하면 직접법보다 최종 결과에 더 나쁜 근사값을 제공할 수도 있다.

6.2.2 LU 분해

$Ax=b$ 방정식 시스템의 해를 구하는 일반적인 전략은 문제를 단순한 시스템으로 분해하는 것이다. 이 방법은 A 행렬을 특별한 형태로 재구성하는 것이며, 그러한 형태 중 하나를 LU 분해로 부른다.

LU 분해에서 A 행렬을 두 개의 행렬 L과 U의 곱으로 쓴다. L 행렬은 대각선 원소값들이 1인 하삼각행렬이다. 즉,

$$L=\begin{bmatrix}1 & 0 & \cdots & 0\\ 1 & 1 & \ddots & \vdots\\ \vdots & & \ddots & 0\\ l_{n1} & l_{n2} & \cdots & 1\end{bmatrix}$$

U 행렬은 상삼각행렬이다. 즉,

$$U=\begin{bmatrix} u_{11} & u_{12} & \cdots & u_{1n} \\ 0 & u_{22} & \cdots & u_{2n} \\ \vdots & \ddots & \ddots & \vdots \\ 0 & \cdots & 0 & u_{nn} \end{bmatrix}$$

A 행렬의 인수분해는 원소들을 하나씩 이동해가면서 구하면 쉽다고 알려졌다. 예를 들어 다음과 같은 행렬이 주어지면

$$A=\begin{bmatrix} 2 & 4 & 3 \\ 6 & 16 & 10 \\ 4 & 12 & 9 \end{bmatrix}$$

A 행렬의 항목을 a_{ij}로 쓰고, 다음과 같이 계산을 진행한다. 반복해서 다음 관계를 사용하고

$$a_{ij}=\sum_{k=1}^{3} l_{ik}u_{kj}$$

L과 U 행렬의 어떤 원소값들이 0이고 1인지 알고 있는 사실을 활용한다.

1. $a_{11}=2=l_{11}\times u_{11}=1\times u_{11}$, 따라서 $u_{11}=2$
2. $a_{21}=6=l_{21}\times u_{11}=l_{21}\times 2$, 따라서 $u_{21}=3$
3. $a_{31}=4=l_{31}\times u_{11}=l_{31}\times 2$, 따라서 $u_{31}=2$
4. $a_{12}=4=l_{11}\times u_{12}$, 따라서 $u_{12}=4$
5. $a_{22}=16=l_{21}\times u_{12}+l_{22}\times u_{22}=3\times 4+1\times u_{2}$, 따라서 $u_{22}=4$
6. $a_{32}=12=l_{31}\times u_{12}+l_{32}\times u_{22}=2\times 4+l_{32}\times 4$, 따라서 $u_{32}=1$
7. $a_{13}=3=l_{11}\times u_{13}=1\times u_{13}$, 따라서 $u_{13}=3$
8. $a_{23}=10=l_{21}\times u_{13}+l_{22}\times u_{23}=3\times 3+1\times u_{23}$, 따라서 $u_{23}=1$
9. $a_{33}=9=l_{31}\times u_{13}+l_{32}\times u_{23}+l_{33}\times u_{33}=2\times 3+1\times 1+1\times u_{33}$, 따라서 $u_{33}=2$

일단 L과 U 행렬이 구해지면 $Ax=b$ 방정식 시스템의 해를 구하기는 쉽다. 시스템을 $L(Ux)=b$로 쓰고, $y=Ux$로 놓고, 우선 y에 대해 $Ly=b$를 푼다. L은 하삼각행렬이므로 전진대입(Forward substitution)으로 알려진 절차를 이용하면 쉽다. 이 예제에서 $b=[-1, -2, -7]^T$인 경우 $y=[y_1, y_2, y_3]$으로 놓고 다음 관계를 이용해서 계속해서 계산한다.

$$b_i = \sum_{j=1}^{3} l_{ij} y_j$$

10. $b_1=-1=l_{11}\times y_1=1\times y_1$, 따라서 $y_1=-1$
11. $b_2=-2=l_{21}\times y_1+l_{22}\times y_2=3\times(-1)+1\times y_2$, 따라서 $y_2=1$
12. $b_3=-7=l_{31}\times y_1+l_{32}\times y_2+l_{33}\times y_3=2\times(-1)+1\times1+1\times y_3$, 따라서 $y_3=-6$

끝으로 $Ux=y$를 푼다. 이번에는 U가 상삼각행렬이라는 사실은 역대입(Back substitution) 절차를 이용해서 역순으로 항목값들을 구하는 것이 쉽다는 것을 의미한다.

13. $y_3=-6=u_{33}\times x_3=2\times x_3$, 따라서 $x_3=-3$
14. $y_2=1=u_{22}\times x_2+u_{23}\times x_3=4\times x_2+1\times(-3)$, 따라서 $x_2=1$
15. $y_1=-1=u_{11}\times x_1+u_{12}\times x_2+u_{13}\times x_3=2\times x_1+4\times1+3\times(-3)$, 따라서 $x_1=2$

이 단계들을 성공적으로 진행함으로써, $Ax=b$ 방정식 시스템의 해를 구하는 문제는 각각이 하나의 미지수를 갖는, 15개의 연속적인 선형 방정식들을 푸는 것으로 축소된다. 이 절차는 쉽게 자동화된다. 실제로 선형 방정식 시스템을 풀기 위하여 R에서 사용되는 기본 방법은 이 기법에 근거한다. 반올림 오차가 최소화되도록 인수분해하기 이전에 열의 정렬 순서가 재배열된다는 것만이 두드러진 차이점이다.

6.2.3 R을 이용한 역행렬

R에서, `solve()` 또는 `qr.solve()` 함수를 이용해서 행렬을 역변환하고 선형 방정식 시스템의 해를 구한다. `solve()`는 LU 분해에 근거한 방법을 사용하며, `qr.solve()`는 6.4.3절에서 설명할 QR 분해에 근거한다.

한 예로서 6.1절에 소개된 3×3 힐베르트 행렬의 역행렬을 계산한다고 하자.

```
H3inv <- solve(H3)
H3inv

     [,1]      [,2]      [,3]
[1,]    9       -36        30
[2,] -36       192      -180
[3,]   30     -180       180
```

위 결과가 H3의 역행렬이라는 것을 확인하기 위하여, H3inv와 H3의 곱이 3×3 크기의 단위행렬이라는 것을 확인할 수 있다.

```
H3inv %*% H3
              [,1]          [,2]          [,3]
[1,]  1.000000e+00  0.000000e+00 -8.881784e-16
[2,]  7.105427e-15  1.000000e+00  0.000000e+00
[3,] -1.421085e-14 -7.105427e-15  1.000000e+00
```

대각선 원소값은 모두 1이지만, 4개의 비대각선 원소값은 0이 아니다. 과학적 표기법이 이 원소값들에 대하여 사용되어, 10^{-14} 미만까지 계산되었다. "숫자상으로(Numerically)" 0에 가깝다. H3inv는 정확하게 H3의 역변환이 아니지만, 아주 가깝다는 것은 믿을 만하다.

[연습문제]

1. 6.1.1절에서 정의된 X 행렬을 이용해서 X^TX를 역변환하라. `crossprod()`를 이용해서 결과를 확인하라.

2. XX^T를 역변환할 수 있는가? 이 연산에 어떠한 문제가 있는가?

3. 일반 $n \times n$ 힐베르트 행렬의 (i, j) 원소값은 $1/(i+j-1)$으로 주어진다.
   (a) 모든 양수의 n에 대하여, $n \times n$ 힐베르트 행렬을 출력하는 함수를 작성하라.
   (b) 모든 힐베르트 행렬은 역변환이 가능한가?
   (c) `solve()`와 `qr.solve()` 함수를 이용해서 $n=10$까지 힐베르트 행렬을 역변환하라. 어떤 문제가 있는가?

6.2.4 선형 시스템의 해

`solve(A, b)` 함수는 $Ax=b$ 형태의 방정식 시스템의 해를 구한다.

예를 들어 H_3이 3×3 힐베르트 행렬이고 $b=[1\ 2\ 3]^T$일 때, $H_3x=b$ 선형 방정식 시스템의 x를 구해보자.

```
b <- c(1,  2,  3)
X <- solve(H3, b)
X

[1]   27   -192   210
```

다른 말로, 해를 표현하는 열벡터 x=[27, -192, 210]^{T}이다.

[연습문제]

1. $[x_1, x_2, x_3, x_4, x_5, x_6]$=[10, 11, 12, 13, 14, 15]^{T}으로 놓자. $[f(x_1), f(x_2), f(x_3), f(x_4), f(x_5), f(x_6)]^T$=[26, 16, 26, 19, 21, 20]^T 인 5차 다항식의 계수를 구하라.
   힌트: 5차 다항식 $f(x)=a_0+a_1x+a_2x^2+a_3x^3+a_4x^4+a_5x^5+$은 행벡터 $[1, x, x^2, x^3, x^4, x^5]$와 열벡터 $[a_0, a_1, a_2, a_3, a_4, a_5]^T$의 행렬곱으로 볼 수 있다. 행렬식 표현을 이용해서 $[f(x_1), f(x_2), f(x_3), f(x_4), f(x_5), f(x_6)]^T$을 구하라.

6.3 고윳값과 고유벡터

고윳값과 고유벡터는 `eigen()` 함수를 이용해서 구할 수 있다. 예를 들어

```
eigen(H3)

$values
[1] 1.40831893 0.12232707 0.00268734

$vectors
          [,1]       [,2]       [,3]
[1,] 0.8270449  0.5474484  0.1276593
[2,] 0.4598639 -0.5282902 -0.7137469
[3,] 0.3232984 -0.6490067  0.6886715
```

이런 출력이 의미하는 것을 파악하려면, x_1을 출력 \$vectors의 첫 번째 열, 즉 [0.827 0.457 0.323]^{T}으로 놓는다. 이 값이 첫 번째 고유벡터이며, 고윳값 1.408에 상응한다. 따라

서 다음 식이 성립된다.

$$H_3x_1=1.408x_1$$

$vectors의 2번째와 3번째 열을 x_2와 x_3로 놓으면, 다음 결과가 얻어진다.

$$H_3x_2=0.122x_2$$

그리고

$$H_3x_3=0.00268x_3$$

[연습문제]

1. $H=X(X^TX)^{-1}X^T$ 행렬을 계산하라. 여기서 X는 6.1절에서 정의되었다.

2. H의 고윳값과 고유벡터를 계산하라.

3. H 행렬의 trace(대각선 원소값의 합)를 계산하고, 고윳값들의 합과 비교하라.

4. H 행렬의 행렬식을 계산하고, 고윳값들의 곱과 비교하라.

5. 정의식을 이용해서, X의 열이 H의 고유벡터라는 것을 증명하라.

6. 6×6 힐베르트 행렬을 생성한 다음 고윳값과 고유벡터를 구하라. 역행렬을 구하라. 역행렬의 고윳값과 원래 행렬의 고윳값 사이에 어떤 관계가 있는가? 어떤 관계가 있을 것인가? 7×7 힐베르트 행렬에 대해 위의 분석을 반복하라.

6.4 다른 행렬 분해

6.4.1 특이값 분해

정방행렬 A의 특이값 분해(Single value decomposition)는 3개의 정방행렬, U, D, 그리고 V으로 구성된다. D 행렬은 대각행렬이다. 행렬들 사이의 관계는 다음과 같다.

$$A = UDV^T$$

U와 V 행렬은 $U^{-1} = U^T$과 $V^{-1} = V^T$를 의미하는, 직교(Orthogonal)라고 한다.

행렬의 특이값 분해는 가끔 선형 방정식 시스템의 정확해(Accurate solution)를 구하기 위하여 사용된다.

D의 원소들은 A의 특이값이라고 한다. $A^TA = V^{-1}D^2V$에 주목하라. 이는 A의 특이값의 제곱이 A^TA의 고윳값이라는 것을 말해주는, "닮은 변환(Similarity transformation)"이다.

특이값 분해는 `svd()` 함수를 이용해서 얻어질 수 있다. 예를 들어 3×3 힐베르트 행렬 H_3의 특이값 분해는 다음과 같다.

```
H3.svd <- svd(H3)
H3.svd

$d
[1] 1.40831893 0.12232707 0.00268734

$u
           [,1]       [,2]       [,3]
[1,] -0.8270449  0.5474484  0.1276593
[2,] -0.4598639 -0.5282902 -0.7137469
[3,] -0.3232984 -0.6490067 0.6886715

$v
           [,1]       [,2]       [,3]
[1,] -0.8270449  0.5474484  0.1276593
[2,] -0.4598639 -0.5282902 -0.7137469
[3,] -0.3232984 -0.6490067  0.6886715
```

이 성분들을 적절한 방법으로 곱하면 H_3를 재구축할 수 있다는 것을 확인할 수 있다.

```
H3.svd$u %*% diag(H3.svd$d) %*% t(H3.svd$v)

          [,1]      [,2]      [,3]
[1,] 1.0000000 0.5000000 0.3333333
[2,] 0.5000000 0.3333333 0.2500000
[3,] 0.3333333 0.2500000 0.2000000
```

U, D, 그리고 V 행렬의 특성 때문에 특이값 분해는 간단하게 행렬의 역변환을 계산하는 방법을 제공한다. 예를 들어 $H_3^{-1}=VD^{-1}U^T$이며 다음과 같이 계산될 수 있다.

```
H3.svd$v %*% diag(1/H3.svd$d) %*% t(H3.svd$u)

     [,1]  [,2]  [,3]
[1,]    9   -36    30
[2,]  -36   192  -180
[3,]   30  -180   180
```

6.4.2 초레스키 분해

A행렬이 양정치행렬(*Positive definite matrix*)이면 제곱근을 소유한다. 실제로 $B^2=A$인 몇 개의 B 행렬이 항상 존재한다. 비슷하지만 초레스키 분해(Choleski decomposition)는 $U^TU=A$인 상삼각형렬 U를 찾는 것이며, `chol()` 함수를 이용하여 이 작업을 수행한다.

예를 들어 3×3 힐베르트 행렬을 초레스키 분해할 수 있다.

```
H3.chol <- chol(H3)
H3.chol                                  # 상삼각행렬 U

     [,1]      [,2]      [,3]
[1,]    1 0.5000000 0.3333333
[2,]    0 0.2886751 0.2886751
[3,]    0 0.0000000 0.0745356

crossprod(H3.chol, H3.chol)              # t(U)와 U를 곱해서 H3를 복구

          [,1]      [,2]      [,3]
[1,] 1.0000000 0.5000000 0.3333333
[2,] 0.5000000 0.3333333 0.2500000
[3,] 0.3333333 0.2500000 0.2000000
```

일단 $A=U^TU$ 행렬의 초레스키 분해가 얻어지면, $A^{-1}=U^{-1}U^{-T}$(여기서 U^{-T}는 U^{-1}의 전치를 간단하게 쓴 것)인 사실을 이용해서 A의 역변환을 계산할 수 있다. 이 계산은 가우스 소거법(Gaussian elimination)으로 직접 A^{-1}를 계산하는 것보다 훨씬 더 안정적이다. `chol2inv()` 함수가 이 계산을 한다. 예를 들어 다음과 같이 H3의 역행렬을 계산할 수 있다.

```
chol2inv(H3.chol)

     [,1]  [,2]  [,3]
[1,]    9   -36    30
[2,]  -36   192  -180
[3,]   30  -180   180
```

일단 초레스키 분해가 얻어지면, 다음 형태의 선형 방정식 시스템의 해를 계산할 수 있다.

$$Ax=b$$

$A=U^TU$이면 $Ux=U^{-T}b$가 된다. 따라서 해답 x는 다음 두-단계 절차를 통하여 얻어질 수 있다.

1. y에 대하여 $U^Ty=b$를 해결한다. 해답은 $y=U^{-T}b$을 만족시킬 것이다.
2. $Ux=y$를 해결한다.

첫 번째 단계의 시스템은 하삼각행렬이므로, 전진대입법을 이용해서 해결할 수 있다. 이를 위해 `forwardsolve()` 함수가 사용될 수 있다.

두 번째 단계의 시스템은 상삼각행렬이므로, `backsolve()` 함수를 사용하는 역대입법이 사용될 수 있다.

```
b <- seq(1, 3)
y <- forwardsolve(t(H3.chol), b)
backsolve(H3.chol, y)                    # 해답 x

[1]  27   -192   210
```

6.4.3 QR 분해

행렬 A를 분해하는 또 다른 방법은 QR 분해를 이용하는 것이다.

$$A=QR$$

여기서 Q는 직교행렬이며, R은 상삼각행렬이다. 이 분해법은 A가 정방행렬이 아니라도 적용할 수 있다. 다시 한 번, 이 분해는 선형 방정식 시스템의 정확해를 구하기 위하여 사용될 수 있다.

예를 들어 $n \times n$ 행렬 A와 n-벡터 b가 주어질 때, 다음 시스템의 해 x를 구한다고 가정하자.

$$Ax=b$$

A가 QR로 분해되면 시스템을 다음과 같이 쓸 수 있다.

$$QRx=b$$

양변 좌측에 Q^T를 곱하고 정리하면 다음 식으로 표현된다.

$$Rx=Q^T b$$

R은 상삼각행렬이므로, 더 쉽게 해결할 수 있는 시스템이 되었다. $Q^T b$는 쉽게 계산할 수 있는 n-벡터라는 것에 주목하라.

`qr()` 함수를 이용해서 분해한다. 예를 들어

```
H3.qr <- qr(H3)
H3.qr

$qr
           [,1]        [,2]         [,3]
[1,] -1.1666667  -0.6428571  -0.450000000
[2,]  0.4285714  -0.1017143  -0.105337032
[3,]  0.2857143   0.7292564   0.003901372

$rank
[1] 3

$qraux
[1] 1.857142857 1.684240553 0.003901372

$pivot
[1] 1 2 3

attr(,"class")
[1] "qr"
```

출력 결과는 클래스(Class) `qr`의 객체이다.

`qr.Q()`와 `qr.R()` 함수를 이 객체에 적용해서 명시행렬(Explicit matrix) Q와 R을 얻을 수 있다. 예를 들어

```
Q <- qr.Q(H3.qr)
Q

           [,1]        [,2]        [,3]
[1,] -0.8571429   0.5016049   0.1170411
[2,] -0.4285714  -0.5684856  -0.7022469
[3,] -0.2857143  -0.6520864   0.7022469

R <- qr.R(H3.qr)
R

           [,1]        [,2]         [,3]
[1,]  -1.166667  -0.6428571  -0.450000000
[2,]   0.000000  -0.1017143  -0.105337032
[3,]   0.000000   0.0000000   0.003901372
```

Q에 R을 곱하면 H_3를 복구할 수 있다.

```
Q %*% R

          [,1]      [,2]      [,3]
[1,] 1.0000000 0.5000000 0.3333333
[2,] 0.5000000 0.3333333 0.2500000
[3,] 0.3333333 0.2500000 0.2000000
```

다시 한 번 $R^{-1}Q^T$ 곱으로부터 H_3의 역행렬을 구할 수 있다. R은 상삼각행렬이므로, 이론상으로 이 역변환은 빠르게 계산될 수 있다. 행렬의 역변환을 밝히기 위하여 분해법이 사용된다는 것을 단순히 입증하기 위하여, 다음과 같이 비효율적인 계산 방법으로 R^{-1}을 계산한다.

```
qr.solve(R) %*% t(Q)

     [,1] [,2] [,3]
[1,]    9  -36   30
[2,]  -36  192 -180
[3,]   30 -180  180
```

직교 변환(Orthogonal transformation)으로 유클리드 거리(Euclidean distance) 계산

다음과 같은 2×2 직교행렬과 벡터 $x=[3\ 4]^T$와 $y=[5\ 8]^T$이 있다.

$$Q=\frac{1}{\sqrt{2}}\begin{bmatrix}1 & -1\\ 1 & 1\end{bmatrix}$$

```
x <- c(3, 4)
y <- c(5, 8)
Q <- matrix(c(1, 1, -1, 1), nrow = 2)/sqrt(2)
```

x와 y 사이의 (유클리드) 거리는 다음과 같이 계산될 수 있으며,

```
sqrt(t(x - y) %*% (x - y))

         [,1]
[1,] 4.472136
```

Qx와 Qy 사이의 거리는 같다.

```
sqrt(t(Q %*% x - Q %*% y) %*% (Q %*% x - Q %*% y))

         [,1]
[1,]  4.472136
```

이 결과는 우연이 아니다. Q가 직교행렬일 때 Qx와 Qy 사이의 유클리드 거리(Euclidean distance)는 어떠한 두 벡터 x와 y 사이의 유클리드 거리와 같다는 것이 대체적인 사실이다.

과잉 시스템의 해(Solving over-determined systems)

다음과 같은 시스템이 있다고 하자.

$$A=\begin{bmatrix}1 & 2\\1 & 5\\1 & 8\\1 & 9\\1 & 11\end{bmatrix}$$

그리고 $y=[4\ 8\ 12\ 15\ 21]^T$. 어떻게 (2차원에서) y와 Ax 사이의 유클리드 거리를 최소화하는 x점을 찾을 수 있을까?

이 문제를 해결하기 전에 특정한 값의 x, 예를 들어 $x=[3\ 7]^T$를 시도해보면 어느 정도 직관할 수 있다.

```
A <- matrix(c(rep(1, 5), 2, 5, 8, 9, 11), nrow = 5)
y <- c(4, 8, 12, 15, 21)
x <- c(3, 7)
sqrt(t(y - A %*% x) %*% (y - A %*% x))

         [,1]
[1,]  96.74709
```

위 코드로부터, 모든 직교행렬 Q에 대하여 y와 Ax 사이의 유클리드 거리는 Q^Ty과 Q^TAx와 같다는 것을 알았다. Q가 A 행렬이 QR로 분해된 행렬이면 다음 식이 성립된다.

$$Q^TAx=Q^TQRx=Rx$$

따라서 Rx와 $Q^T y$ 사이의 거리를 최소화하는 벡터 x를 찾으면 문제를 해결할 수 있다. 이런 절차를 따르면 처음 시작했을 때보다 더 간단한 문제로 전환된다.

A를 QR로 분해하고 A와 y 모두에 Q^T를 곱하면, 다음 결과가 얻어진다.

```
A.QR <- qr(A)
Q <- qr.Q(A.QR, complete = TRUE)
R <- qr.R(A.QR, complete = TRUE)
QTy <- t(Q) %*% y
QTy

           [,1]
[1,] -26.8328157
[2,]  12.7279221
[3,]  -2.3487875
[4,]  -1.2429967
[5,]   0.9685849

R
          [,1]       [,2]
[1,] -2.236068 -15.652476
[2,]  0.000000   7.071068
[3,]  0.000000   0.000000
[4,]  0.000000   0.000000
[5,]  0.000000   0.000000
```

위에서 제안된 것처럼, 모든 2차원 x에 대하여 Rx를 계산할 때 어떤 일이 일어나는지 주목하라.

```
R %*% x

          [,1]
[1,] -116.27553
[2,]   49.49747
[3,]    0.00000
[4,]    0.00000
[5,]    0.00000
```

R의 마지막 3개 행은 모두 0이기 때문에, x의 마지막 3개 원소값이 언제나 0이다. 벡터 x가 무엇인지 상관없이 이런 경우는 항상 발생할 것이다. 따라서 심지어 최대한 $Q^T y$에 가까운 Rx를 만드는 x-벡터도 Rx의 마지막 3개 원소값이 0이 되는 결과를 초래할 것이다. 그러므로 x 벡터의 원소 선택을 통해 Rx의 처음 2개 원소만을 제어할 수 있다. Rx의 처음 2개 원소가 정확하게 $Q^T y$의 처음 2개 원소와 일치하도록 x를 선택할 수 있다. 이렇게 선택하면 Rx와 $Q^T y$ 사이의 거리, 따라서 Ax와 y 사이의 거리가 최소화된다.

qr.solve() 함수는 직접적으로 계산을 수행한다.

```
x <- qr.solve(A, y)
x

[1]  -0.6  1.8
```

검토 차원에서, Rx의 처음 2개 원소값이 위에서 계산된 $Q^T y$의 처음 2개 원소값과 일치하는 것을 확인할 수 있다.

```
R %*% x

           [,1]
[1,]  -26.83282
[2,]   12.72792
[3,]    0.00000
[4,]    0.00000
[5,]    0.00000
```

[연습문제]

1. 4×4 힐베르트 행렬의 특이값 분해를 계산하라. 역변환을 계산하기 위하여 이 행렬을 이용한다.

2. 6×6 힐베르트 행렬의 제곱근을 구하라.

3. 2차원에서 $y=[7\ 3\ 5\ 4\ 8]^T$과 Ax 사이의 거리를 최소화하는 x점을 찾아라. 단, A 행렬은 다음과 같이 주어진다.

$$A=\begin{bmatrix} 1 & 2 \\ 1 & 3 \\ 1 & 4 \\ 1 & 5 \\ 1 & 6 \end{bmatrix}$$

4. 3차원에서 $y=[7\ 3\ 5\ 4\ 8]$과 Ax 사이의 거리를 최소화하는 x점을 찾아라. 단, A 행렬은 다음과 같이 주어진다.

$$A=\begin{bmatrix} 1 & 2 & 4 \\ 1 & 3 & 3 \\ 1 & 4 & 5 \\ 1 & 5 & 3 \\ 1 & 6 & 2 \end{bmatrix}$$

6.5 고급 행렬 연산

outer() 함수는 가끔 통계적 계산에 사용되며, 두 벡터에서 비롯되는 모든 가능한 쌍의 원소들에 대해 연산을 수행하기 위하여 사용될 수 있다.

한 가지 단순한 예는 1부터 5까지 수열로 구성된 원소 쌍 중에서 모든 몫을 계산하는 것이다.

```
x1 <- seq(1, 5)
outer(x1, x1, "/")       # 또는 outer(x1, x1, function(x, y) {x/y} )

     [,1] [,2]      [,3] [,4] [,5]
[1,]    1  0.5 0.3333333 0.25  0.2
[2,]    2  1.0 0.6666667 0.50  0.4
[3,]    3  1.5 1.0000000 0.75  0.6
[4,]    4  2.0 1.3333333 1.00  0.8
[5,]    5  2.5 1.6666667 1.25  1.0
```

나눗셈 연산자를 뺄셈 연산자로 바꾸면 모든 쌍별의 차이를 얻을 수 있다.

```
x1 <- seq(1, 5)
outer(x1, x1, "-")

      [,1]  [,2]  [,3]  [,4]  [,5]
[1,]     0    -1    -2    -3    -4
[2,]     1     0    -1    -2    -3
[3,]     2     1     0    -1    -2
[4,]     3     2     1     0    -1
[5,]     4     3     2     1     0
```

세 번째 변수는 2개의 벡터를 변수로 갖는 어떤 함수도 될 수 있다. 두 번째 변수는 첫 번째 변수와 다를 수 있다. 예를 들어

```
y <- seq(5, 10)
outer(x1, y, "+")

      [,1]  [,2]  [,3]  [,4]  [,5]  [,6]
[1,]     6     7     8     9    10    11
[2,]     7     8     8    10    11    12
[3,]     8     9    10    11    12    13
[4,]     9    10    11    12    13    14
[5,]    10    11    12    13    14    15
```

6.5.1 크로네커 곱

kronecker() 함수는 두 행렬의 크로네커 곱(Kronecker product) 또는 다른 일반 곱을 계산하는 데 사용한다. 더욱 자세한 내용은 help()를 참조하라.

6.5.2 apply() 함수

통계 계산에서 행렬의 각 행에 또는 각 열에 동일한 함수를 적용해야 할 때가 가끔 있다. for() 반복문을 사용할 수 있지만, 때때로 apply() 함수를 사용하는 것이 계산적으로 더욱 효율적이다.

이 함수는 3개의 변수를 갖는다. 첫 번째는 행렬을 규정한다. 두 번째 변수는 연산이 행에 적용될 것인지(1) 또는 열에 적용될 것인지(2)를 규정한다. 세 번째 변수는 적용해야 하는 함수를 규정한다. 간단한 예는 H_3 행렬의 행들의 합을 계산하는 것이다.

```
apply(H3, 1, sum)

[1,]  1.8333333   1.08333333   0.7833333
```

6장 실전문제

1. 다음과 같은 순환행렬(Circulant matrix)이 있다고 하자.

$$P=\begin{bmatrix} 0.1 & 0.2 & 0.3 & 0.4 \\ 0.4 & 0.1 & 0.1 & 0.3 \\ 0.3 & 0.4 & 0.2 & 0.2 \\ 0.2 & 0.3 & 0.4 & 0.1 \end{bmatrix}$$

(a) P는 확률행렬(Stochastic matrix)의 한 예이다. 함수를 이용해서 열의 합이 1인 것을 확인하라.

(b) $n=2, 3, 5, 10$에 대하여 P^n을 계산하라. 드러나는 패턴이 있는가?

(c) 원소값의 합이 1이며, 다음 식을 만족시키는 음이 아닌 행벡터 x를 찾아라.

$$xP=x$$

P^{10}와 x 사이에 어떤 관련성이 있는가?

(d) 5.5절의 방법을 이용해서, $y_1=1$이며 나머지는 전이행렬(Transition matrix) P를 갖는 마르코프 연쇄(Markov chain)인, 숫자 $y_1, \ldots, y_{10000}$로 이루어진 의사 난수열을 생성하라.

(e) 함수를 이용해서 y벡터에 가능한 모든 값의 상대도수분포(Relative frequency distribution)를 결정하라. 이 분포를 이전에 계산된 불변분포(Invariant distribution) x와 비교하라.

2. 다음 행렬을 이용해서 이전 실전 문제를 반복하라.

$$P=\begin{bmatrix} 0.1 & 0.2 & 0.3 & 0.4 & 0.0 & 0.0 & 0.0 \\ 0.1 & 0.1 & 0.1 & 0.1 & 0.1 & 0.1 & 0.4 \\ 0.2 & 0.2 & 0.2 & 0.2 & 0.2 & 0.0 & 0.0 \\ 0.3 & 0.3 & 0.3 & 0.1 & 0.0 & 0.0 & 0.0 \\ 0.3 & 0.3 & 0.3 & 0.1 & 0.0 & 0.0 & 0.0 \\ 0.3 & 0.3 & 0.3 & 0.1 & 0.0 & 0.0 & 0.0 \\ 0.3 & 0.3 & 0.3 & 0.1 & 0.0 & 0.0 & 0.0 \end{bmatrix}$$

3. 어떤 보험회사는 A, B, C, D 4가지 유형의 보험증권를 가진다.

- 전체 245,921개의 증권을 가지고 있다.
- 각 증권으로부터 얻어지는 연수입은 A 유형에 대해 $10, B 유형에 대해 $30, C 유형에

대해 $50, 그리고 D 유형에 대해 $100이다.

- 모든 증권의 총연수입은 $7,304,620이다.
- 증권의 유형마다 다른 비율로 보험금을 지불한다.

단일 증권에 대한 A 유형 보험금의 예상 청구 횟수는 연간 0.1, B 유형 보험금의 예상 청구 횟수는 연간 0.15, C 유형 보험금의 예상 청구 횟수는 연간 0.03, 그리고 D 유형 보험금의 예상 청구 횟수는 연간 0.5이다.

- 회사의 총 예상 청구 횟수는 연간 34,390.48이다.
- 예상 청구액은 증권의 유형마다 다르다. A 유형의 경우에 $50, B 유형의 경우에 $180, C 유형의 경우에 $1500, 그리고 D 유형의 경우에 $250이다.
- 총 예상 청구액은 6,864,693이다. 이는 연간 예상 청구액에 예상 청구 횟수를 곱한 것이다.

R을 이용해서 다음 문제들을 해결하라.

(a) 각 유형의 증권의 전체 수량을 구하라.

(b) 각 유형의 증권에 대해 총수입과 예상 청구액을 구하라.

(c) 각 유형의 증권의 전체 수량을 구하라.

청구는 포아송 과정으로 일어나고, 각 청구액은 형상모수(Shape parameter)가 2이며 위에 나열한 평균을 갖는 감마분포(Gamma distribution)를 따른다고 가정하고, 다음을 추정하라.

(i) 총청구액의 분산

(ii) 총청구액이 총연수입을 초과할 확률

이런 계산을 수행하는 함수를 작성하고, 전체 회사의 수입과 청구액에 대해 한 번, 그리고 각각 4가지 유형의 보험증권에 대해 한 번 계산하라.

4. `kappa()` 함수를 이용해서 주어진 행렬의 조건수(Condition number, 가장 큰 영이 아닌 특이값 대 가장 작은 특이값의 비율)를 계산할 수 있다. 행렬에 적용될 때 조건수는 확실치 않은 수치 계산이 어떻게 이루어지는지에 대한 개념을 제공한다. 큰 값의 조건수는 빈약한 수적 특성(Poor numerical properties)을 나타내며, 특히 크기가 큰 조건수를 갖는 행렬을 역변환할 때 정확도가 떨어질 것이다. 3×3, 4×4, 그리고 7×7 힐베르트 행렬의 조건수를 각각 계산하라.

7장

수치 최적화

통계학과 응용 수학의 여러 분야에서 $f(\cdot)$ 함수가 주어질 때, $f(x)$를 가능한 한 크게 또는 작게 만드는 x값을 찾는 문제를 해결해야 한다.

예를 들어 금융 모델링(Financial modeling)에서, x가 다양한 수익을 보장하는 증권 각각에 투자된 액수를 포함하는 벡터일 때 $f(x)$는 자산으로부터의 회수된 예상 수익(Expected return from a portfolio)일 수 있다. x에 제약 조건(Constraint condition)이 있을 수 있다(예를 들어 투자액은 양수이어야 한다, 총투자액은 고정되어야 한다, 등).

통계 모델링에서 예상 예측오차(Expected prediction error)를 최소화하는 모델에 대한 일련의 매개변수를 찾기 원할지도 모른다. 여기서 x는 매개변수이며 $f(\cdot)$는 예측오차 척도가 된다.

최소화를 수행하는 방법은 다양하다. $f(x)$를 최대화하고 싶으면 그냥 부호를 바꾸고 $-f(x)$를 최소화한다. 이들 연산 모두를 "수치 최적화(Numerical optimization)"라고 부른다. 가끔 도함수와 단순 대수를 사용해서 그런 문제를 해결하지만, 거의 다 그렇지는 않다. 함수 $f(\cdot)$와 매개변수 x의 가능성은 매우 넓기 때문에 최소화하는 방법이 다양하다.

7.1 황금분할 탐색법

황금분할 탐색법(Golden section search method)은 $[a, b]$ 구간에서 단일 최소(Single minimum)를 갖는 일변수 함수(Single-variable function)의 최소점을 찾는 단순한 방법이다.

$[0, 5]$ 구간에서 다음 함수를 최소화한다고 하자.

$$f(x) = |x - 3.5| + (x - 2)^2$$

이 함수는 x=3.5에서 미분 불가능하므로, 최소점을 찾기 위하여 어느 정도의 주의를 기울여야 한다. 다음과 같이 R 함수를 작성해서 $f(x)$를 구할 수 있다.

```
f <- function(x) {
    abs(x - 3.5) + (x - 2)^2
}
```

이 함수가 주어진 구간에서 단일 최소만을 갖는지 확인하기 위하여, `curve()` 함수를 이용해서 그래프를 그린다.

```
curve (f, from = 1, to = 5)
```

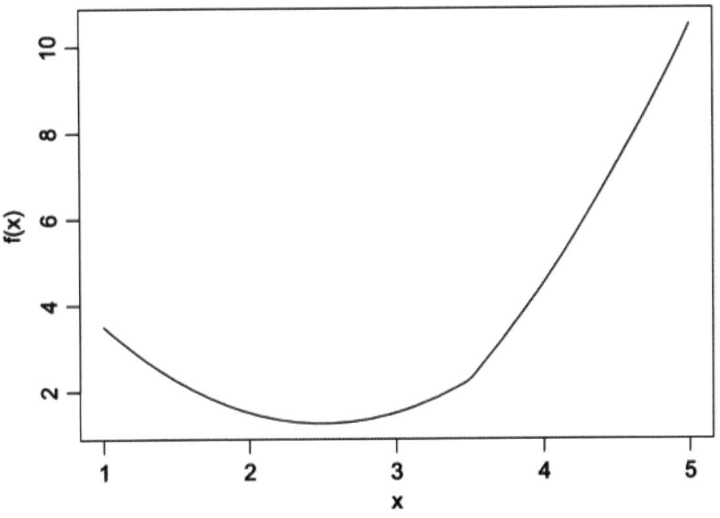

그림 7.1 $f(x)=|x-3.5|+(x-2)^2$ 함수

그림 7.1에 곡선이 보이며, 최소점이 x=2.5 부근에 위치하는 것을 볼 수 있다.

황금분할 탐색법은 반복법(Iterative method)이며, 다음과 같이 간략하게 설명될 수 있다.

1. 최소점이 포함된 것 같은, $[a,\ b]$ 구간으로 시작한다.
2. 여전히 최소점을 포함하는 점점 더 작은 구간 $[a',\ b']$를 찾아가면서, 반복적으로 구간을 줄여간다.
3. $[b'-a']$이 충분히 작을 때, 즉 구간의 길이가 미리 설정된 허용오차보다 작을 때, 중단한다.

탐색이 멈출 때, 최종 구간의 중간점은 최대 오차 $(b'-a')/2$를 갖는, 참 최솟값(True minimizer)에 대한 훌륭한 근삿값의 역할을 할 것이다.

두 번째 단계 수축(Shrinkage)은 $[a, b]$ 간격 내부에서 $x_1<x_2$인 두 점에서 함수값을 구하면서 시작한다.(점들을 선택하는 방법은 아래에서 설명할 것이다.) 최소점이 유일하다고 가정했기 때문에 $f(x_1)>f(x_2)$이면 최소점은 x_1의 오른쪽, 즉 $[a', b']=[x_1, b]$ 구간에 있어야 한다고 판단한다. $f(x_1)<f(x_2)$이면 최소점은 $[a', b']=[a, x_2]$ 구간에 있어야 한다(그림 7.2 참조). (두 값이 정확히 같으면 어떻게 되는가? 그런 경우는 나중에 논의할 것이다.) 그러면 새로운 값의 x_1, $f(x_1)$, x_2, $f(x_2)$들을 계산하고, 허용오차 판별기준(Tolerance criterion)이 만족될 때까지 이 절차를 반복한다.

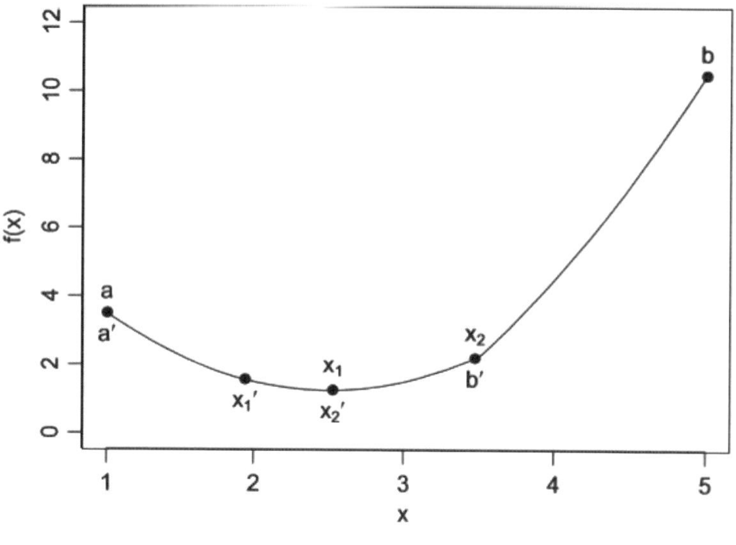

그림 7.2 시험 함수 $f(x)=|x-3.5|+(x-2)^2$에 적용된, 황금분할 탐색을 1회 반복한 그림

a와 b 사이에 점 선택은 황금비(Golden ratio) $\varphi=(\sqrt{5}+1)/2$의 성질을 활용한다. (3장 피보나치 수열(Fibonacci numbers)의 맥락에서 보았던) 황금비는 다수의 흥미로운 대수적 성질을 갖는다. 다음은 $1/\varphi=\varphi-1$ 그리고 $1/\varphi^2=1-1/\varphi$ 인 사실을 이용한 것이다. 어떤 저자는 $\Phi=1/\varphi$ 값을 "은비(Silver ratio)"로 부르지만, 여기서는 황금비 φ를 그대로 사용할 것이다.

$x_1=b-(b-a)/\varphi$와 $x_2=a+(b-a)/\varphi$에서 내부 점을 찾는다. 이렇게 선택하는 이유는, 한 번 탐색한 후에 a를 버리고 $a'=x_1$으로 교체할 수 있기 때문이다. 그러면 x_1으로 사용하는 새로운 값은 다음과 같을 것이다.

$$
\begin{aligned}
x_1' &= b-(b-a')/\varphi \\
&= b-(b-x_1)/\varphi \\
&= b-(b-a)/\varphi^2 \\
&= a+(b-a)/\varphi \\
&= x_2
\end{aligned}
$$

즉, 이미 사용한 점을 재사용할 수 있고, 그 점을 찾으려고 새로운 계산을 할 필요가 없으며, 그래서 $f(x_1')$을 새로 구할 필요가 없고, $f(x_2)$를 재사용할 수 있다. 유사하게 $b'=x_2$로 업데이트하면 $x_2'=x_1$이 되고, 그 점을 재사용할 수 있다.

이런 내용을 모아서 다음 R 함수에 넣을 수 있다.

```
golden <- function (f, a, b, tol = 0.0000001)
{
    ratio <- 2 / (sqrt(5) + 1)
    x1 <- b - ratio * (b - a)
    x2 <- a + ratio * (b - a)

    f1 <- f(x1)
    f2 <- f(x2)

    while(abs(b - a) > tol) {

       if (f2 > f1) {
          b <- x2
          x2 <- x1
          f2 <- f1
          x1 <- b - ratio * (b - a)
          f1 <- f(x1)
       } else {
          a <- x1
          x1 <- x2
          f1 <- f2
          x2 <- a + ratio * (b - a)
          f2 <- f(x2)
       }
    }
    return((a + b) / 2)
}
```

다음과 같이 주어진 함수에 대해 `golden()`을 시험하고 결과를 확인하였다.

```
golden(f, 1, 5)
[1]  2.5
```

[연습문제]

1. 황금분할 최소화 기법을 다음 함수에 적용하라.

   (a) $f(x)=|x-3.5|+|x-2|+|x-1|$

   (b) $f(x)=|x-3.2|+|x-3.5|+|x-2|+|x-1|$

   두 번째 함수에 대하여, 그래프를 작성해서 최소점이 유일하지 않다는 것을 확인하라. 함수로 찾은 최소점이 함수로 공급된 초기 구간에 따라 다르다는 것을 보여라.

2. 홀수의 데이터 값 $x_1, x_2, \ldots, x_n$에 대하여, 다음 함수의 최소점은 데이터의 표본 중앙값이다.

   $$f(x)=\sum_{i=1}^{n}|x-x_i|$$

   (연습문제 1(a)가 이런 예이다.) 다음 데이터 집합에 대해 결과를 확인하라.

   (a) 3, 7, 9, 12, 15

   (b) 3, 7, 9, 12, 15, 18, 21

3. 황금분할 탐색법을 이용해서 함수의 최소점을 찾는 함수를 작성하라.

7.2 Newton-Raphson 법

최소화하려는 함수가 2개의 연속적 도함수를 갖고 도함수를 구하는 방법을 알면, 이 정보를 이용해서 황금분할 탐색법보다 빠른 알고리즘을 구현할 수 있다.

$[a, b]$ 구간에서 함수 $f(x)$의 최소점 x^*를 찾고자 한다. 최소점(Minimizer)이 a 또는 b가 아

니라는 것을 전제로, x^*는 $f'(x^*)=0$을 만족시킬 것이다. 이는 x^*가 $f(x)$의 최소점이 되기 위한 필요조건이지만, 충분조건은 아니다. 즉 x^*가 실제로 $f(x)$를 최소화하는지 확인해야 한다. $f'(x^*)=0$를 만족시키는 다른 해는 최대점(Maximizer)과 변곡점이다. 얻는 해가 최소라는 것을 보장하는 한 가지 충분조건은 $f''(x^*)>0$를 확인하는 것이다.

이제 최소점(Minimizer)에서 초기 추정치 x_0를 지정하고, $f''(x)$는 $f'(x)$의 기울기라는 사실과 테일러 급수 근사식(Taylor series approximations)을 이용해서 $f'(x)$를 근사한다.

$$f'(x) \approx f'(x_0) + (x - x_0) f''(x_0)$$

우변이 0이 될 때 $f'(x^*)=0$의 근사해를 구할 수 있다.

Newton–Raphson 알고리즘을 이용해서 $f'(x^*)=0$의 근사해를 구하기 위하여, 이런 아이디어를 다음과 같이 실행한다. 초기 추정치(Initial guess) x_0로 시작하고, 다음 공식을 이용해서 추정치를 업데이트한다.

$$x_1 = x_0 - \frac{f'(x_0)}{f''(x_0)}$$

이 식은 최소점(Minimizer)에서 새로운 추정치를 계산한다. 그리고 새로운 업데이트값 x_2를 얻기 위하여 x_0 대신에 x_1을 사용한다. 다음과 같은 형태의 반복을 계속한다.

$$x_{n+1} = x_n - \frac{f'(x_n)}{f''(x_n)}$$

이 반복 과정은 $f'(x_n)$이 충분히 0에 가까울 때 멈춘다. 보통 허용오차 ε를 설정하고 $|f'(x_n)| < \varepsilon$ 일 때 반복 과정을 중단한다.

시작값 x_0이 충분히 최소점에 가깝고 연속적인 도함수가 충분히 존재한다면, Newton-Raphson 법은 극소점(Local minimizer)에 반드시 수렴하는 것을 알 수 있다. 다중 최소점(Multiple minimizers)이 존재하는 다른 수치 최적화 기법들처럼, Newton–Raphson 법은 반드시 가장 우수한 최소점을 찾을 필요가 없다. 그러나 어디에서나 $f''(x)>0$이면, 하나의 최소점만 존재할 것이다.

실제로 Newton–Raphson 법의 실행은 까다로울 수 있다. 함수가 지역적으로 직선처럼 보이며 $f'(x^*)=0$에 대한 테일러 급수 근사해가 없는 경우에 $f''(x_n)=0$일 수 있다. 이런 경우에 단순한 전략은 $f'(x_n)$에만 근거하여 함수값을 감소시키는 방향으로 단계를 조금 옮기는 것이다.

x_n이 참 최소점(True minimizer)과 멀리 떨어져 있는 다른 경우, Newton-Raphson 근사는 너무 부정확해서 $f(x_{n+1})$이 실제로 $f(x_n)$보다 클 수 있다. 이런 경우 단계의 크기를 줄일수록 더 좋은 결과를 낳을 것이라는 희망을 가지고, x_{n+1}을 $(x_{n+1}+x_n)/2$ (또는 x_n과 x_{n+1} 사이의 어떤 값)으로 교체할 수도 있다.

마지막으로 $f'(x)$ 또는 $f''(x)$를 계산하는 코드에 버그가 포함될 가능성은 언제나 존재한다. 버그가 포함되지 않았다는 것을 확신하기 위하여 세심하게 코드를 검사하는 것은 언제나 가치가 있는 일이다.

예제 7.1

함수 $f(x)=e^{-x}+x^4$의 최소점을 찾으려고 한다. 확인해 보면 e^{-x}는 감소함수이며, x^4는 0에서 최솟값을 갖기 때문에, 최소점은 원점 오른쪽 어디에 있다고 추측할 수 있다. 제일 먼저 초기 추정치를 찾기 위하여 함수의 그래프를 그린다(그림 7.3).

```
f <- function(x) exp(-x) + x^4
curve(f, from = -1, to = 4)
```

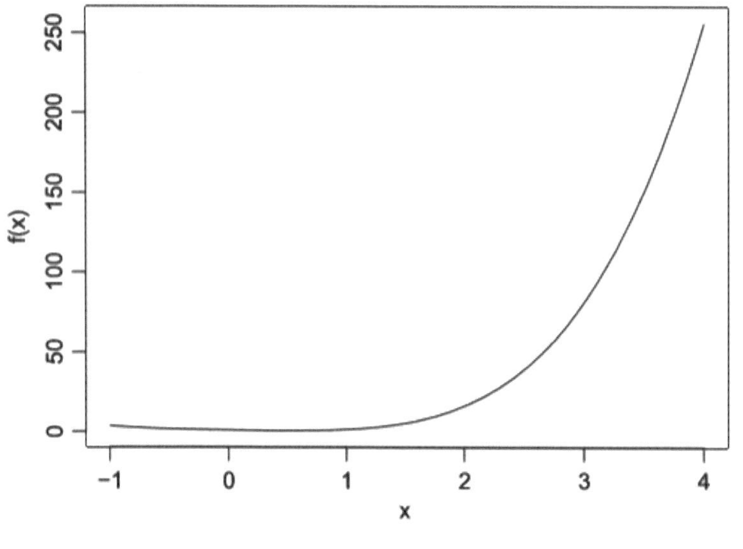

그림 7.3 $f(x)=e^{-x}+x^4$ 함수

그림 7.3으로부터 최소점은 x_0=0.5 근처에 있다는 것을 볼 수 있다. 그래서 그 점을 초

기값으로 사용할 것이다. 위에서 언급한 어려움 때문에 일반적인 Newton-Raphson 법을 실행하지 않을 것이다. 대신 수렴 여부를 확인하기 위하여 단순히 몇 가지 업데이트값(Updates)을 구할 것이다.

```
f <- function(x) exp(-x) + x^4
fprime <- function(x) -exp(-x) + 4 * x^3
fprimeprime <- function(x) exp(-x) + 12 * x^2

x <- c(0.5, rep(NA, 6))
fval <- rep(NA, 7)
fprimeval <- rep(NA, 7)
fprimeprimeval <- rep(NA, 7)
for (i in 1:6) {
    fval[i] <- f(x[i])
    fprimeval[i] <- fprime(x[i])
    fprimeprimeval[i] <- fprimeprime(x[i])
    x[i + 1] <- x[i] - fprimeval[i] / fprimeprimeval[i]
}
data.frame(x, fval, fprimeval, fprimeprimeval)


          x      fval     fprimeval  fprimeprimeval
1 0.5000000 0.6690307 -1.065307e-01        3.606531
2 0.5295383 0.6675070  5.076129e-03        3.953806
3 0.5282544 0.6675038  9.980020e-06        3.938266
4 0.5282519 0.6675038  3.881429e-11        3.938235
5 0.5282519 0.6675038  0.000000e+00        3.938235
6 0.5282519 0.6675038  0.000000e+00        3.938235
7 0.5282519        NA            NA              NA
```

숫자상으로 0인 도함수를 갖는 함수가 4번째 업데이트까지 매우 빠르게 수렴하는 것을 알 수 있다. 2차 도함수는 양수이므로, 이는 극솟값이라는 것이 확실하다. 실제로 $f''(x)=e^{-x}+12x^2$이므로, 어디서나 2차 도함수는 양수이며, 이 값이 전역 최솟값(Global minimum)이라는 확신할 수 있다.

7.3 Nelder-Mead 단체법

이전 절에서 단변수 함수를 최적화하는 2가지 다른 방법을 다루었다. 그러나 함수가 다중 입력값(Multiple inputs)에 의존할 때, 최적화는 훨씬 어려워진다. 함수가 둘 이상의 입력에 의존하면 심지어 함수를 시각화하는 것도 어렵다.

Nelder-Mead 단체법 알고리즘은 다변수 함수를 최적화하는 한 가지 방법이다. p-차원에서 이 방법은, p-차원의 고형물["단체(Simplex)"]의 꼭짓점들로 간주될 때, 영이 아닌 부피를 에워싸도록 배열된, $p+1$개의 점들 $x_1, \ldots, x_{p+1}$로 시작한다. 예를 들어 2차원에 3개의 점 모두를 한 직선상에 놓지 않으면 3개의 점은 삼각형을 형성할 것이며, 그리고 3차원에 4개의 점은 정사면체를 형성할 것이다.

가장 작은 값부터 가장 큰 값까지의 $f(x_i)$를 크기순으로 점들을 표시해서, $f(x_1) \leq f(x_2) \leq \cdots \leq f(x_{p+1})$이 되게 한다. $f(x)$를 최소화하기 위하여, x_{p+1}을 버리고 더 작은 값을 주는 점으로 교체하고 싶을 것이라는 개념을 이용한다. 기존 점들로부터 의도된 몇 개의 z_i 점을 계산함으로써 이런 목적을 달성한다. 그림 7.4에 2차원으로 제시된 4종류의 제안이 있다. 처음 3개는 $x_{mid}=(x_1+\cdots+x_p)/p$으로 계산되는 $x_1, \ldots, x_p$의 중간점에 적용된다.

1. 반사(Reflection): x_{mid}를 거쳐 z_1까지 x_{p+1}을 반사한다.
2. 반사와 팽창(Expansion): x_{mid}를 거쳐 x_{p+1}를 반사하고, z_2가 되도록 거리를 2배로 늘린다.
3. 수축(Contraction) 1: x_{mid} 쪽으로 x_{p+1}를 절반으로 수축시켜, z_3를 얻는다.
4. 수축(Contraction) 2: x_1 쪽으로 모든 점을 절반으로 수축시켜, $z_4, \ldots z_{p+3}$을 얻는다.

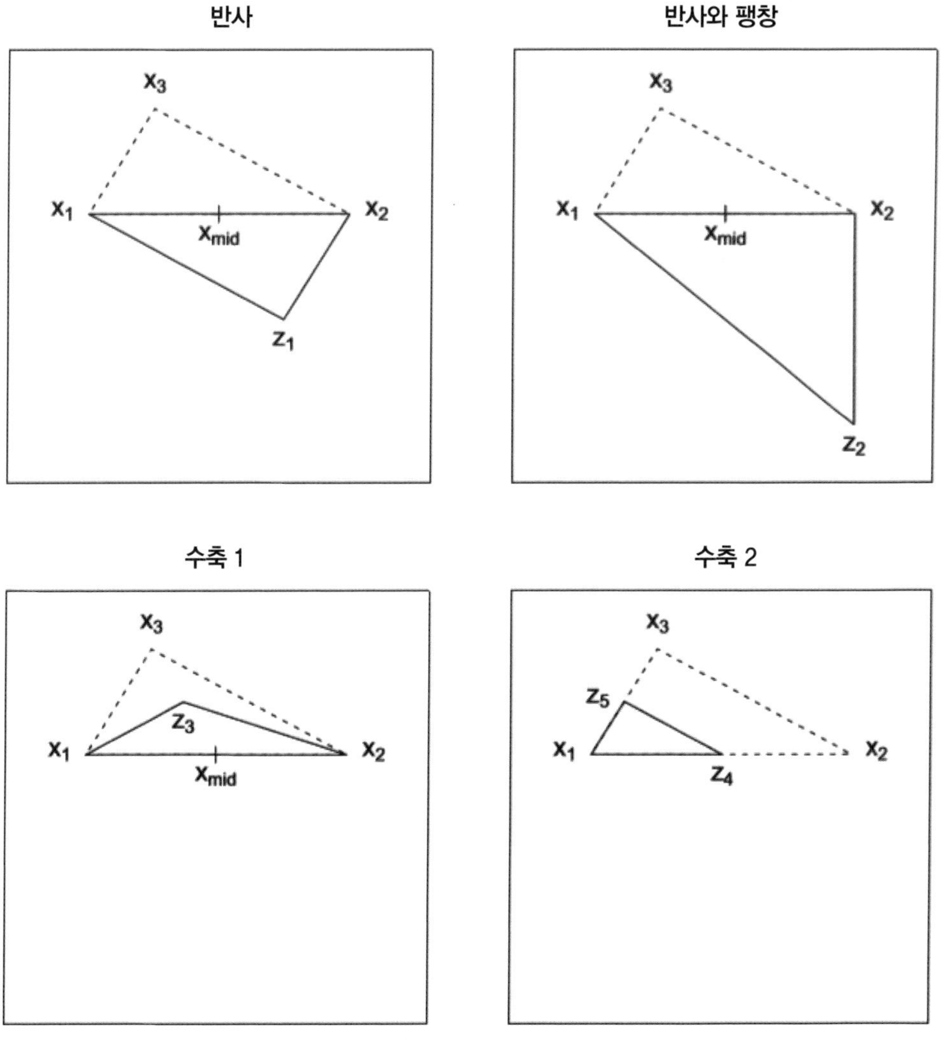

그림 7.4 2차원으로 제시된 4종류의 Nelder–Mead 제안

$f(z_i)$ 값에 근거해서 이런 각각의 단체 선택을 순서대로 생각해 보자. 한 차례 단체를 업데이트(One update of the simplex)하기 위하여, 다음과 같은 개략적 의사 코드(pseudocode)를 서로 맞추어 보면서 그림 7.5에 보이는 선을 고려하는 것이 도움이 된다.

그림 7.5 Nelder–Mead 알고리즘에서 $f(z_1)$은 A, B, C 또는 D 영역에 놓인다.

```
초기화:
    x[i,]에 i 점이 놓이도록 x 행렬에 초기점을 위치시킨다.
      For in 1:(p + 1) calculate f(x[i,])
    점들을 다음과 같이 표기한다.
        f(x[1,]) <= f(x[2,]) <= ... <= f(x[p + 1,])
    중간점을 계산한다.
      xmid = (x[1,] + x[2,] + ... + x[p,]) / p

시행:
   반사를 적용해서 z1을 계산한다.
   z1 <- xmid - (x[p + 1,] - xmid)
   If f(z1) < f(x[1,]) {                        # A 영역
   반사와 팽창을 적용해서 z2를 계산한다.
          z2 <- xmid - 2 *(x[p + 1,] - xmid)
        If f(z2) < f(z1) return(z2)
        else return(z1)
   } else {
        If f(z1) < f(x[p,]) return(z1)          # B 영역
        If f(z1) < f(x[p + 1,]) {
            Swap z1 with x[p + 1,]              # C 영역
        }
   }
```

이 지점에서 f(z1)이 D 영역에 있다는 것을 알 수 있다.

```
수축 1을 이용해서 z3을 얻는다.
If f(z3) < f(x[p + 1,]) return(z3)              # A, B, 또는 C 영역
```

이 지점에서 아무것도 동작하지 않기 때문에, 수축 2를 이용해서 모든 점들을 x[1,] 쪽으로 옮긴다.

예제 7.2

이 예제에서 Nelder-Mead 알고리즘을 이용해서 함수를 최소화하려고 한다.

```
f <- function(x, y) ((x - y)^2 + (x - 2)^2 + (y - 3)^4) / 10
```

시작값을 근사하기 위하여, 함수의 등고선 선도를 그리는 것으로 시작한다. 몇 가지 실험한 다음에, 다음 코드를 이용해서 그림 7.6에 보이는 선도를 얻는다.

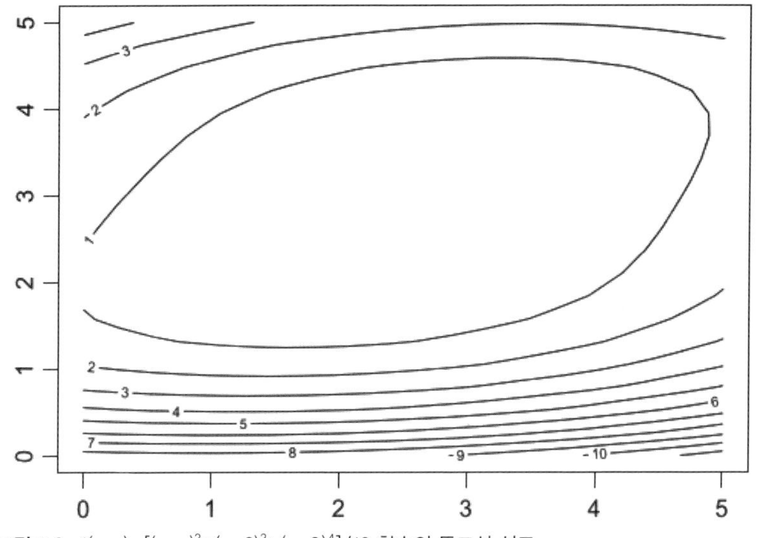

그림 7.6 $f(x, y)=[(x-y)^2+(x-2)^2+(y-3)^4]/10$ 함수의 등고선 선도

```
x <- seq(0, 5, len = 20)
y <- seq(0, 5, len = 20)
z <- outer(x, y, f)
contour(x, y, z)
```

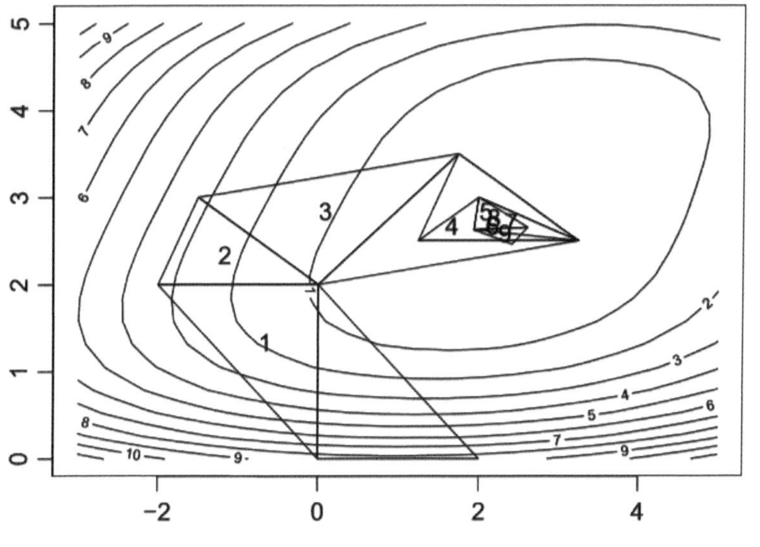

그림 7.7 $f(x, y)=[(x-y)^2+(x-2)^2+(y-3)^4]/10$ 함수에 대한 9번의 Nelder-Mead 업데이트

헤더를 갖는 R 함수에서 Nelder-Mead 업데이트 알고리즘 `neldermead(x, f)`를 시행한다. 여기서 x는 의사 코드(pseudocode)로 나타낸 행렬이며 f는 함수이다. `neldermead(x, f)`

의 출력은 업데이트된 x 행렬의 복사본이다. 다음 코드는 9번의 Nelder-Mead 업데이트 결과를 보여준다. 그림 7.7은 업데이트 과정에서 알고리즘이 취한 단계들을 보여준다.

```
x <- matrix(c(0, 0, 2, 0, 2, 0), 3, 2)
polygon(x)
for (i in 1:9) {
  cat(i,":")
  x <- neldermead(x,f)
  polygon(x)
  text(rbind(apply(x, 2, mean)), labels = i)
}
```

```
1 : 수용된 반사A, f(z1) = 3.3
2 : x3를 z1으로 교환
수용된 수축 1, f(z3) = 3.25
3 : 수용된 반사와 수축, f(z2) = 0.31875
4 : 수용된 반사, f(z1) = 0.21875
5 : 수용된 수축 1, f(z3) = 0.21875
6 : 수용된 수축 1, f(z3) = 0.1
7 : 수용된 수축 1, f(z3) = 0.04963379
8 : 수용된 수축 1, f(z3) = 0.03874979
9 : x3를 z1으로 교환
수용된 수축 1, f(z3) = 0.02552485
x
         [,1]      [,2]
[1,]  2.609375  2.656250
[2,]  1.937500  2.625000
[3,]  2.410156  2.460938
```

9단계를 마쳤을 때 x는 약 1.9~2.6이어야 하며, y는 약 2.4~2.7이어야 한다. 계속 진행해서 50번 업데이트하면, 이 간격을 (x, y)=(2.25, 2.5)에서 참 최솟값(True minimum)까지 좁힌다.

7.4 내장 최적화 함수

R에는 다용도로 사용할 수 있는 여러 가지 최적화 함수들이 있다.

1차원 최적화의 경우, `optimize()` 함수는 이전에 설명한 다양한 황금분할 탐색을 다양하게 수행한다. 다차원 최적화 방법들도 있다. 이 가운데 첫 번째는 `optim()` 함수이다. `optim()`은 Nelder-Mead, Newton-Raphson의 변동(Variations), 그리고 그동안 논의하지 않았던 다른 방법들을 포함해서 다양한 다른 최적화 방법을 수행하는 다용도 함수를 대표한다.

문법

```
optim(par, fn, ...)
```

`optim()`의 매개변수 `par`는 변수들의 초기값을 지정한다. `optim()` 함수에게 최적화를 시작하는 위치를 전해주는 것뿐만 아니라, 이 코드는 두 번째 매개변수, `fn`을 호출하는 과정에서 몇 개의 변수들이 변하는가를 암시한다. `fn`은 최소화된 함수값을 구하는 R 함수이다. 첫 번째 변수는 `par`와 같은 길이의 벡터이어야 한다. 최소점을 찾기 위하여 이 변숫값을 변화시키면서, `optim()`은 반복적으로 `par`를 호출할 것이다. `optim()` 함수는 벡터를 반환해야 하며, 도움말 페이지에 설명된 몇 가지 선택적 매개변수를 갖는다. 그 밖에도 ... 목록에 포함된 선택적 매개변수는 `fn`로 상속되는 추가 변수들을 포함할 수 있다.

R에는 일반 함수를 최적화하는 다른 함수, `nlm()`와 `nlminb()`이 있다. 대부분의 경우 더 많은 융통성을 제공하는 `optim()`이 선호되지만, `nlm()`와 `nlminb()` 함수 중 하나가 더 좋은 결과를 보이는 경우가 있을 수 있다. `constrOptim()` 함수는 매개변수의 제약 조건을 나타내는 일차부등식이 있는 경우를 겨냥한 것이다.

[연습문제]

1. `optimize()` 함수를 이용해서 다음 함수를 최소화하라.

(a) $f(x)=|x-3.5|+|x-2|+|x-1|$

(b) $f(x)=|x-3.2|+|x-3.5|+|x-2|+|x-1|$

2. `nlm()`과 `optim()` 함수를 이용해서 다음 함수를 최소화하라.

$$f(a,\ b)=(a-1)+3.2/b+3\log(\Gamma(a))+3a\log(b)$$

단, $\Gamma(a)$는 R에서 `gamma(a)`를 사용해서 값을 얻을 수 있는 감마 함수이다.

3. `nlminb()` 함수를 이용해서 이전 연습문제를 반복하라. 단, a와 b는 음이 아닌 수로 제한되어야 한다.

7.5 선형 계획법

제약조건을 따르는 함수를 최소화(또는 최대화)할 필요가 있을 때가 종종 있다. 함수가 선형이고 제약조건이 1차 방정식이나 부등식으로 표현될 수 있을 때, 이 문제를 선형 계획법(Linear programming)이라 부른다.

선형 계획법에서 문제를 최소화하기 위한 소위 표준 형태는 다음과 같다.

$$\min_{x_1, x_2, \ldots, x_k} \ C(x)=c_1x_1+\cdots+c_kx_k$$

제약조건은 다음과 같으며

$$a_{11}x_1+\cdots+a_{1k}x_k \geq b_1$$
$$a_{21}x_1+\cdots+a_{2k}x_k \geq b_2$$
$$\cdots$$
$$a_{m1}x_1+\cdots+a_{mk}x_k \geq b_m$$

그리고 비-음부호 제약조건(Nonnegativity constraint)은 $x_1 \geq 0, \ldots, x_k \geq 0$이다. 제약과 비-음부호 조건을 따르는 목적함수(Objective function)를 최소화하는 결정변수(Decision variables) x_1, $x_2, \ldots, x_n$ 값을 찾는 것이 발상이다.

예제 7.3

어떤 회사가 공장에서 배출하는 이산화황과 이산화탄소 기체의 양을 감소시키는 2가지 방법을 개발하였다. 첫 번째 방법은 $5의 단위 처리 비용으로 각각의 기체를 같은 양으로 제거한다. $8의 단위 처리 비용이 드는 두 번째 방법은 첫 번째 방법과 같은 양의 이산화황을 제거하지만, 이산화탄소 기체보다 2배 더 많이 제거한다.

회사는 이산화황 배출을 2백만 단위 그리고 이산화탄소 배출을 3백만 단위를 감소시켜야 한다. 2가지 배출 방법을 어떻게 조합하면 최소비용으로 이 요구를 충족시킬 수 있는가?

x_1을 첫 번째 방법에 사용되는 단위 수량, 그리고 x_2을 두 번째 방법에 사용되는 단위 수량으로 표시하자. 편의상 이 양들을 백만 단위로 표현할 것이다.

그러면 (백만 달러 단위로) 처리 비용은 다음과 같이 표현될 것이다.

$$C=5x_1+8x_2$$

두 방법 모두 같은 비율로 이산화황의 배출을 감소시키기 때문에, 제거된 이산화황의 단위 수는 다음과 같을 것이다.

$$x_1+x_2$$

2백만 단위의 이산화황을 감소시켜야 하는 조건을 주시하면, 제약 조건은 다음과 같다.

$$x_1+x_2\geq 2$$

요구되는 이산화탄소 감소량은 3백만 단위이며, 두 번째 방법은 첫 번째 방법보다 2배 빠르게 이산화탄소를 감소시키므로, 다음과 같은 두 번째 제약 조건이 얻어진다.

$$x_1+2x_2\geq 3$$

마지막으로, 어떤 방법도 음의 단위량을 사용할 수 없으므로, x_1과 x_2는 음이 아니어야 한다. 따라서 다음과 같은 선형 계획법 문제(Linear programming problem)가 얻어진다.

$$\min C=5x_1+8x_2$$

제약조건은 다음과 같다.

$$x_1+x_2\geq 2$$
$$x_1+2x_2\geq 3$$

그리고

$$x_1,\ x_2 \geq 0$$

이 관계들이 그림 7.8에 도시되었다. 회색 음영 영역은 가용영역(Feasible region)이며, 제약조건을 만족시키는 모든 가능한 $(x_1,\ x_2)$ 조합이다. 음영이 없는 영역은 제약조건이 위반되는 값들의 조합들을 포함한다.

$C(x)$ 함수의 경사도(Gradient)는 (5, 8)이므로, 이 벡터는 가장 빠르게 증가하는 함수의 방향을 나타낸다. 이 함수의 수준 집합(level sets) 또는 윤곽(Contour)은 이 벡터와 수직을 이룬다. 수준 집합 중 하나는 그림 7.8에 점선으로 표시된다. 최소화 문제의 해는 첫 번째 윤곽이 가용영역을 교차하는 위치에 놓인나. 만약 이런 일이 단 하나의 점에서 일어나면, 유일 최소점(Unique minimizer)을 얻게 된다. 이 예제에서 이 같은 교차점은 (1, 1) 점에 위치한다.

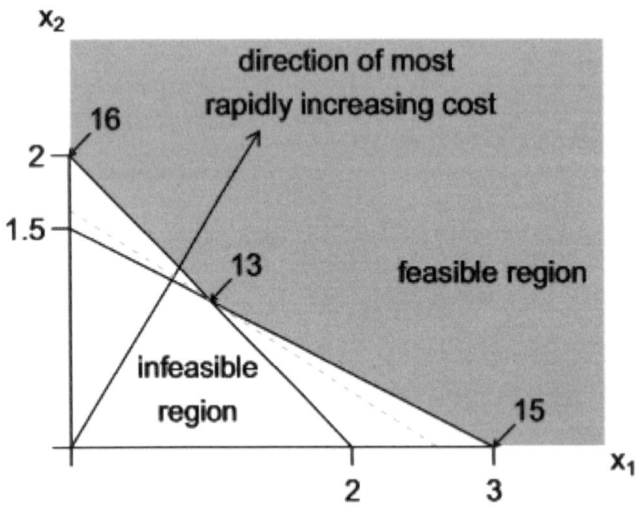

그림 7.8 대기오염 배출에 대한 선형 계획법 예제의 도식적 해석. 회색 영역은 모든 제약 조건을 만족하는 x_1과 x_2값에 해당한다. 회색 점선은 최소 비용을 나타내는 x_1과 x_2값에 해당한다(13). 이 선은 정확하게 하나의 점, 즉 문제의 최적해(Optimal solution)에서 가용영역(Feasible region)을 교차한다는 것에 주시하라(1, 1).

위의 예제에서처럼, 그런 선형 계획법 문제의 유일한 최소점은 제약경계조건(Constraint boundaries)의 교차점에 있어야 한다. 제약조건의 교차점들을 기본해(Basic solution)라고 부른다. 이 교차점들이 충족되는 영역이 놓이면 기본가용해(Basic feasible solution)라 부른다. 적어도 하나의 기본가용해가 존재하면, 그들 중 하나는 최적해(Optimal solution)가 될 것이다. 위 예제에서 (1, 1) 점이 최적해이다.

7.5.1 선형 계획법 문제의 해

R에서 하나 이상의 선형 계획법 함수를 사용할 수 있지만, `lpSolve()` 패키지의 `lp()` 함수가 현재 사용할 수 있는 가장 안정된 버전이라고 믿는다. 개정 단체법(Revised simplex method)에 근거한 이 방법은 최적한지를 판단하기 위하여, 가용영역의 다수의 극점들(extreme points)을 지능적으로 점검한다. 종전과 같이 다음과 같이 패키지를 준비한다.

```
library(lpSolve)
```

`lp()` 함수는 몇 가지 매개변수를 갖는다. 이전 예제와 같은 최소화 문제를 해결하려면 다음과 같은 변수 지정이 필요하다.

- `object.in`: 목적함수의 계수들을 포함하는 벡터.
- `const.mat`: 제약조건 좌측에 결정변수의 계수들을 포함하는 행렬. 각 행은 한 가지 제약조건에 부합한다.
- `const.dir`: 부등제약조건(Constraint inequality)의 방향을 나타내는 문자형 벡터. 〉=, ==, 그리고 〈=를 입력하는 것이 가능하다.
- `const.rhs`: 제약조건 우측에 주어진 제약들을 포함하는 벡터.

예제 7.4

예제 7.3에서 다루었던 최적화 문제를 해결하기 위하여 다음 코드를 입력한다.

```
eg.lp <- lp(objective.in = c(5, 8), const.mat = matrix(c(1, 1, 1, 2),
         nrow = 2), const.rhs = c(2, 3), const.dir = c(">=", ">="))
eg.lp

Success: the objective function is 13

eg.lp$solution

[1] 1 1
```

출력 내용으로부터 최소점은 $x_1=1$, $x_2=1$에 위치하며, 목적함수의 최솟값은 13이라는 것을 알 수 있다.

7.5.2 최대화와 다른 유형의 제약 조건

lp() 함수는 direction = "max" 변수를 사용해서 최대화 문제를 다룰 수 있다. const.dir 변수는 다른 유형의 부등식을 허용한다.

예제 7.5

다음 함수의 해를 구할 것이다.

$$\max\ C=5x_1+8x_2$$

제약조건은 다음과 같다.

$$x_1+x_2 \leq 2$$
$$x_1+2x_2=3$$

그리고

$$x_1,\ x_2 \geq 0$$

R에서 다음과 같이 코드를 입력한다.

```
eg.lp <- lp(objective.in = c(5, 8),
            const.mat = matrix(c(1, 1, 1, 2), nrow = 2),
            const.rhs = c(2, 3),
            const.dir = c("<=", "="), direction = "max")
eg.lp$solution
```

```
[1] 1 1
```

해는 13의 최댓값을 주는 (1, 1)이다.

7.5.3 특수한 상황

다중 최적화(Multiple optima)

선형 계획법 문제에서 가끔 다중해(Multiple solution)가 존재하는 경우가 있다.

예제 7.6

대기오염 배출 예제를 약간 수정하면 다음과 같다.

$$\min\ C=4x_1+8x_2$$

제약조건은 다음과 같다.

$$x_1+x_2\geq 2$$
$$x_1+2x_2\geq 3$$

그리고

$$x_1,\ x_2\geq 0$$

이 문제는 (3, 0)뿐만 아니라 (1, 1)에도 최적해를 갖는다. 두 점에 참여하는 선 위에 있는 모든 점들도 최적해들이다. 그림 7.9는 도식적으로 이 사실을 보여준다.

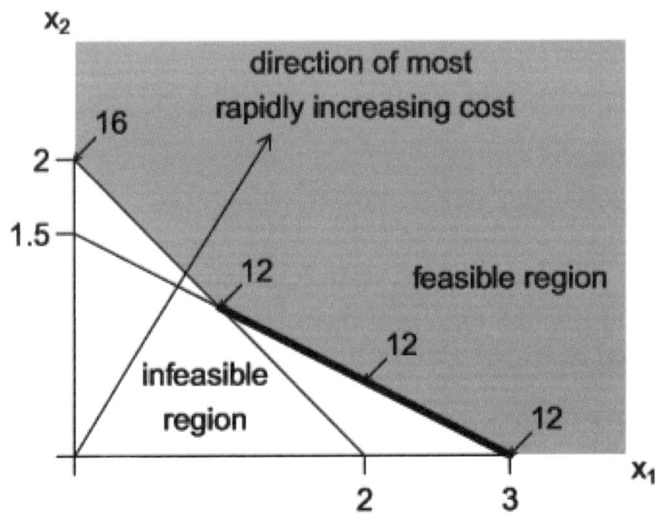

그림 7.9 예제 7.6의 목적함수와 제약경계조건(Constraint boundaries)의 기울기 선도. 검은색의 굵은 선분은 모두 이 문제에 대해 최적화된 것이다.

퇴화(Degeneracy)

m개의 결정변수를 갖는 문제의 경우, m개 이상의 제약경계조건이 단일 점에서 교차할 때 퇴화가 일어난다. 이런 상황은 아주 드물지만, 단체법에 대해 어려움을 유발할 가능성이 있으므로, 이런 조건을 감지하는 것이 중요하다. 매우 드문 상황에서, 퇴화는 최적화 방법이 최적 조건으로 수렴하지 못하게 할 수 있다. 그러나 대부분의 경우 걱정할 것이 거의 없다.

예제 7.7

다음 예제는 최적 상태가 아닌 퇴화점(A point of degeneracy)을 갖는다. 그래도 `lp()` 함수는 어려움 없이 최적점을 찾는다.

$$\min\ C = 3x_1 + x_2$$

제약조건은 다음과 같다.

$$x_1 + x_2 \geq 2$$
$$x_1 + 2x_2 \geq 3$$
$$x_1 + 3x_2 \geq 4$$
$$4x_1 + x_2 \geq 4$$

그리고

$$x_1,\ x_2 \geq 0$$

제약경계조건은 그림 7.10에 도시되었다.
이 문제는 쉽게 해결될 수 있다.

```
degen.lp <- lp(objective.in = c(3, 1),
               const.mat = matrix(c(1, 1, 1, 4, 1, 2, 3, 1), nrow = 4),
               const.rhs = c(2, 3, 4, 4), const.dir = rep(">=", 4))
degen.lp

[1] 1 1
Success: the objective function is 3.333333

degen.lp$solution
[1] 0.6666667 1.3333333
```

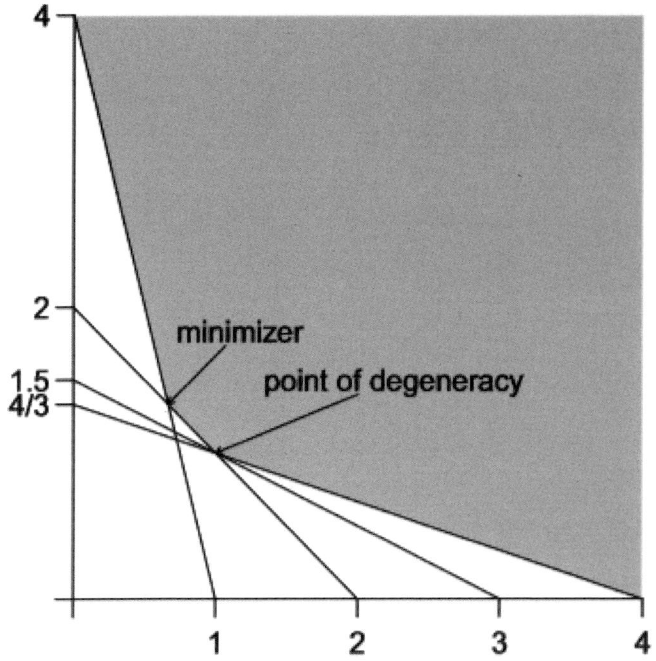

그림 7.10 4개의 제약경계조건 선도. 그 중 하나는 퇴화로 이어져서 쓸모가 없다. 가용영역은 음영으로 표시되었다.

실행 불가능성

실행 불가능성은 더 흔한 문제이다. 제약조건들이 동시에 만족하지 않을 때 가용영역은 존재하지 않는다. 그러면 가용해도 존재하지 않는다.

예제 7.8

다음 예제에서, 제약조건들이 동시에 만족하지 않는 것이 분명하다.

$$\min\ C=5x_1+8x_2$$

제약조건은 다음과 같다.

$$x_1+x_2 \geq 2$$
$$x_1+x_2 \leq 1$$

그리고

$$x_1,\ x_2 \geq 0$$

함수로부터 얻은 출력은 다음과 같다.

```
eg.lp <- lp(objective.in = c(5, 8),
            const.mat = matrix(c(1, 1, 1, 1), nrow = 2),
            const.rhs = c(2, 1), const.dir = c(">=", "<="))
eg.lp

Error: no feasible solution found
```

얽매임 없음(Unboundedness)

드물지만, 제약조건 그리고/또는 목적함수는 무한해(Unbounded solution)를 생기게 한다.

예제 7.9

다음 문제를 풀 때 얽매임 없는 예는 자명해를 만들어 낸다.

$$\max\ C = 5x_1 + 8x_2$$

제약조건은 다음과 같다.

$$x_1 + x_2 \geq 2$$
$$x_1 + 2x_2 \geq 3$$

그리고

$$x_1,\ x_2 \geq 0$$

이 문제의 가용영역은 예제 7.3과 같으며, 그림 8.8에 도시되었다. 그러나 목적함수를 최소화하는 대신 지금은 목적함수를 최대화하려는 문제이므로, 이번에는 목적함수가 증가하는 방향을 따른다. x_1과 x_2를 임의로 크게 취해서, 목적함수를 원하는 만큼 크게 만들 수 있다.

`lp()` 함수를 이 문제에 적용했을 때 다음과 같은 일이 벌어진다.

```
eg.lp <- lp(objective.in = c(5, 8),
            const.mat = matrix(c(1, 1, 1, 2), nrow = 2),
            const.rhs = c(2, 3), const.dir = c(">=", ">="),
            direction = "max")
eg.lp

 Error: status 3
```

얽매임 없음 조건(Condition of unboundedness)은 제약조건 그리고/또는 목적함수가 정확하게 표현되지 않았을 때 가장 자주 일어난다.

7.5.4 가변적 변수

때때로 결정변수는 음이 아닌 값으로 제한되지 않는다. `lp()` 함수는 직접 이런 경우를 처리하도록 설정되지 않았다. 그러나 간단한 방법을 사용하면 이런 어려움을 극복할 수 있다.

x가 부호에 제한을 받지 않는다면 x를 x_1-x_2로 쓸 수 있다. 단, $x_1 \geq 0$ 그리고 $x_2 \geq 0$이다. 이는 선형 계획법 문제에서 모든 가변적 변수(Unrestricted variable)는 음이 아닌 2개의 변숫값 차이로 교체될 수 있다는 것을 의미한다.

예제 7.10

다음 문제를 풀 것이다.

$$\min\ C = x_1 + 10x_2$$

제약조건은 다음과 같다.

$$x_1 + x_2 \geq 2$$
$$x_1 - x_2 \leq 3$$

그리고

$$x_1 \geq 0$$

x_2는 부호에 제한이 없다는 것을 주목하면서. 음이 아닌 x_3와 x_4에 대해 $x_2=x_3-x_4$으로 놓는다. 새로운 변수들을 문제에 연결하면 다음과 같게 된다.

$$\min\ C = x_1 + 10x_3 - 10x_4$$

제약조건은 다음과 같다.

$$x_1 + x_3 - x_4 \geq 2$$
$$x_1 - x_3 + x_4 \leq 3$$

그리고

$$x_1 \geq 0,\ x_3 \geq 0,\ x_4 \geq 0$$

이를 R 코드로 전환하면, 다음 결과가 얻어진다.

```
unres.lp <- lp(objective.in = c(1, 10, -10),
     const.mat = matrix(c(1, 1, 1, -1, -1, 1), nrow = 2),
     const.rhs = c(2, 3), const.dir = c(">=", "<="))
unres.lp

Success: the objective function is -2.5

unres.lp$solution

[1] 2.5 0.0 0.5
```

최적해는 x_1=2.5와 x_2=x_3-x_4=-0.5으로 주어진다.

7.5.5 정수 계획법

결정변수는 가끔 정수로 제한된다. 예를 들어 하나, 둘, 또는 3대의 다른 트럭을 이용해서 상품의 배송비를 최소화하려고 한다. 분수로 트럭을 이용하는 것은 불가능하므로 이용하는 트럭 수는 정수값을 가져야 한다.

값이 정수인 결정변수를 포함하는 문제를 정수 계획법(Integer programming)이라 부른다. 비정수해(Non-integer solution)를 가장 가까운 정수로 간단히 반올림하는 것은 좋은 습관은 아니며, 그렇게 반올림한 결과는 최적해로부터 멀리 떨어진 해가 될 수 있다.

`lp()` 함수는 분기 한정 알고리즘(Branch and bound algorithm)으로 부르는 기법을 이용해서 값이 정수인 변수를 처리하는 기능을 갖는다. int.vec 변수는 어떤 변수가 정수값을 갖는지 알려주기 위하여 사용될 수 있다.

예제 7.11

다음 함수를 최소화하는 음이 아닌 x_1, x_2, x_3, x_4 값을 구하라.

$$C(x)=2x_1+3x_2+4x_3-x_4$$

제약조건은 다음과 같다.

$$x_1+2x_2 \geq 9$$

$$3x_2+x_3 \geq 9$$

그리고

$$x_2+x_4 \leq 10$$

뿐만 아니라 x_2와 x_4는 정수 값만 취할 수 있다. R에서 이 문제를 설정하고 해결하려면 다음과 같이 코드를 입력한다.

```
integ.lp <- lp(objective.in = c(2, 3, 4, -1),
   const.mat = matrix(c(1, 0, 0, 2, 3, 1, 0, 1, 0, 0, 0, 1), nrow = 3),
   const.dir = c(">=", ">=", "<="), const.rhs = c(9, 9, 10),
   int.vec = c(2, 4))
integ.lp

Success: the objective function is 8

inter.lp$solution

[1] 1 4 0 6
```

그러므로 x_2와 x_4의 값이 정수일 때 가장 좋은 해는 x_1=1, x_2=4, x_3=0, x_4=6이다.
따라서 다음은 정변수(Integer variables)가 무시될 때 나타나는 현상이다.

```
wrong.lp <- lp(objective.in = c(2, 3, 4, -1),
    const.mat = matrix(c(1, 0, 0, 2, 3, 1, 0, 1, 0, 0, 0, 1), nrow = 3),
    const.dir = c(">=", ">=", "<="), const.rhs = c(9, 9, 10))
wrong.lp

Success: the objective function is 8

wrong.lp$solution

[1] 0.0 4.5 0.0 5.5
```

(x_2를 4로 취하면) 가장 가까운 정수 또는 (x_2=5이면) 8보다 큰 목적함수의 최솟값으로 해를 반올림하면, 첫 번째 제약조건이 위배될 것이다.

7.5.6 패키지를 이용한 최적화

lp() 함수는 C로 쓰여진 코드의 인터페이스를 제공한다. linprog 패키지에 전적으로 R로 쓰여진 solveLp()로 부르는 또 다른 함수가 있다. 후자의 함수는 lp() 함수보다 매우 느린 속도로 용량이 큰 문제를 풀지만, 더욱 상세하게 결과를 출력한다. Boot 패키지에 포함된 simplex() 함수도 고려할 만하다.

용량이 매우 큰 문제의 경우, 단체법은 충분히 빠르게 수렴하지 않을 수 있다는 것에 주목해야 한다. 최근에 내점 방법(Interior point methods)으로 부르는 더 나은 방법이 개발되어, 다른 프로그래밍 언어에서 수행되지만, 아직 R에서는 그렇지 못하다.

7.5.7 이차 계획법

선형 계획법 문제는 어쩌면 제약조건을 따라 비선형 함수를 최소화는 특별한 경우의 최적화 문제이다. 전형적으로 그런 문제는 해결하기 더 어려우며 이 책에서는 다루지 않을 것이다. 예외는 목적함수가 이차이며 제약조건이 선형인 경우이다. 이런 문제를 이차 계획법(Quadratic programming)이라 부른다.

k개의 제약조건이 있는 이차 계획법은 가끔 다음과 같은 형태를 가지며, 제약조건 $A^T\beta \geq b$를 따른다.

$$\min_{\beta} \frac{1}{2}\beta^T D\beta - d^T\beta$$

여기서 β는 p개의 미지수 벡터, D는 $p\times p$ 양정치행렬, d는 길이가 p인 벡터, A는 $p\times k$ 행렬, 그리고 b는 길이가 k인 벡터이다.

예제 7.12

변수 x와 y에 대하여 다음 20쌍의 관측치가 있다고 하자. 그림 7.11은 이 데이터에 대한 산점도(scatterplot)를 보여준다.

```
x <- c(0.45, 0.08, -1.08, 0.92, 1.65, 0.53, 0.52, -2.15, -2.20,
       -0.32, -1.87, -0.16, -0.19, -0.98, -0.20, 0.67, 0.08, 0.38, 0.76, -0.78)
y <- c(1.26, 0.58, -1.00, 1.07, 1.28, -0.33, 0.68, -2.22, -1.82,
       -1.17, -1.54, 0.35, -0.23, -1.53, 0.16, 0.91, 0.22, 0.44, 0.98, -0.98)
```

문제는 이 데이터에 최적선을 통과시키는 것이다. 다음과 같은 형태의 선을 찾는다.

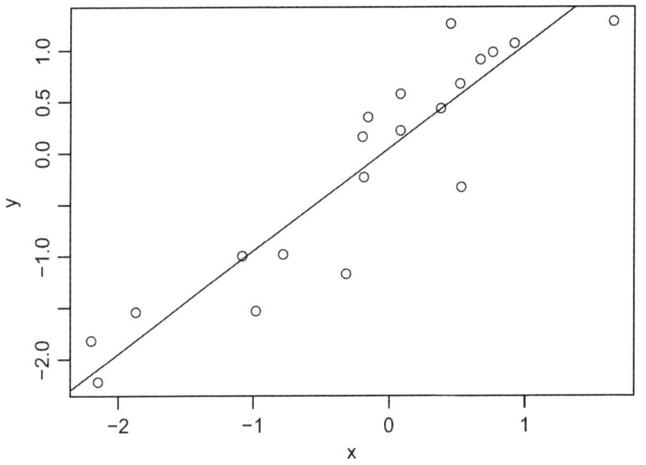

그림 7.11 1의 기울기와 0.05의 접선을 갖는 20번의 관측에 대한 산점도

$$y = \beta_0 + \beta_1 x$$

여기서 β_0는 y-절편이며 β_1은 기울기이다. 그러나 이 데이터에 대한 최적선의 기울기 β_1은 최소 1이라는 추가적인 예비 정보를 갖고 있다.

원하는 선은 관찰된 점과 선 사이의 수직 거리의 제곱합을 최소화하는 선이다.

$$\min_{\beta_0, \beta_1} \sum_{i=1}^{20} (y_i - \beta_0 - \beta_1 x_i)^2$$

기울기에 대한 여분의 정보로부터 최소화 문제는 $b_1 \geq 1$의 제약조건을 따른다는 것을 알 수 있다.

이는 제약조건을 갖는 최소제곱 문제이며 다음 식과 동등하다.

$$\min_{\beta} \ \beta^T X^T X \beta - 2y^T X \beta$$

그리고 제약조건은 다음과 같다.

$$A\beta \geq b$$

여기서 $A=[0\ 1]$, $\beta=[\beta_0\ \beta_1]^T$, y는 20개의 y 측정값으로 구성된 열벡터이며, 그리고 X는 2개의 열로 구성된 행렬이며, 행렬의 첫 번째 열은 1들만 포함하며 두 번째 열은 20개의

x 관측치를 포함한다.

$$X = \begin{bmatrix} 1 & x_1 \\ 1 & x_2 \\ \cdots & \cdots \\ 1 & x_n \end{bmatrix} = \begin{bmatrix} 1 & 0.45 \\ 1 & 0.08 \\ \cdots & \cdots \\ 1 & -0.78 \end{bmatrix}$$

그러면

$$X^T X = \begin{bmatrix} n & \sum_{i=1}^{n} x_i \\ \sum_{i=1}^{n} x_i & \sum_{i=1}^{n} x_i^2 \end{bmatrix} = \begin{bmatrix} 20 & -3.89 \\ -3.89 & 21.4 \end{bmatrix}$$

그리고

$$y^T X = \left[\sum_{i=1}^{n} y_i \ \sum_{i=1}^{n} x_i y_i \right] = [-2.89 \quad 20.7585]$$

이는 $D=X^T X$와 $d=y^T X$를 갖는 이차 계획법 문제이다.

선형 계획법 방법이 2차 계획법을 처리할 수 있도록 적용되었다. `quadprog` 패키지에 포함된 `solve.QP()` 함수는 최소화 문제를 해결하며, 필요한 매개변수들은 다음과 같다.

- Dmat: 이차 형식의 목적함수를 나타내는 행렬(D)의 원소들을 포함하는 행렬.
- dvec: 목적함수에 포함된 결정변수의 계수들을 포함하는 벡터.
- Amat: 제약조건에 포함된 결정변수의 계수들을 포함하는 행렬. 행렬 각 행은 제약조건에 부합한다.
- bvec: 제약조건 우변에 주어진 상수들을 포함하는 벡터.
- mvec: 등제약조건(equality constraints)의 숫자를 나타내는 수. 기본적으로 이 값은 0이다. 0이 아니면 등제약조건을 부등제약조건 앞에 나열해야 한다.

예제 7.13

예제 7.12의 제약조건을 따르는 최소제곱 문제에 대하여, 제일 먼저 D와 A 행렬뿐 아니라 b와 d 벡터를 설정해야 한다. 여기서 $D=X^T X$와 $d=y^T X$이다.

```
library (quadprog)          # quadprog 패키지 준비
```

```
X <- cbind(rep(1, 20), x)
XX <- t(X) %*% X
Xy <- t(X) %*% y
A <- matrix(c(0, 1), ncol = 1)
b <- 1

solve.QP(Dmat = XX, dvec = Xy, Amat = A, bvec = b)

$solution
[1] 0.05 1.00

$value
[1] -10.08095

$unconstrained.solution
[1] 0.04574141 0.97810494

$iterations
[1] 2 0

$Lagrangian
[1] 0.4521

$iact
[1] 1
```

출력으로부터, 요구되는 최적선은 다음과 같다는 것을 알 수 있다.

$$\hat{y} = 0.05 + x$$

나머지 출력으로부터, 제약조건은 활성화되었다는 것을 알 수 있다. 제약받지 않는 문제가 1보다 큰 기울기를 보인다면 제약조건은 비활성화되고, 제약받지 않는 문제의 해는 제약받는 문제의 해와 같을 것이다.

위 예제에서 결정변수는 부호에 제약을 받는다. 필요하다면 `solve.QP()` 함수를 사용할

때 비-음부호 제약조건(Nonnegativity constraint)을 명백하게 설정해야 한다. 또한 부등제약조건은 모두 >= 형태이어야 한다는 것에 주의해야 한다. 만일 주어진 문제가 <= 형태의 비-음부호 제약조건을 포함한다면, 제약조건 전체에 -1을 곱해서 요구되는 형태로 바꾸어야 한다.

다른 컴퓨팅 환경에서 제한된 최소제곱 문제를 해결하는 더욱 효율적인 방법이 있다는 것에 주의해야 한다. 앞선 예제에서 D 행렬은 대칭행렬이며, 이런 특별한 구조는 계산 부담을 줄이기 위하여 사용될 수 있다. 다음 예제는 완전행렬(full matrix)을 포함한다. 이 예제도 결정변수의 부호에 제약을 두고 있다.

예제 7.14

이차 계획법은 n개의 주식 세트 각각에 돈을 얼마나 투자해야 하는지를 선택하는 투자자를 위한 최적의 유가 증권 보유 일람표(optimal portfolio)를 구하는 문제에 적용될 수 있다. 이 문제는 결국 다음 함수를 최대화하는 단순한 모형으로 요약된다.

$$x^T\beta - \frac{k}{2}\beta^T D\beta$$

여기서 제약조건은 $\sum_{i=1}^{n}\beta_i=1$과 $i=1,\ldots, n$에 대하여 $\beta_i \geq 0$이다.

β 벡터의 i번째 원소는 i번째 주식에 투자해야 하는 투자자 재산의 일부분(Fraction)을 나타낸다. 투자자가 주식에 자산 중 일부분을 음으로(negative fraction) 할당할 수 없기 때문에, 이 벡터의 요소는 음이 아니어야 한다는 점을 주의하라.[1] 벡터 x는 각 주식에 대한 하루평균수익률(Average daily return)을 포함한다. 주식의 일수익가치(Daily return value)는 하루하루 주식의 종가 차이이다. 따라서 $x^T\beta$는 투자자의 하루평균수익률을 나타낸다.

대부분 투자자는 큰 위험을 감수하기를 원치 않는다. 목적함수의 두 번째 항은 이런 사실을 고려한 것이다. k인자는 위험에 대한 투자자의 내성을 수량화한 것이다. 투자자의 목적은 전적으로 위험을 고려하지 않고 하루평균수익률을 최대화하는 것이면, $k=0$이다. 위험 부담을 걱정하는 투자자에 대한 k 값은 더 크다. D 행렬은 수익의 기저 변동성(Underlying variability)을 수량화한 것이며, 공분산행렬(Covariance matrix)로 부른다. D 행렬의 대각원소는 각 주식에 대한 수익분산(Variances of the returns)을 나타낸다. 비대각원소 (i, j)는 i번째와 j번째 주식의 수익 간의 공분산이며, 이는 두 수익 간의 관계를 간단하게 나타낸 척도이다.

1 그런 행동을 주식 단절(shorting a stock)이라 부르며, 여기서는 이를 허용하지 않는다.

구체적 사례로, k=2로 지정하고 D 행렬은 다음과 같은 3가지의 주식을 생각해 보자.

$$D=\begin{bmatrix} 0.010 & 0.002 & 0.002 \\ 0.002 & 0.010 & 0.002 \\ 0.002 & 0.002 & 0.010 \end{bmatrix}$$

3가지 주식의 하루평균수익률은 각각 0.002, 0.005, 그리고 0.01이므로, x^T=[0.002 0.005 0.01]이다.

제약조건 $\beta_1+\beta_2+\beta_3=1$과 β에 대한 비-음부호 제약조건(Nonnegativity constraint)은 다음과 같이 나타낼 수 있다.

$$\begin{bmatrix} 1 & 1 & 1 \\ 1 & 0 & 0 \\ 0 & 1 & 0 \\ 0 & 0 & 1 \end{bmatrix} \begin{bmatrix} \beta_1 \\ \beta_2 \\ \beta_3 \end{bmatrix} = \begin{bmatrix} 1 \\ \geq 0 \\ \geq 0 \\ \geq 0 \end{bmatrix}$$

그러므로

$$A^T=\begin{bmatrix} 1 & 1 & 1 \\ 1 & 0 & 0 \\ 0 & 1 & 0 \\ 0 & 0 & 1 \end{bmatrix}$$

R에서 이 값들을 설정하려면, 우선 최대화 문제는 같은 제약조건을 따르는, 음수를 취한 목적함수를 최소화하는 문제와 같다는 것에 주목한다. 이 사실이 `solve.QP()` 함수를 사용할 수 있게 한다.

```
A <- cbind(rep(1, 3), diag(rep(1, 3)))
D <- matrix(c(0.01, 0.002, 0.002, 0.002, 0.01, 0.002, 0.002, 0.002, 0.01),
            nrow = 3)
x <- c(0.002, 0.005, 0.01)
b <- c(1, 0, 0, 0)

# meq는 등제약조건의 수를 명시한다.
# 이들은 아래 나열된 부등제약조건들이다.
solve.QP(2 * D, x, A, b, meq = 1)

$solution
[1] 0.1041667 0.2916667 0.6041667

$value
[1] -0.002020833

$unconstrained.solution
[1] -0.02678571 0.16071429 0.47321429

$iterations
[1] 2 0

$Lagrangian
[1] 0.003666667 0.000000000 0.000000000 0.000000000

$iact
[1] 1
```

(이 투자자를 위한) 최적 투자 전략은 첫 번째 주식으로 재산의 10.4%, 두 번째 주식으로 재산의 29.2%, 그리고 세 번째 주식으로 재산의 60.4%를 넣는 것이다.

포트폴리오의 최적값은 (위의 $value 값으로부터) 0.0020이다. (목적함수를 음수로 취했기 때문에 출력에 음의 부호가 나타난다는 것에 주목하라.)

[연습문제]

1. (a) 다음 함수를 최소화하는 음이 아닌 x_1, x_2, x_3, x_4 값을 구하라.

$$C(x)=x_1+3x_2++4x_3+x_4$$

제약조건은 다음과 같다.

$$x_1-2x_2\geq 9$$
$$3x_2+x_3\geq 9$$

그리고

$$x_2+x_4\geq 10$$

(b) 변수 중 어느 하나는 정수이어야 한다는 제약조건을 따른다면 최적해가 바뀔 것인가? 그 이유를 설명하라.

(c) 목적함수가 다음과 같이 변하면, 최적해에 어떤 일이 생기는가?

$$C(x)=x_1-3x_2+4x_3+x_4$$

2. 다음 목적함수를 최대화하는 음이 아닌 x_1, x_2, x_3, x_4 값을 구하라.

$$C(x)=x_1+3x_2+4x_3+x_4$$

제약조건은 다음과 같다.

$$x_1-2x_2\leq 9$$
$$3x_2+x_3\leq 9$$

그리고

$$x_2+x_4\leq 10$$

7장 실전문제

1. 예제 7.12의 데이터를 이용해서, 절편이 적어도 기울기만큼 큰 최적선의 기울기와 절편을 계산하라.

2. k=1을 사용해서 포트폴리오 자산분배 예제를 반복하라. 위험을 조금 덜 회피하면(Less Risk Averse) 투자자의 행동에 어떤 영향을 주는가?

3. 가끔 특정 주식에 투자할 수 있는 비율에 상한이 있다. 투자자 재산의 50% 이상을 어느 한 주식에 묶어 놓을 수 없다는 제약조건을 따르는 포트폴리오 자산분배 문제를 반복하라.

4. Duncan's Donuts Inc.(DDI)와 John's Jeans Ltd.(JJL)는 각각 0.005, 0.010의 하루평균수익률을 갖는 2개의 주식이다. 오로지 두 주식에만 투자하는, 전적으로 위험을 좋아하는 투자자에 대한 최적 포트폴리오는? (즉, 투자위험감수도(Risk tolerance) 상수 k=0) (힌트: 이 문제는 어떤 계산도 필요하지 않다.)

5. DDI와 JJL의 일일 수익률은 독립적이지만, σ^2_{DDL}=0.01 그리고 σ^2_{JJL}=0.04이다. 투자위험감수도 상수 (a) k=1 (b) k=2인 투자자에 대한 최적 자산분배는?
다음 행렬을 이용할 수 있다.

$$D=\begin{bmatrix} 0.01 & 0 \\ 0 & 0.04 \end{bmatrix}$$

6. DDL과 JJL의 일일 수익률 간의 공분산이 0.01이라는 가정하에 이전 문제를 반복하라.
다음 행렬을 이용할 수 있다.

$$D=\begin{bmatrix} 0.01 & 0.01 \\ 0.01 & 0.04 \end{bmatrix}$$

부록

확률 변수와 분포

여러 가지 다른 결과가 나올 가능성이 있는 실험을 수행할 때, 각각의 결과는 일정한 비율로 발생할 가능성을 가질 것이다.

10명의 환자에 대해 시험하게 될 암 치료를 생각해 보자. 5주간의 치료를 마친 후에 백혈구 수치가 증가하는 환자수를 실행 초기에 예측할 수 없으므로, N으로 표시한 이 숫자를 확률 변수로 생각할 수 있다. 이산 집합(Discrete set), 즉 {0, 1, 2,…, 10}에서만 값을 취하기 때문에 N은 이산 확률 변수의 예이다. 환자 중 한 명이 사망할 때까지의 시간, T도 측정할 수 있다. 또 다시 T도 사전에 정확하게 예측할 수 없으므로 확률 변수의 예가 된다. T는 연속적인 값을 가질 수 있기 때문에 연속 확률 변수라고 한다.

확률 변수는 그 분포로 특징이 지어진다. 분포는 변수가 하나 이상의 값을 가질 확률을 규정한다. 동전을 각각 2번 던져서 앞이 나오는 횟수를 X로 표시하면, 두 번 던져서 0 또는 1개의 머리가 나올 확률은 0.75라는 것을 나타내기 위하여, 다음과 같이 쓸 수 있다.

$$P(X \leq 1) = 0.75$$

일반적으로 다음과 같은 함수를 확률 변수 X의 분포 함수라고 부른다.

$$F(x) = P(X \leq x)$$

$F(x)$가 도함수를 갖는다면, X의 확률 밀도 함수(Probability density function)를 다음과 같이 정의할 수 있다.

$$f(x)=F'(x)$$

이 식은 가끔 연속 확률 변수 X에 대해서 가능하다. 이 경우 다음 식이 성립하는 것에 주목하라.

$$F(y)=\int_{-\infty}^{y} f(x)\,dx$$

그중에서 $f(x)$로 명시된 곡선 아래 면적이 1이라는 것에 주목하라.

확률 변수의 기댓값도 중요한 개념이다. 연속 확률 변수에 대해서 다음과 같이 쓸 수 있다.

$$E[X]=\int_{-\infty}^{\infty} xf(x)\,dx$$

이는 밀도 함수 $f(x)$의 평균값이며, 가끔 μ 기호로 나타낸다. 다음 공식을 이용해서 확률 변수 함수의 기댓값을 계산할 수도 있다.

$$E[g(x)]=\int_{-\infty}^{\infty} g(x)f(x)\,dx$$

이 식을 중요하게 다룬 예는 분산이다. 확률 변수의 분산은 확률 변수의 예측 불가능성(unpredictability) 조짐을 다음 공식을 이용해서 나타낼 수 있다.

$$\mathrm{Var}(X)=E[(X-\mu)^2]=\int_{-\infty}^{\infty} (x-\mu)^2 f(x)\,dx$$

변위치(Quantile)는 또 다른 중요한 개념이며, $F(x)$가 특별한 값을 갖게 하는 x값이다. 역함수 $F^{-1}(y)$가 정의될 때, X의 α 변위치는 $F^{-1}(\alpha)$로 주어진다. 예를 들어 변위치 0.95는 $F(x)=0.95$가 되는 x값이다. 다른 말로 x는 분포의 95번째 백분위수(Percentile)이다. 자주 사용되는 변위치는 $F(\tilde{x})=0.5$를 만족시키는 중앙값 $\tilde{x}$과, 각각 $F(x)=0.75$와 $F(x)=0.25$를 만족시키는 상위 및 하위 사분위수(Quartile)가 있다. 확률 변수의 분포가 연속적이지 않으면, $F(x)$는 도약(jump)을 가질 것이며, $F^{-1}(\alpha)$는 존재하지 않을 수 있다. 이런 경우 관례상 가장 작은 x를 $F(x)\geq\alpha$로 선택하기 때문에, 변위치는 언제나 존재한다.

다음 표에 흔하게 사용되는 몇 가지 일변수분포(Univariate distribution)의 특성을 요약하였다. 표 5.1과 표 5.2도 참조하라.

분포 이름	$f(x)$ 확률 밀도 함수	$F(x)$ 확률 분포 함수	$P(X=x)$ 확률	$E[X]$ 확률 분포 함수의 기댓값	$\mathrm{Var}(X)$ 확률 변수의 분산
균등 분포 (a, b)	$1/(b-a),\ a<x<b$	x		$(a+b)/2$	$(b-a)^2/12$
지수 분포 (λ)	$\lambda e^{-\lambda x},\ x>0$	$1-e^{-\lambda x}$		$1/\lambda$	$1/\lambda^2$
정규 분포 (μ, σ^2)	$[1/(\sigma\sqrt{2\pi})]e^{-\frac{(x-\mu)^2}{2\sigma^2}}$	$\int_{-\infty}^{\infty}[1/(\sigma\sqrt{2\pi})]e^{-\frac{(y-\mu)^2}{2\sigma^2}}dy$		μ	σ^2
이항 분포 (n, p)			$\binom{n}{x}p^x(1-p)^{n-x}$	np	$np(1-p)$
포아송 분포 (λ)			$\lambda^x e^{-\lambda}/x!$	λ	λ

이변수분포에 대하여 간략하게 언급하면서 이 요약을 마치고자 한다. 특히 X와 Y는 결합 확률 밀도(Joint probability density) $f(x,\ y)$를 갖는 연속 확률 변수라고 가정하자. 이중적분을 이용해서 $g(x,\ y)$에 대한 기댓값을 정의할 수 있다.

$$E[g(X,\ Y)]=\int_{-\infty}^{\infty}\int_{-\infty}^{\infty}g(x,\ y)f(x,\ y)dx\,dy$$

특히 $g(X,\ Y)=I(X\le u)I(Y\le v)$로 놓으면, 다음 식이 성립된다.

$$E[I(X\le u)I(Y\le v)]=\int_{-\infty}^{u}\int_{-\infty}^{v}f(x,\ y)dxdy$$

이는 u와 v에 대하여, 다음 식이 성립됨을 의미한다.

$$P[X\le u,\ Y\le v]=\int_{-\infty}^{u}\int_{-\infty}^{v}f(x,\ y)dxdy$$

여기서 $I()$는 변수가 참일 때 1을, 그리고 변수가 거짓일 때 0을 취하는 지시함수(Indicator function)를 의미한다.

X의 주변밀도함수(Marginal density function)는 모든 y값에 대해 적분하면 다음과 같이 얻어진다.

$$f_X(x) = \int_{-\infty}^{\infty} f(x, y)dy$$

그리고 유사하게, Y의 주변밀도함수는 모든 x값에 대해 적분하면 다음과 같이 얻어진다.

$$f_Y(y) = \int_{-\infty}^{\infty} f(x, y)dx$$

다음 식을 만족하면, X와 Y는 확률적으로 독립이다.

$$f(x, y) = f_X(x) f_Y(y)$$

무엇보다도 이 식은 독립변수에 대하여 $P(X \leq u, \; Y \leq v) = P(X \leq u)P(Y \leq v)$이며, 조건부확률(Conditional probability) 정의에 따라 다음과 같이 나타낼 수 있다.

$$P(X \leq u \mid Y \leq v) = \frac{P(X \leq u, \; Y \leq v)}{P(Y \leq v)} = P(X \leq u)$$

$Y \leq v$라는 것을 고려하면, 좌변 항은 $X \leq u$인 조건부확률을 나타낸다. 직감적으로 위의 서술은 Y값을 아는 것이 X값 예측에 어떤 추가 정보를 주는 않는다는 것을 의미한다.

찾아보기

[기호]

[번호]

[로마자]

A

B

C

D

E

F

G

H

I

J

K

L

M

N

O

P

V

W

X

[한국어]

ㄱ

ㄴ

ㄷ

ㅈ

ㅎ